普通高等教育“十三五”规划教材（软件工程专业）

ACM程序设计基础

主　编　吴　涛

副主编　刘宇欣　张立敏　吴　东　梁　伧

中国水利水电出版社
www.waterpub.com.cn
·北京·

内 容 提 要

本书以 ACM 竞赛为导引，融入创新创业教育，探索与实践新的计算机科学与技术专业人才培养模式，不仅对于学生个人，而且对于学科专业、高等学校，甚至对于整个社会都具有重要的意义。ACM 程序设计是培养计算机科学技术、软件工程、物联网工程等专业大学生综合素质和创新精神的一种有效手段和重要载体。这本基础性教材的编写目的在于帮助大学生了解国际大学生程序设计竞赛，了解其程序设计的方法和思路，提高学生参与各级 ACM 竞赛的兴趣，更重要的是以 ACM 程序设计为载体对学生进行思维训练，有效地提高大学生的计算机学科综合素质和创新意识。

本书共分 10 章，包括 ACM 程序设计概述，入门基础，蛮力法，数学问题，分治、递归与递推，高精度计算与模拟法，排序与查找，贪心法，动态规划法，并查集等专题。其中提供了大量 ACM 程序设计教学案例，适合作为应用型普通高等院校计算机科学技术、软件工程、物联网工程等相关专业的本专科学生拓展 ACM 创新思维或参加 ACM 竞赛的初级辅助性教程，也适合作为 ACM 程序设计、数据结构、算法分析与设计等课程的基础性教学参考书。

本书提供实例源代码，读者可以从万水书苑以及中国水利水电出版社网站下载，网址为：http://www.wsbookshow.com 和 http://www.waterpub.com.cn/softdown/。

图书在版编目（CIP）数据

ACM程序设计基础 / 吴涛主编. -- 北京 : 中国水利水电出版社, 2018.1
普通高等教育“十三五”规划教材. 软件工程专业
ISBN 978-7-5170-6214-1

Ⅰ. ①A… Ⅱ. ①吴… Ⅲ. ①程序设计－高等学校－教材 Ⅳ. ①TP311.1

中国版本图书馆CIP数据核字(2017)第326294号

策划编辑：陈宏华　责任编辑：封　裕　加工编辑：高双春　封面设计：李　佳

书　　名	普通高等教育“十三五”规划教材（软件工程专业） ACM 程序设计基础　　ACM CHENGXU SHEJI JICHU
作　　者	主　编　吴　涛 副主编　刘宇欣　张立敏　吴　东　梁　佾
出版发行	中国水利水电出版社 （北京市海淀区玉渊潭南路 1 号 D 座　100038） 网址：www.waterpub.com.cn E-mail：mchannel@263.net（万水） sales@waterpub.com.cn 电话：（010）68367658（营销中心）、82562819（万水）
经　　售	全国各地新华书店和相关出版物销售网点
排　　版	北京万水电子信息有限公司
印　　刷	三河市鑫金马印装有限公司
规　　格	184mm×260mm　16 开本　16.75 印张　415 千字
版　　次	2018 年 1 月第 1 版　2018 年 1 月第 1 次印刷
印　　数	0001—3000 册
定　　价	38.00 元

编 委 会

序

为了深入贯彻落实教育部《关于加强高等学校本科教学工作，提高教学质量的若干意见》精神，紧密配合教育部《关于国家精品开放课程建设的实施意见》和广东省教育厅《广东省高等教育“创新强校工程”实施方案（试行）》，加快发展应用型普通院校的计算机专业本科教育，形成适应学科发展需求、校企深度融合的新型教育体系，在有关部门的大力支持下，我们组织并成立了“普通高等教育‘十三五’规划教材编审委员会”（以下简称“编委会”），讨论并实施应用型普通高等院校计算机类专业精品示范教材的编写与出版工作。编委会成员为来自教学科研一线的教师和软件企业的工程技术人员。

按照教育部的要求，编委会认为，精品示范教材应该能够反映应用型普通高等院校教学改革与课程建设的需要，教材的建设以提高学生的核心竞争力为导向，培养高素质的计算机高级应用人才。编委会结合社会经济发展的需求，设计并打造计算机科学与技术专业的系列教材。本系列教材涵盖软件技术、移动互联、软件与信息管理等专业方向，有利于建设开放共享的实践环境，有利于培养“双师型”教师团队，有利于学校创建共享型教学资源库。教材由个人申报，经编委会认真评审，由中国水利水电出版社审定出版。

本套规划教材的编写遵循以下几个基本原则：

（1）突出应用技术，全面针对实际应用。根据实际应用的需要组织教材内容，在保证学科体系完整的基础上，不过度强调理论的深度和难度，而是注重应用型人才专业技能和工程师实用技术的培养。

（2）教材采用项目驱动、案例引导的编写模式。以实际问题引导出相关原理和概念，在讲述实例的过程中将知识点融入，通过分析归纳，介绍解决工程实际问题的思想和方法，然后进行概括总结。教材内容清晰、脉络分明、可读性和可操作性强，同时，引入案例教学和启发式教学方法，便于激发学习兴趣。

（3）专家教师共建团队，优化编写队伍。由来自高校的一线教师、行业专家、企业工程师协同组成编写队伍，跨区域、跨学校交叉研究、协调推进，把握行业发展方向，将行业创新融入专业教学的课程设置和教材内容。

本套教材凝聚了众多长期在教学、科研一线工作的老师和数十位软件工程师的经验和智慧。衷心感谢该套教材的各位作者为教材出版所做的贡献。我们期待广大读者对本套教材提出宝贵意见，以便进一步修订，使该套教材不断完善。

丛书编委会

2017 年 12 月

前　　言

ACM 国际大学生程序设计竞赛（简称 ACM）由国际计算机界历史悠久、颇具权威性的组织 ACM 学会主办，是世界上公认的规模最大、水平最高的国际大学生程序设计竞赛，目的在于让大学生运用计算机充分展示自己分析问题、解决问题的能力。该项赛事云集了世界上的计算机精英和希望之星，受到国际社会各方的高度重视，已经成为世界上最具影响力的国际级计算机类大赛。ACM 赛事不仅能培养参赛者的程序开发能力和创造能力，更能培养团队合作精神以及解决问题的创新思维，还能测试参赛选手的抗压能力。

另一方面，创新创业教育是以培育高校大学生的创新精神、创业意识、创新创业能力为主的教育，是一种侧重创新思维培养和创业能力锻炼的实用教育。近年来，由于高校教学与社会需求之间存在一定的脱节，导致大量计算机等专业毕业生不能直接进入社会创造实际价值，而需要到培训机构进行回炉再造。因此，在当前“大众创业、万众创新”的深化高等教育改革新形势下，如何在互联网+信息大数据时代有效推进计算机相关学科大学生的创新创业能力培养显得尤为关键。

在这样的背景下，应用型普通本科院校以 ACM 竞赛为导引，融入创新创业教育，探索与实践新的计算机科学与技术专业人才培养模式，不仅对于学生个人，而且对于学科专业、高等学校，甚至对于整个社会都具有重要的意义。从这个意义上说，ACM 程序设计是培养大学生综合素质和创新精神的一种有效手段和重要载体，对于营造创新创业教育的良好氛围，推进校风学风建设，培养学生的创新精神、协作意愿和实践能力，激发学生的学习兴趣和潜能都具有重要作用。最终可以促进高校创新创业人才培养教育教学改革有效落实，激发在校大学生跨学科多元化创新创业的热情，有力地推动了高等教育教学创新人才培养改革实践。

这本基础性教材的编写目的在于帮助各个地方应用型本科高校的大学生们了解国际大学生程序设计竞赛、了解其程序设计的方法和思路，提高他们参与各级 ACM 竞赛的兴趣，更重要的是通过以 ACM 程序设计为载体的训练有效地提高大学生的计算机学科综合素质和创新意识。

本教材共分 10 章：

第 1 章　概述，主要介绍了与 ACM 竞赛有关的各类赛事，包括国际 ACM 竞赛、广东 GDCPC 竞赛、全国蓝桥杯大赛、中国计算机学会软件能力认证、国际青少年信息学奥林匹克竞赛等。

第 2 章　入门基础，主要介绍了数据的输入输出格式、基本编程环境与方法、在线系统的使用、常见错误及其对策、字符串处理等，大多数问题都比较容易，尤其适合 ACM 程序设计的初学者作为入门训练。

第 3 章　蛮力法，主要介绍了蛮力法这种最典型、最直接的问题求解方法，包括基本思想、实例分析、程序优化策略等。

第 4 章　数学问题，主要阐明了与 ACM 程序设计最密切的一个专题，重点展开了数论、计算几何、组合、概率等知识的学习。

第 5 章　分治、递归与递推，主要阐释了最常用的分治递归以及递推策略。通过实例剖析了递归与递推的关系，以及相互之间的转换。

第 6 章　高精度计算与模拟法，主要讲解了 ACM 程序设计中也是实际生活中经常使用的大数高精度计算问题，并以此引出一种模拟法的求解问题思路。

第 7 章　排序与查找，作为计算机科学中的两个经典问题，在很多 ACM 程序设计中都有具体应用，举例阐明了这些问题的求解策略及其应用。

第 8 章　贪心法，作为问题求解的常用算法之一，介绍了其基本概念、核心思想、一般步骤，通过四个经典问题并配以若干实例分析了贪心策略。

第 9 章　动态规划法，作为 ACM 程序设计中必定涉及的一类方法，介绍了其基本概念、核心思想、一般步骤，通过若干实例分析了动态规划法的求解策略。

第 10 章　并查集，简单介绍了一个特别高效的数据结构及其使用。

本书由吴涛任主编，刘宇欣、张立敏、吴东、梁伯任副主编。在编写过程中，编者参考并引用了大量 ACM 竞赛和程序设计方面的资料，特别是网络资料，限于篇幅和来源，无法一一罗列，在此对这些资料的贡献者致以衷心的感谢。

本书的出版得到了广东高校优秀青年教师培养计划项目（编号：YQ2014117）、广东省计算机科学与技术专业综合改革试点项目（粤教高函〔2013〕113 号）、广东省计算机实验教学示范中心项目（粤教高函〔2015〕133 号），以及岭南师范学院 2017 年校级高等教育教学改革项目（ACM 竞赛引导的个性化工科创新思维教学改革）等经费的资助。

最后，衷心祝愿读者能够从本书中获益，品味 ACM 程序设计带来的算法思维艺术之美，并实现自己的创新创业梦想。

由于作者水平有限，书中难免存在不妥之处，敬请广大读者批评指正（联系邮箱：wu_tao0706@sina.com）；读者也可以就相关问题直接通过学者网主页与作者进行交流（网址：http://www.scholat.com/taowu0706）。

目　　录

第1章　概述

1.1　国际ACM竞赛

ACM 国际大学生程序设计竞赛（ACM International Collegiate Programming Contest，ACM/ICPC）简称 ACM 竞赛，由国际计算机界历史悠久、颇具权威性的组织——美国计算机 ACM 学会（Association for Computing Machinery）主办，是世界上公认的规模最大、水平最高的国际大学生程序设计竞赛，素来被冠以“程序设计的奥林匹克”的尊称，目的在于让大学生运用计算机充分展示自己分析问题和解决问题的能力，ACM 的标识如图 1-1 所示。

图 1-1

ACM/ICPC 以团队的形式代表各学校参赛，一般三人为一队，每位队员必须是入校 5 年内的在校学生，最多可以参加 2 次全球总决赛和 5 次区域选拔赛。每个队伍共用一台计算机，使用 C、C++或 Java 中的任意一种语言编写程序，要求在 5 小时内完整地解决 8 个以上的复杂问题，这些问题通常可以用大学计算机学科所学的知识和分析方法解决。参赛队员需要合力撰写软件程序，调试并排错。程序完成之后提交在线裁判运行，运行的结果会判定为正确或错误两种并及时通知参赛队伍。最后的获胜者为正确解答题目最多且总用时最少的队伍。每道试题用时将从竞赛开始到试题解答被判定为正确为止，其间每一次提交运行结果若被判错误，将被加罚 20 分钟时间，未正确解答的试题不记时。

有趣的是每队在正确完成一题后，组织者将在其位置上升起一只代表该题颜色的气球。事实上，对于 ACM 标识的含义，通常解释为：云代表思考题目，灯泡表示想到怎么做、想通了，最后拿到气球，代表系统接受答案（Accept，即 AC），如图 1-2 所示。

图 1-2

例如，某次 ACM 比赛共 10 题，其中，团队 A 在提交了 20 次以后 AC 了 5 题，团队 B 在提交了 30 次以后 AC 了 5 题，团队 C 在提交了 40 次以后 AC 了 7 题，团队 D 在提交了 60 次以后 AC 了 7 题，按照 AC 题目数量优先的原则，团队 C 和 D 成绩优于团队 A 和 B，按照罚时最少的原则，团队 C 成绩优于团队 D，团队 A 成绩优于团队 B，因此，最终成绩由好到差依次排名为：C，D，A，B。

与其他计算机程序竞赛相比，ACM/ICPC 的特点在于题量大、难度高、涉及知识面广、更强调算法的高效性，不仅要解决一个指定的命题，而且必须要以最佳的方式解决这个命题。它与大学计算机相关专业本科以及研究生的一些课程，如程序设计、离散数学、数据结构、人工智能、算法分析与设计等直接关联，对数学要求更高。由于采用英文命题，因此，对英语要求也较高；同时，采用 3 人合作、共用 1 台计算机形式，更强调团队协作精神；由于许多问题并无现成的算法，也需要具备创新精神。ACM/ICPC 不仅强调学科的基础，更强调全面素质和能力的培养，因此除了扎实的专业水平，良好的团队协作和心理素质同样是获胜的关键。

ACM 竞赛从 1970 年开始举办至今已 34 届，历届竞赛都荟聚了世界各大洲的精英、云集了计算机界的“希望之星”，因而受到国际各知名大学的重视，并受到全世界各著名 IT 公司如 Google、Microsoft、IBM 等的高度关注，成为世界各国大学生最具影响力的国际级计算机类的赛事，ACM 所颁发的获奖证书也被世界各著名计算机公司、各知名大学广泛认可。该项竞赛分区域预赛和国际决赛两个阶段进行，各预赛区第一名自动获得参加世界决赛的资格，世界决赛安排在每年的 3～4 月举行，而区域预赛安排在上一年的 9～12 月在各大洲举行。从 1998 年开始，IBM 公司连续独家赞助该项赛事的世界决赛和区域预赛。

总的来说，ACM/ICPC 是一种全封闭式的竞赛，能对学生能力进行全面考察，成绩公告板可实时查看，更加真实、可靠，而且评测避免了人为主观因素的影响，做到了真正意义上的公开、公正、公平。目前 ACM/ICPC 已成为中国高校的一个热点，是培养全面发展优秀人才的一项重要活动。

1.2 广东 GDCPC 竞赛

广东省大学生程序设计竞赛（Guangdong Collegian Programming Competition，GDCPC）将在国际上极具影响力的 ACM 国际大学生程序设计竞赛（ACM/ICPC）引入广东省内的高校校园，提高广大学生学习算法和程序设计的兴趣和能力，给广大在计算机程序设计方面有特长的学生提供了展示才能的舞台，同时选拔更多、更优秀的选手代表各高校参加 ACM 国际大学生程序设计竞赛亚洲区预赛。

GDCPC 的设计完全按照 ACM/ICPC 竞赛规则组织竞赛，与国际接轨，广东高校在省内就能不受名额限制参加亚洲区域预赛级水平的比赛，这也是举办 ACM/ICPC 广东省赛的重要初衷之一。GDCPC 从 2003 年开始举行，2005 年开始得到 ACM/ICPC 总部的确认，正式成为 ACM/ICPC 广东省赛，至今已成功举办了十二届：2003 年第一届共有 8 所高校 26 支队参加，2004 年第二届共有 13 所高校 44 支队参加，2005 年至 2007 年年均 16 所高校 100 支队参加，2008 年第六届共有 24 所高校 110 支队参加，2009 年第七届共有 26 所高校 130 支队参加，2010 年开始参赛队伍数基本稳定在 140 支以上，到 2017 年参赛队伍数约为 170 支。广东高校十分重视该项活动的开展，由于参赛队伍多、名额竞争激烈，中山大学、华南理工大学、华南农业大学、广东工业大学、华南师范大学等院校通常先举行校内预选赛，建立一套严格的层层选拔机制，这已经成为这些学校学生工作的亮点之一，其中暨南大学、华南农业大学、华南师范大学等曾在 2017 年获评“全国创新创业典型经验高校”。此外，汕头大学、深圳大学、广州大学、北京师范大学珠海分校等多所大学也都有计划地举办相当规模的校内赛选拔 GDCPC 参赛队员。

岭南师范学院从 2008 年开始每年至少组织三轮选拔赛，选拔至少 3 支队伍参加当年的 GDCPC，有效地促进了学生程序设计能力、算法创新思维的不断提升。同时，经过 ACM 集训队各方的努力，目前已经在开源的 ACM 俱乐部上建立了官方在线练习平台，网址为 http://zhjnc.acmclub.com，用户数不断增加，在酷哒网也设有竞赛和作业平台，网址为 http://codeup.cn。也已经在本地搭建了在线判题系统（Online Judge，OJ），内部访问网址为 http://172.19.59.199/acm/，主要用于校内选拔和课程考试，外部访问网址为 http://acm.lingnan.edu.cn，主要用于学生公开网络赛和平时练习。岭南师范学院计算机协会也专门成立了相应的 ACM 学生社团，逐步建立了以学生为主体的组织和培训体系，整体呈现稳步向前的态势。

特别需要指出的是，考虑到传统笔试不利于程序设计类课程对学生核心能力的测试，作为应用型工科教学改革的手段之一，岭南师范学院计算机等相关专业从 2015 级开始，吸取、借鉴了 ACM 竞赛的重要意义和优势，逐步采用本地 OJ 平台，实现程序设计课程群的在线考试，注重过程性考核，目前已涵盖了 C 语言程序设计、C++程序设计、数据结构、算法分析与设计等课程。

1.3　全国蓝桥杯大赛

为推动软件开发技术的发展，促进软件专业技术人才培养，向软件行业输送具有创新能力和实践能力的高端人才，提升高校毕业生的就业竞争力，全面推动行业发展及人才培养进程，工业和信息化部人才交流中心、教育部全国高等学校学生信息咨询与就业指导中心定期联合举办“全国软件专业人才设计与创业大赛”，大赛官方网站为 http://www.lanqiao.org。

大赛主要的项目包括：

（1）Java 软件开发。具有正式全日制学籍并且符合相关科目报名要求的研究生、本科生及高职高专学生（以报名时状态为准），以个人为单位进行比赛。该专业方向设大学 A 组、大学 B 组、大学 C 组。985、211 本科生只能报大学 A 组，所有院校研究生只能报大学 A 组，其他院校本科生可自行选择报大学 A 组或大学 B 组，高职高专院校可报大学 C 组或自行选择报任意组别。

（2）C/C++程序设计。具有正式全日制学籍并且符合相关科目报名要求的研究生、本科生及高职高专学生（以报名时状态为准），以个人为单位进行比赛。该专业方向设大学 A 组、大学 B 组、大学 C 组。报名要求与 Java 软件开发类似。

（3）嵌入式设计与开发。具有正式学籍的在校全日制研究生、本科生及高职高专学生（以报名时状态为准），以个人为单位进行比赛。该专业方向设大学组。

（4）单片机设计与开发：与嵌入式设计与开发类似。

（5）电子设计与开发：与嵌入式设计与开发类似。

大赛的特色主要体现在以下四个方面：

（1）立足行业，结合实际，实战演练，促进就业。

（2）政府、企业、协会共同协作，联手构筑人才培养、选拔平台。

（3）以赛促学，竞赛内容基于所学专业知识。

（4）以个人为单位，现场比拼，极大程度上保证公正和公平。当然，也会缺乏对参赛者团队合作能力的考察。

自大赛举办以来，来自全国 1200 余所高校的 10 万余名选手报名参赛，其中包括北京大学、清华大学、北京航空航天大学等百余所 985、211 知名高校，是业界参赛人数最多、影响力最大的学科竞赛之一。

从 2016 年开始，蓝桥杯新增了国际赛，主要是为了统筹利用国内国际教育资源，广泛借鉴吸收国际先进经验，进一步提升教育对外开放水平，通过改革创新和对外开放解决难题、激发活力、推动发展。蓝桥杯国际赛为国际交流性赛事，每年组委会邀请承办国及其周边国家计算机领域的大学生与中国获奖选手同场竞技，国际赛的承办国家每年更换一次。2017 年的国际赛在美国，设有普林斯顿大学（Princeton University）和波士顿大学（Boston University）两个分赛场。

岭南师范学院从 2012 年开始每年选拔 10 余名学生参加蓝桥杯竞赛。由于蓝桥杯与 ACM 竞赛大致类似，但难度稍低且全中文命题，常俗称之为“小 ACM”。广东省内一些同类院校也有以 ACM 带动蓝桥杯竞赛的说法。特别是蓝桥杯以中文命题形式缓解了普通应用型本科学生参加 GDCPC 时存在的英语读题能力问题，一直以来岭南师范学院学生参加蓝桥杯比赛的成绩良好。

1.4 中国计算机学会软件能力认证

计算机软件能力考试认证，简称软件能力认证（Certified Software Professional，CSP），官方网站为 http://cspro.org，是中国计算机学会的计算机职业资格认证系列之一，是其联合华为、清华大学等 22 个著名企业和知名高校从 2014 年开始推出的一项重要专业技能认证。主要对软件开发能力，即使用计算机通过编程语言和算法，编制成能在计算机上稳定运行的软件模块的能力进行考察和认证。认证考试全部采用上机编程方式，编程语言允许使用 C/C++或 Java。考核为黑盒测试，以测试用例判断程序是否能够输出正确结果来进行评分。考试时间为 240 分钟，一般每年举行若干次，截止到目前，已经在全国各大城市 55 所高校设立认证点，累计 3 万余人参与了认证。清华大学等多所高校均以多种方式认同 CSP 认证，如将 CSP 认证成绩作为考研复试成绩，或将 CSP 认证纳入教学计划，或将 CSP 认证成绩作为评定奖学金、保研条件之一等。

CSP 的考试内容主要覆盖大学计算机专业所学的程序设计、数据结构和算法，以及相关的数学基础知识，包括但不限于：

（1）程序设计基础：逻辑与数学运算、分支循环、过程调用（递归）、字符串操作、文件操作等。

（2）数据结构：线性表（数组、队列、栈、链表）、树（堆、排序二叉树）、哈希表、集合与映射、图。

（3）算法与算法设计策略：排序与查找、枚举、贪心策略、分治策略、递推与递归、动态规划、搜索、图论算法、计算几何、字符串算法、线段树、随机算法、近似算法等。

计算机软件能力认证以被测试者熟练掌握程序设计、数据结构以及算法，通过一定范围内自选的通用编程语言，在指定时间空间内，熟练、准确地完成对给定问题的编程和调试为认证标准。编程语言允许使用 C/C++或 Java。所编程序的正确性由计算机系统根据事先给定的数据进行测试，通过者得分，否则不得分。

中国计算机学会将对每一名参加认证并有成绩者发放认证成绩单，其中标注了所使用编程语言及成绩分析。测试的问题覆盖大学计算机专业所学的程序设计、数据结构和算法，以及相关的数学基础知识，并关注编程技巧的使用、性能的优化，以及异常情况的处理技巧。

截至 2017 年，岭南师范学院尚未成为 CSP 的认证考点，但是学校各级机构对 CSP 认证认识深刻并极为重视。随着 CSP 认证的普及率逐步提高、影响力逐渐增强、学生对 CSP 认证需求的不断增加，岭南师范学院成为 CSP 认证考点指日可待，甚至可以无缝嵌入到日常课堂教学中，作为应用型课程教学改革的一部分。凡有意参加 CCF CSP 认证者可以在 cspro.org 网站上注册、报名、缴费、打印准考证，参加认证后，就可以在该网站查询成绩并打印或邮寄成绩单，作为自身计算机程序设计和算法素养的一个相对专业和权威的证明。

1.5　国际青少年信息学奥林匹克竞赛

国际青少年信息学（计算机）奥林匹克竞赛，早期称为青少年计算机程序设计竞赛，是为了在广大青少年中普及计算机教育、推广计算机应用的一项学科性竞赛活动。我国从 1984 年开始举办全国性竞赛。自从 1989 年中国参加第一届国际信息学奥林匹克（International Olympiad in Informatics，IOI）以来，全国青少年计算机程序设计竞赛也更名为全国青少年信息学（计算机）奥林匹克（National Olympiad in Informatics，NOI）。官方网站为 http://www.noi.cn/。1989 年广东省作为举办地首次承办了 NOI，后来于 2014 年在深圳外国语学校再次承办该项赛事。

全国青少年信息学奥林匹克（NOI）是国内包括港澳在内的省级代表队最高水平的大赛，自 1984 年至今，在国内包括香港、澳门，已组织了 28 次竞赛活动。每年经各省选拔产生 5 名选手，由中国计算机学会在计算机普及较好的城市组织进行比赛。这一竞赛记个人成绩，同时记团体总分。

NOI 期间，举办同步夏令营和 NOI 网上同步赛，给那些程序设计爱好者和高手提供机会。为增加竞赛的竞争性、对抗性和趣味性以及可视化，NOI 组织进行团体对抗赛，团体对抗赛实质上是程序对抗赛，其成绩纳入总分计算。

NOI 系列活动包括全国青少年信息学奥林匹克竞赛、全国青少年信息学奥林匹克网上同步赛、全国青少年信息学奥林匹克联赛、夏令营、冬令营、亚洲与太平洋地区信息学奥赛、选拔赛和出国参加 IOI。

全国青少年信息学奥林匹克联赛（National Olympiad in Informatics in Provinces，NOIP）自 1995 年至今已举办 17 次。每年由中国计算机学会统一组织。NOIP 在同一时间、不同地点以各省市为单位由特派员组织。全国统一大纲、统一试卷。初高中或其他中等专业学校的学生均可报名参加联赛。联赛分初赛和复赛两个阶段。初赛考察通用和实用的计算机普及科学知识，以笔试为主。复赛为程序设计，须在计算机上调试完成。参加初赛者须达到一定分数线（分数线按所在省市的平均分而定）后才有资格参加复赛。联赛分普及组和提高组两个组别，难度不同。获得提高组复赛一等奖的选手即可免试由大学直接录取。由于国家招生考试政策改革，由 2011 年起入学的高中参赛学生不再拥有直接录取保送资格。

全国青少年信息学奥林匹克夏令营为 NOI 比赛的扩大赛。夏令营采取与正赛完全相同的赛制，包括时间、地点、题目与分数线。获奖选手不具备保送资格，但具有中国计算机学会颁发的成绩证明。在已获得保送资格的前提下（如 NOIP 联赛一等奖），可参与现场免试录取和高校自主招生保送。国内多数一流大学均承认其成绩，与 NOI 正式选手一视同仁。

全国青少年信息学奥林匹克竞赛冬令营（简称冬令营）自 1995 年起开始举办。每年在寒假期间开展为期一周的培训活动。冬令营共 8 天，包括授课、讲座、讨论、测试等。参加冬令营的营员分正式营员和非正式营员。获得 NOI 前 20 名的选手和指导教师为正式营员，非正式营员限量自愿报名参加。在冬令营授课的是著名大学的资深教授及已获得国际金牌学生的指导教师。

亚洲与太平洋地区信息学奥赛（Asia Pacific Informatics Olympiad，APIO）于 2007 年创建，该竞赛为区域性的网上准同步赛，是亚洲和太平洋地区每年一次的国际性赛事，旨在给青少年提供更多的赛事机会，推动亚太地区的信息学奥林匹克的发展。APIO 每年 5 月举行，由不同的国家轮流主办。每个参赛团参赛选手上限为 100 名，其中成绩排在前 6 名的选手作为代表该参赛团的正式选手统计成绩。APIO 中国赛区由中国计算机学会组织参赛，获奖比例参照 IOI。

选拔参加国际信息学奥林匹克中国代表队的竞赛简称选拔赛。IOI 的选手是从获 NOI 前 50 名的选手中选拔出来的，获得前 4 名的优胜者代表中国参加国际竞赛。选拔科目包括：NOI 成绩、冬令营成绩、论文和答辩、平时作业、选拔赛成绩、口试。上述项目加权产生最后成绩。

自 1989 年开始，中国在 NOI（网上同步赛于 1999 年开始）、NOIP、冬令营、选拔赛的基础上，组织参加国际信息学奥林匹克（IOI）竞赛，自 1989 年至今已参加 19 次国际信息学奥林匹克竞赛，是 IOI 创始国之一，2000 年 IOI 由中国主办，中国计算机学会承办。出国参赛可以得到中国科协和国家自然科学基金委的资助。截止到目前共选拔了 75 人次参加 IOI，累计获金牌 46 块、银牌 17 块、铜牌 12 块。中国已成为世界公认的信息学奥林匹克竞赛强国，参赛选手、领队、教练曾受到党和国家领导人及著名科学家的亲切接见和赞扬。根据国际信息学奥林匹克官方统计，迄今为止，中国选手累计已获得 IOI 金牌数名列世界第一，且远超其他国家获得金牌的数目。

1.6　本章小结

本章主要介绍了与 ACM 程序设计相关的竞赛平台，包括国际 ACM 竞赛、广东 GDCPC 竞赛、全国蓝桥杯大赛、中国计算机学会软件能力认证、国际青少年信息学奥林匹克竞赛等。虽然这些赛事面向不同的地区、人群，但是总体上都考察了参赛者的计算机程序开发、算法设计分析等方面的能力，是不可多得的检验学生学习成果的有效手段。

1.7　本章思考

（1）本章介绍的这些 ACM 赛事各有什么特点？为了达到检验学习成果的目的，如果有可能的话，你适合或者打算参加哪个比赛？为什么？

（2）你对高校组织参加蓝桥杯、ACM 竞赛等赛事有什么意见或者建议？

第 2 章　入门基础

2.1　输入输出

标准输入（stdin）指键盘输入（scanf, cin），标准输出（stdout）指屏幕输出（printf, cout）。ACM 程序设计中基本上都是要求键盘输入、屏幕输出。在判题过程中，不采用任何人工评测，在测试前待定程序被做了重定向，所以在解题时需要严格按照题目描述的要求进行输入输出，不需要也不能打印任何题目未做要求的任何信息。例如，在学习一些程序设计语言时，为了提醒用户程序运行，通常在输入数据之前给出类似“请输入数据”“Please input”等的中英文提示，这些做法在 ACM 解题时 OJ 处理将会导致反馈“答案错误”，原因是输出了多余的数据。

ACM 程序设计的输入输出特点是流式、ASCII、顺序输入、输出，避免使用文件定位函数（如 fseek），同时，不需要把所有的输出放在一处进行，随时都可以输出，只要顺序是对的即可，因为只有当程序终止了，与正确输出的比较才会开始。

例如，字符格式的 12345 由 5 个字符“1”“2”“3”“4”“5”构成，只需要按照上述顺序输出 1 至 5 就可以了，只检测 2 之前输出了 1，并不关注什么时候输出 1、什么时候输出 2。

例 2.1　简单 a+b（I）。

问题描述

Calculate a + b

输入

Using file input with the name of 'test1.txt'. The input will consist of a series of pairs of integers a and b, separated by a space, one pair of integers per line.

输出

For each pair of input integers a and b, you should output the sum of a and b in one line, and with one line of output for each line in input.

样例输入

1 5

样例输出

6

题意分析

这是一个基本的入门问题，输入一系列数对 a 和 b，求 a+b 的结果，每行输入数据对应一行输出数据。

参考程序

```
#include "stdafx.h"
#include <fstream>
```

```
#include<iostream>
#include <fstream>
```

```
using namespace std;
int main(int argc, char* argv[])
{
freopen("test1.txt","r",stdin);
int a,b;
while(scanf("%d%d",&a,&b)!=EOF)
{
        printf("%d\n",a+b);
}
fclose(stdin);
return 0;
}
```

```
int main()
{
    freopen("test1.txt","r",stdin);
    int a,b;
    while (scanf("%d%d",&a,&b)!=EOF)
    {
        printf("%d\n",a+b);
    }
    fclose(stdin);
    return 0;
}
```

（1）左列是 VC 运行环境的程序代码，右列是 Dev C++运行环境的程序代码。其中，在左列程序段中#include "stdafx.h"的作用是由预编译处理器把 stdafx.h 文件中的内容加载到程序中。stdafx.h 中没有函数库，只是定义了一些环境参数，而且是对应的工程中使用的一些标准头文件，通过预编译可以加快整个工程的编译速度，节省时间。在提交源程序代码时该句不要复制到 OJ 上，否则会产生“fatal error C1010: unexpected end of file while looking for precompiled header directive”的错误提示。

（2）在 VC++ 6.0 中，C++的类都在 std 命名空间中，如果编写 C++程序的话都需要使用 using namespace std，否则也可能在 OJ 评判时会产生编译错误，建议使用时增加该部分声明。

（3）freopen("test.txt","r",stdin)中 freopen 是被包含于 C 标准库头文件<stdio.h>中的一个函数，用于重定向输入输出流。第一个参数"test.txt"是需要重定向到的文件名或文件路径。第二个参数代表文件访问权限的字符串。例如，"r"表示“只读访问”、"w"表示“只写访问”、"a"表示“追加写入”。第三个参数是需要被重定向的文件流，一般是将 stdin、stdout 和 stderr 重定向到文件，stdin 是标准输入文件，stdout 是标准输出文件，stderr 是标准出错文件。最终的返回值，如果成功，则返回指向该输出流的文件指针，否则返回 NULL。

（4）fclose(stdin)指关闭文件流，需要引入头文件#include <fstream>。

（5）关于 scanf("%d%d",&a,&b)!=EOF 的解释：scanf 函数返回值就是读出的变量个数，如 scanf("%d%d", &a, &b)，如果只有一个整数输入，返回值是 1；如果有两个整数输入，返回值是 2；如果一个都没有，返回值是-1。EOF 是一个预定义的常量，等于-1。当然可以使用另外一种形式 cin>> a >> b。本书后面还会举例说明。

（6）关于格式问题，如果输入 1[空格]4，使用%d%d 或者%d[空格]%d 都没问题；如果输入 1,4，则必须使用%d,%d 才可以。scanf()开始读取输入以后，会在遇到的第一个空白字符：空格、制表符或者换行符处停止读取。假定使用了一个%d 说明符来读取一个整数。scanf() 函数开始每次读取一个输入字符，它跳过空白字符（空格、制表符或换行符）直到遇到一个非空白字符。因为它试图读取一个整数，所以 scanf() 期望发现一个数字字符或者一个符号（+或者-）。如果它发现了一个数字或一个符号，那么它就保存它并读取下一个字符；如果接下来的字符是一个数字，它保存这个数字并读取下一个字符。按照这种方式 scanf()持续读取和保存字符直到它遇到一个非数字的字符。如果遇到了一个非数字的字符，它就得出结论：已经到了整数的尾部。scanf()把这个非数字字符放回输入。这就意味着当程序下一次开始读取输入时，它将从前面被放弃的那个非数字字符开始。最后，scanf() 计算它读取到的数字的相应数值，并将该值放到指定的变量中。空白字符（空格、制表符或换行符）对于 scanf() 如何处理输入起着至关重要的作用。除了在%c 模式（它读取下一个字符）下，在读取输入时，scanf() 会跳过空白字符直到第一个非空白字符处。然后它会一直读取字符，直到遇到空白字符，或者遇到一个不符合正在读取的类型的字符。

使用 cin/cout 进行输入输出的优点在于数据类型自识别、使用简单，缺点是速度慢。ACM/ICPC 的测试数据规模通常非常大，cin/cout 在这种情况下会成为性能瓶颈，引发超时。除非问题的输入规模小，否则不推荐使用 cin。同时，输出规模相对较小，在某些情况下使用 cout 会很方便，但是 cout 控制输出格式不如 printf 灵活。建议不要在一个程序中同时使用 cin 和 C 输入函数（如 scanf），也不要同时使用 cout 和 C 输出函数（如 printf）。但是，可以将 C 输入函数和 cout 搭配使用，反之亦然。违反以上原则可能导致输入/输出结果错误（会发生乱序）。

鉴于 cin 和 cout 存在诸多不足，本书介绍两组常用的输入输出函数，即输入：scanf、getchar、gets，输出：printf、puts，它们足以解决绝大多数的问题。

例如，输入一个整数 a：　　scanf("%d",&a);

　　输入两个整数 a 和 b：　scanf("%d%d",&a,&b);

在 ACM 中经常涉及一种模式，即先输入一个整数 n，代表实例个数，后面就输入 n 个字符串作为单个实例，采用循环的形式录入数据，代码段形如：

```
int n;
scanf("%d",&n);
char str[100];
for (i=0;i<n;i++)
scanf("%s", str);
```

scanf()和 getchar()函数是从输入流缓冲区中读取值的，而不是从键盘终端缓冲区读取。要注意不同的函数是否接受空格符、是否舍弃最后回车符的问题。读取字符时，scanf()以 Space、Enter、Tab 结束一次输入，不会舍弃最后的回车符，即回车符会残留在缓冲区中；getchar()以 Enter 结束输入，也不会舍弃最后的回车符。读取字符串时，scanf()以 Space、Enter、Tab 结束一次输入；gets()以 Enter 结束输入，接受空格，会舍弃最后的回车符。

先看一个输入失效的例子。

```
#include <string.h>
int main() {
    char ch1, ch2;
    scanf("%c", &ch1);
    scanf("%c", &ch2);
    printf("%d %d\n", ch1, ch2);
    return 0;
}
```

```
#include <string.h>
int main() {
    char ch1, ch2;
    ch1 = getchar();
    ch2 = getchar();
    printf("%d %d\n", ch1, ch2);
    return 0;
}
```

运行上述程序，给定输入 a，就会输出 97 10，而且两段程序的结果完全一致。这是为什么呢？

首先看一下输入操作的原理。每个程序的输入都建有一个输入缓冲区。一次输入过程是这样的，当一次键盘输入结束时会将输入的数据存入输入缓冲区，而输入函数直接从输入缓冲区中取数据。因为输入函数是直接从缓冲区取数据的，所以有时候当缓冲区中有残留数据时，输入函数会直接取得这些残留数据而不会请求键盘输入，这就是有时候会出现输入语句失效的原因。

其实这里输出的 10 恰好是回车符的 ASCII 码。这是因为 scanf()和 getchar()函数是从输入流缓冲区中读取值的，而不是从键盘（也就是终端）的缓冲区读取，读取时遇到回车（\n）而结束，这个\n 会一起被读入输入流缓冲区中，在第一次接受输入取走字符后，会留下一个字符\n，于是，在第二次读入时，函数直接从缓冲区中把\n 取走了，显然读取成功了，所以不会再从终端读取。换句话说，并没有读取到想要输入的第二个字符，这就是这个程序只执行了一次输入操作就结束的原因。

再看另一个例子。

```
#include <string.h>
int main() {
    char str1[20], str2[20];
    scanf("%s",str1);
    printf("%s\n",str1);
    scanf("%s",str2);
    printf("%s\n",str2);
    return 0;
}
```

```
#include <string.h>
int main() {
    char str1[20], str2[20];
    gets(str1);
    printf("%s\n",str1);
    gets(str2);
    printf("%s\n",str2);
    return 0;
}
```

程序的功能是读入一个字符串输出，再读入一个字符串输出。可大家会发现输入的字符串中不能出现空格，例如：输入 Hello[空格]world!，输出则是两行，分别是 Hello 和 world!，程序不会执行第二次的读取操作。

第一次输入 Hello[空格]world!后，字符串 Hello[空格]world!都会被读到输入缓冲区中，而 scanf()函数取数据是遇到回车、空格、Tab 就会停止，也就是第一个 scanf()会取出 Hello，而 world!还在缓冲区中，这样第二个 scanf()会直接取出这些数据，而不会等待用户从终端输入。

如果用户输入 Hello[回车]Hello[回车]，同样输出两行。程序执行了两次从键盘读入字符串，说明第一次输入结束时的回车符已经被丢弃。即 scanf()读取字符串会舍弃最后的回车符。而如果采用 gets()则可以将空格（Tab 也可以）一起读取，我们可以输入两次 Hello[空格]world!。因此，要注意不同的函数是否接受空格符、是否舍弃最后的回车符的问题。

2.2　开发环境与使用

计算机语言的种类非常多，总的来说可以分成机器语言、汇编语言、高级语言三大类。计算机每做的一次动作、一个步骤，都是按照已经用计算机语言编好的程序来执行的，程序是计算机要执行的指令的集合，而程序全部都是用我们所掌握的计算机语言来编写的。所以人们控制计算机一定要通过计算机语言向计算机发出命令。通用的编程语言有两种形式：汇编语言和高级语言。和前者相比，高级语言将许多机器指令合并，去掉了与具体操作有关、但与完成工作无关的细节，如堆栈、寄存器等，大大简化了程序指令。ACM 程序设计一般所使用的语言是高级语言，可以采用的种类和环境也非常多，包括 Java、C/C++、Pascal、R、Ruby，本书以 C/C++系列为例。

TIOBE 编程语言社区排行榜是编程语言流行趋势的一个公认指标，每月更新，这份排行榜排名基于互联网上有经验的程序员、课程和第三方厂商的数量。排名使用著名的搜索引擎进行计算，包括 Google、MSN、Yahoo!、Wikipedia、YouTube 和百度等。当然，这个排行榜只是反映某个编程语言的热门程度，并不能说明一门编程语言好不好，或者一门语言所编写的代码数量多少。某种程度上，这个排行榜可以用来考察编程技能是否与时俱进，也可以在开发新系统时作为一个语言选择依据。图 2-1 是各种高级语言在 2017 年 3 月时的排行，读者也可以访问 http://www.tiobe.com/网站查阅最新的语言排行情况。

Feb 2017	Feb 2016	Change	Programming Language	Ratings	Change
1	1		Java	16.676%	-4.47%
2	2		C	8.445%	-7.15%
3	3		C++	5.429%	-1.48%
4	4		C#	4.902%	+0.50%
5	5		Python	4.043%	-0.14%
6	6		PHP	3.072%	+0.30%
7	9	^	JavaScript	2.872%	+0.67%
8	7	v	Visual Basic .NET	2.824%	+0.37%
9	10	^	Delphi/Object Pascal	2.479%	+0.32%
10	8	v	Perl	2.171%	-0.08%
11	11		Ruby	2.153%	+0.10%
12	16	^^	Swift	2.125%	+0.75%
13	13		Assembly language	2.107%	+0.28%
14	38	^^	Go	2.105%	+1.81%
15	17	^	R	1.922%	+0.73%
16	12	vv	Visual Basic	1.875%	+0.02%
17	18	^	MATLAB	1.723%	+0.63%
18	19	^	PL/SQL	1.549%	+0.49%
19	14	vv	Objective-C	1.536%	+0.13%
20	23	^	Scratch	1.500%	+0.71%

图 2-1

分析该榜单可以发现，TIOBE 开榜以来，逐渐出现了使用人数稍多于 1%的编程语言被列入前 20 名的现象，这意味着真正处于领导地位的编程语言正在逐渐减少，随着开发者的选择越来越多，更多的人选用了不太知名的语言。大约十年前，排名前八的编程语言加起来占了 80%的市场份额，而现在其总和仅占 55%。这一现象也被称为长尾效应。C 语言本月的占比仅为 8.445%，这个数字创造了从 2001 年 TIOBE 开榜以来的历史最低。C 语言衰落的主要原因在于：首先，它很难适用于蓬勃发展的 Web 及移动应用的开发领域；其次，C 语言并没有像其他大型语言如 Java、C++和 C#之类那样有所发展；最后，大型公司都没有推广这种语言——Oracle 支持 Java，微软支持 C++、C#和 TypeScript，谷歌支持 Java、Python、Go、Dart 和 JavaScript，苹果推广 Swift 和 Objective-C 等。

最后必须再次指出，这个榜单虽然非常专业、权威，在反映的趋势上有一些参考意义，但是本身采集的主要是英文数据，因此与中国的实际情况并不一定完全符合，而且这张表的采样数据本身也可能存在相当大的局限性，仅供参考。

图 2-2 列出了 Top 10 编程语言 TIOBE 指数长期的走势，Java 语言近年来长期占据排行榜榜首，C、C++作为老牌语言也一直位居前三，另外值得关注的是 Python 长期呈现上升趋势，特别是在大数据、机器学习等的推动下，Python 已成为当前的热门语言之一。

Programming Language	2017	2012	2007	2002	1997	1992	1987
Java	1	1	1	1	15	-	-
C	2	2	2	2	1	1	1
C++	3	3	3	3	2	2	4
C#	4	4	7	12	-	-	-
Python	5	7	6	10	27	-	-
PHP	6	5	4	6	-	-	-
JavaScript	7	9	8	7	20	-	-
Visual Basic .NET	8	22	-	-	-	-	-
Perl	9	8	5	4	3	14	-
Assembly language	10	-	-	-	-	-	-
Lisp	30	12	13	9	10	10	2
Prolog	33	41	26	26	18	12	3
Pascal	96	14	19	16	5	3	5

图 2-2

2.2.1 Visual C++

Microsoft Visual C++（简称 Visual C++、MSVC、VC++或 VC）是微软公司推出的开发 Win32 环境程序、面向对象的可视化集成编程系统。它不但具有程序框架自动生成、灵活方便的类管理、代码编写和界面设计集成交互操作、可开发多种程序等优点，而且通过简单的设置就可使其生成的程序框架支持数据库接口、OLE2、WinSock 网络、3D 控制界面。

VC 以拥有“语法高亮”、IntelliSense（自动完成功能）以及高级除错功能而著称。比如它允许用户进行远程调试、单步执行等，还允许用户在调试期间重新编译被修改的代码，而不必重新启动正在调试的程序。其编译及建置系统以预编译头文件、最小重建功能及累加连接著称。这些特征明显缩短程序编辑、编译及连接花费的时间，在大型软件计划上尤其显著。利用 VC 环境开发 ACM 程序的具体步骤如下：

（1）运行 VC 6.0，创建一个 Win32 Console Application 工程，选择工程文件存放位置，填写工程名称，单击“确定”按钮，如图 2-3 所示。

（2）在“步骤 1 共 1 步”页面中选择“一个简单的程序”选项（英文版为 A Simple Application），在随后弹出的页面中单击“完成”按钮就完成了一个简单的控制台应用程序的创建工作，如图 2-4 所示。

（3）在图 2-5 所示的界面中，双击左侧的 main 函数，右侧将自动打开对应的.cpp 文件，接下来就可以开始 ACM 之旅了。

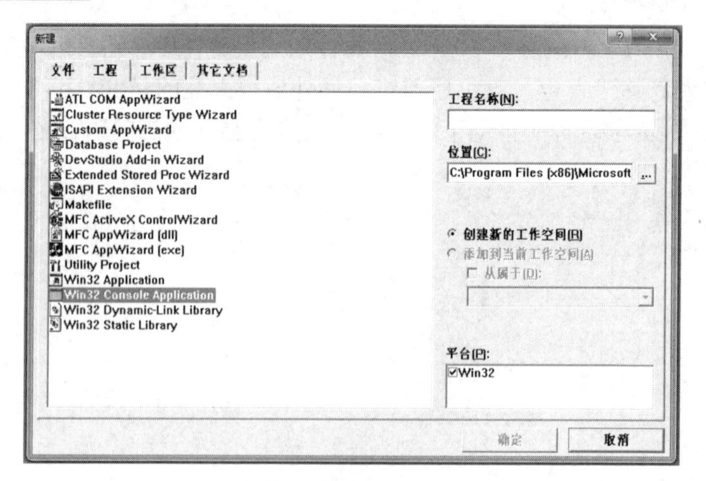

图 2-3

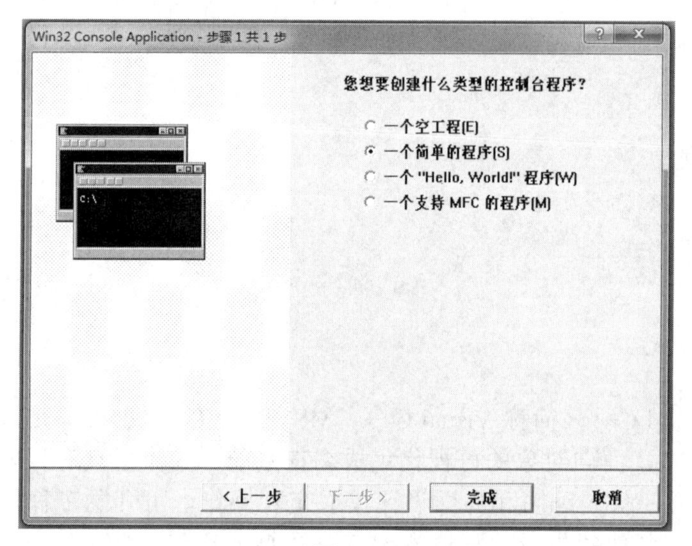

图 2-4

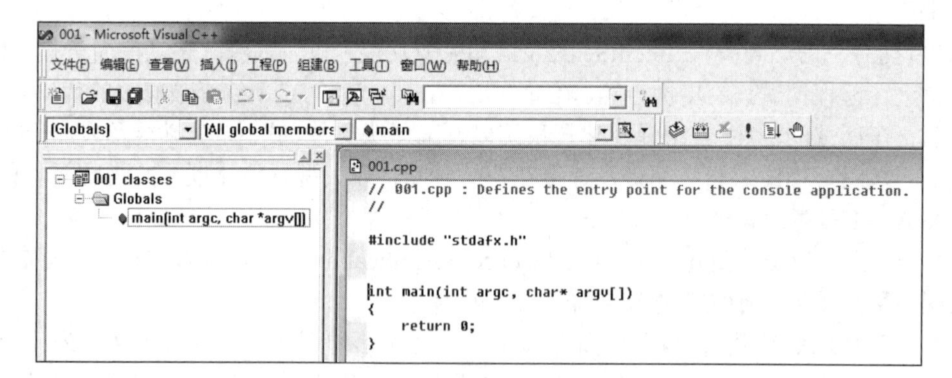

图 2-5

2.2.2 Dev-C++

Dev-C++是一个 Windows 环境下的 C/C++集成开发环境（IDE），是一款自由软件，遵守

GPL 许可协议分发源代码。它集合了 MinGW 等众多自由软件，并且可以取得最新版本的各种工具支持，而这一切工作都是来自全球的狂热者所做的。Dev-C++是 NOI、NOIP 等比赛的指定工具，缺点是 Debug 功能弱。由于原开发公司在开发完 4.9.9.2 后停止开发，所以现在正由其他公司更新开发，但都基于 4.9.9.2。目前 Dev-C++的最新版本是 5.11，可以在 http://sourceforge.net/projects/orwelldevcpp/网站下载。利用 Dev-C++环境开发 ACM 程序的具体步骤如下：

（1）运行 Dev-C++，在“文件”菜单中执行“新建”→“源代码”命令创建一个源代码文件，如图 2-6 所示，选择工程文件存放位置，填写工程名称，单击“确定”按钮。

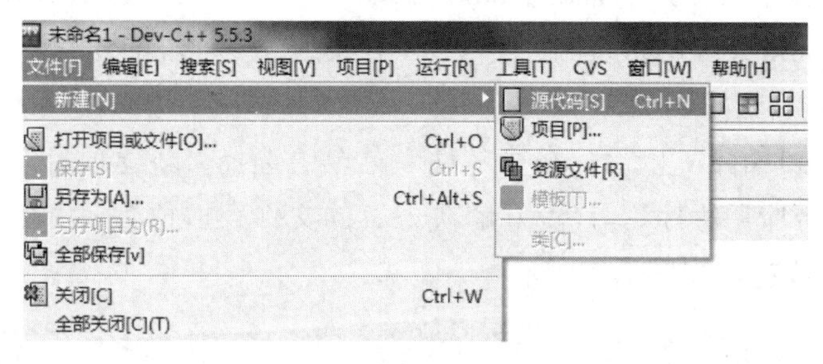

图 2-6

（2）打开对应的源文件编写代码，如图 2-7 所示。

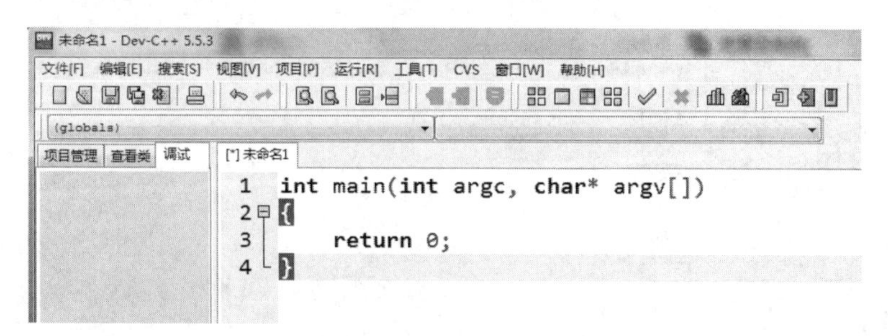

图 2-7

（3）在菜单栏中单击“运行”并选择编译、调试、运行即可，如图 2-8 所示。

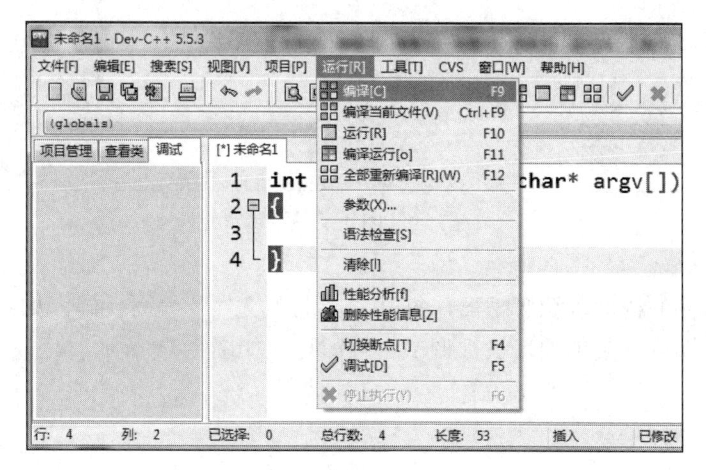

图 2-8

2.2.3 Visual Studio

Microsoft Visual Studio（VS）是微软公司的开发工具包系列产品，是一个基本完整的开发工具集，包括了整个软件生命周期中所需要的大部分工具，如 UML 工具、代码管控工具、集成开发环境等。所写的目标代码适用于微软支持的所有平台，包括 Microsoft Windows、Windows Mobile、Windows CE、.NET Framework、.NET Compact Framework、Microsoft Silverlight 和 Windows Phone 等。Visual Studio 是目前最流行的 Windows 平台应用程序的集成开发环境，最新版本为 Visual Studio 2015，基于.NET Framework 4.5.2，可以在 https://www.visualstudio.com/网站查阅关于 VS IDE 集成开发环境的详细情况。利用 VS 环境开发 ACM 程序的具体步骤如下：

（1）运行 Visual Studio 以后，在“文件”菜单中选择“新建项目”选项，注意创建类型为“Win32 控制台应用程序”，设置好解决方案的文件存放位置，填写相关的解决方案名称，单击“确定”按钮，如图 2-9 所示。

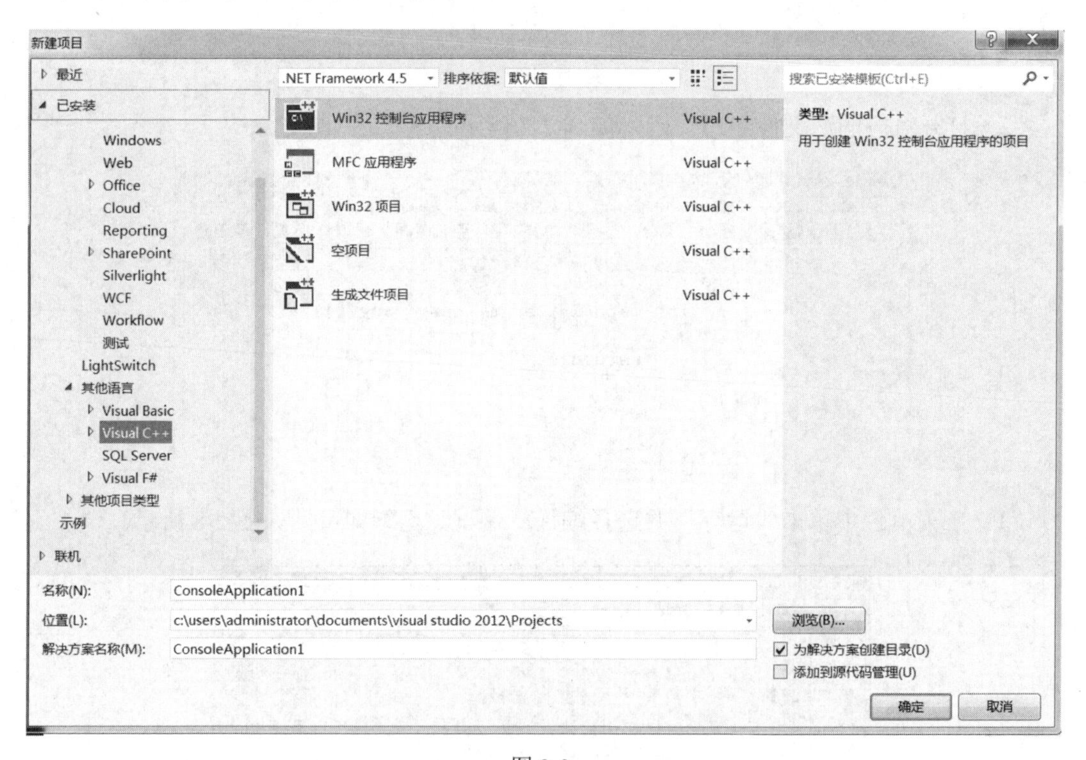

图 2-9

（2）双击右侧的树形资源管理器，打开对应的源文件，编写代码，如图 2-10 所示。

（3）单击“调试”菜单项，执行调试运行即可，如图 2-11 所示。

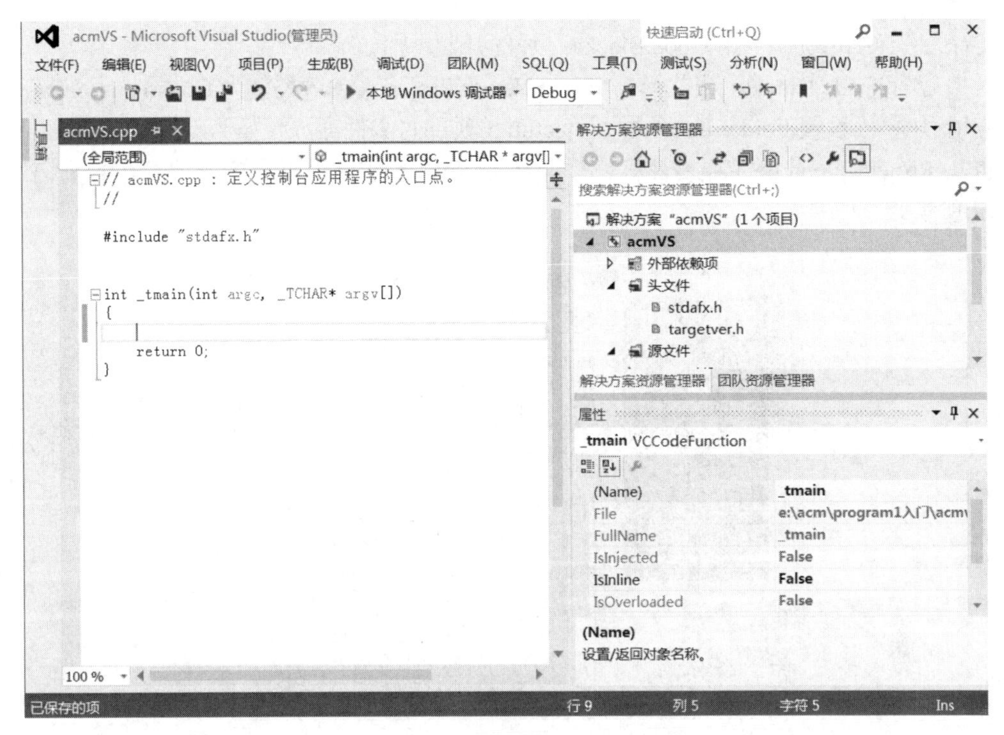

图 2-10

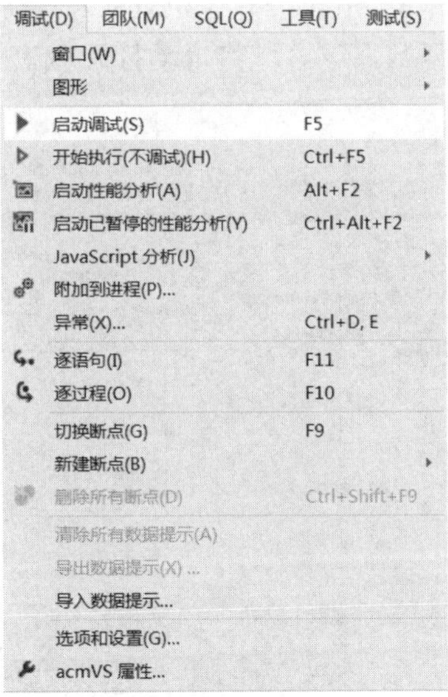

调试(D) 团队(M) SQL(Q) 工具(T) 测试(S)

窗口(W)
图形
启动调试(S) F5
开始执行(不调试)(H) Ctrl+F5
启动性能分析(A) Alt+F2
启动已暂停的性能分析(Y) Ctrl+Alt+F2
JavaScript 分析(J)
附加到进程(P)...
异常(X)... Ctrl+D, E
逐语句(I) F11
逐过程(O) F10
切换断点(G) F9
新建断点(B)
删除所有断点(D) Ctrl+Shift+F9
清除所有数据提示(A)
导出数据提示(X) ...
导入数据提示...
选项和设置(G)...
acmVS 属性...

图 2-11

2.2.4 Code Blocks

Code Blocks 是一个开放源码的全功能跨平台 C/C++集成开发环境，由纯粹的 C++语言开发完成，使用了著名的图形界面库 wxWidgets（2.6.2 unicode），这样追求完美的 C++程序员再也不必忍受 Eclipse 的缓慢和 VS.NET 的庞大以及高昂的价格。可以在网站 http://www.codeblocks.org/查阅与其有关的详细情况。利用 Code Blocks 环境的开发步骤如下：

（1）运行 Code Blocks，依次单击 File→New→Project，注意类型为 Console application（控制台应用程序），设置 Folder to create project in（项目的文件存放位置），填写 Project title（项目标题）、Project filename（项目名称）等，单击 Next 按钮直至确定完成项目初始化构建，如图 2-12 所示。

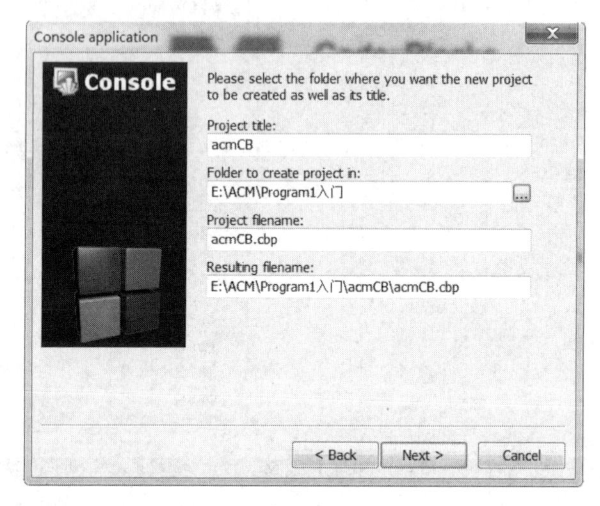

图 2-12

（2）依次单击左侧工作区中的 Projects→Workspace，再依次双击 Sources→main.c，选择左侧工作区 Projects 中的 main 函数，该区域将自动打开对应的文件 main.c，可以根据需要编写程序代码，如图 2-13 所示。

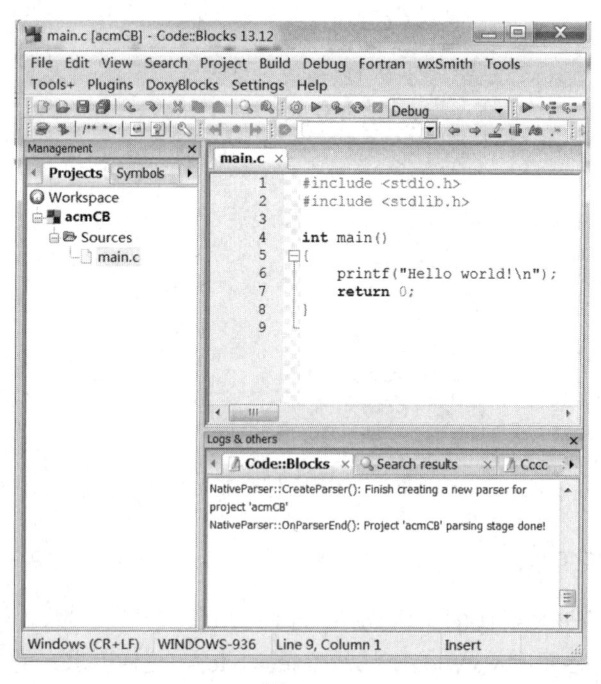

图 2-13

（3）单击 Debug（调试）菜单，执行 Start/Continue（调试运行）即可，如图 2-14 所示。

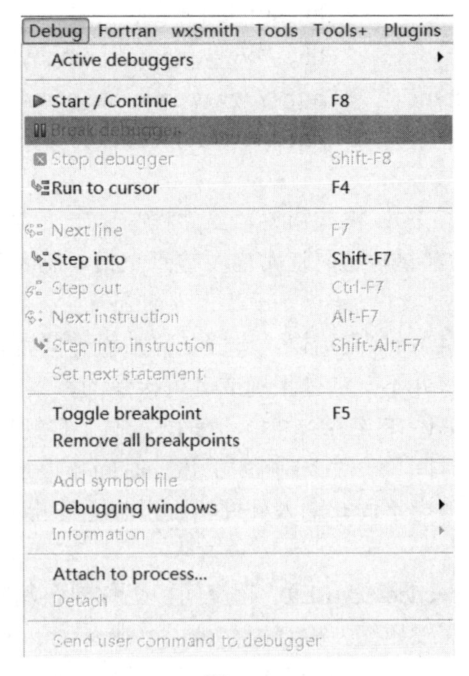

图 2-14

2.3　入门题

与其他程序设计相比，ACM 程序设计问题的难度相对较大，更强调算法的高效性，不仅要解决一个规定的问题，还经常要以最佳或最优的方式求解，总体上对参赛者的要求比较高，为此，大量的在线测试练习是必不可少的。

因此，在正式开始 ACM 之旅之前，为了便于读者学习，这里首先列出一些常见的 OJ 平台以及 OJ 平台所反馈出的十点常见提示。

1. 国内主要的在线题库网站

北京大学 http://acm.pku.edu.cn

浙江大学 http://acm.zju.edu.cn

杭州电子科技大学 http://acm.hdu.edu.cn

武汉大学 http://acm.whu.edu.cn

北京航空航天大学 http://acm.buaa.edu.cn/oj/problems.php

哈尔滨工业大学 http://acm.hit.edu.cn

华中科技大学 http://acm.hust.edu.cn

2. 国外主要的在线题库网站

俄罗斯 Ural 大学 http://acm.timus.ru（数学题较多）

荷兰 Universiteit van Amsterdam 大学 http://acm.uva.es（国外最大题库）

俄罗斯 Saratov 大学 http://acm.sgu.ru（题较难）

3. 学习网站

https://leetcode.com/
https://vjudge.net/
https://codility.com/
http://www.programmingbydoing.com/
https://www.hackerrank.com/
https://www.codechef.com/
http://www.usaco.org/
http://www.topcoder.com/tc

4. 主要的 OJ 返回提示

（1）Presentation Error（PE）：格式错误。虽然程序输出了看似正确的结果，但是结果的格式不对，因为 OJ 采用黑盒测试，这时通常需要检查空格、制表符、换行符，甚至是特殊字符等。

（2）Wrong Answer（WA）：答案错误。一般是算法设计问题，对于边界值的考虑不周全等。仅仅通过样例数据的测试并不一定是正确或者可接受的答案，一定还有没想到的可能性。

（3）Time Limit Exceeded（TLE）：超时。1GHz 大概 1 秒钟计算 10^9 次，即 10 亿次，但是考虑到输入输出需要大量时间，一般控制在 10^6 次。时间超限是指运行超出时间限制，检查下是否有死循环（边界条件考虑不周、输入处理错误引起无休止的等待等），或者应该有更快的计算方法。

（4）Memory Limit Exceeded（MLE）：超空间，也称内存超限。是指程序运行超出了所要求的内存限制，数据可能需要压缩，检查内存是否有泄露。

（5）Compilation Error（CE）：编译错误。一般是语法问题，OJ 评判可查看出错的行数、具体的语法错误等。

（6）Output Limit Exceeded（OLE）：输出量超限。检查是否输出的内容过多，剔除额外的输出。

（7）Waiting / Queuing：OJ 系统正忙。所提交的程序答案正在排队等待，等候 OJ 系统评判。也可能是系统判题进程关闭，时间过长可以联系 OJ 管理员。

（8）Compiling：正在编译，稍作等待即可。

（9）Runtime Error（RE）：运行时错误。包括非法的内存访问、数组越界、指针漂移、调用禁用的系统函数。具体的反馈信息对应有：ACCESS_VIOLATION 为非法内存访问，ARRAY_BOUNDS_EXCEEDED 为数组越界，FLOAT_DIVIDE_BY_ZERO 为浮点数除数为 0，FLOAT_OVERFLOW 和 FLOAT_UNDERFLOW 为浮点数溢出，INTEGER_DIVIDE_BY_ZERO 为整数除数为 0，INTEGER_OVERFLOW 为整数溢出，STACK_OVERFLOW 为堆栈溢出。

（10）Accepted（AC）：恭喜，程序是可接受的，完成任务，这也是所有 ACM 程序设计爱好者（ACMer）的终极目标。

接下来看几个简单的例子作为入门，通过这些例子感受 ACM 程序设计与普通程序设计课程学习和实践过程的区别与联系。

例 2.2 求平方。

问题描述

已知一个正整数可以求出该数的平方值，你可以编程实现吗？

输入格式

采用文件输入 test2.txt，输入不超过 100 个正整数的数据 n（$1 \leqslant n \leqslant 10000$），每个正整数以空格分隔。

输出

每个输入对应一个输出，输出值为输入值的平方，每个输出占一行。

样例输入

1 2 3 4

样例输出

1

4

9

16

题意分析

实际上，该例更为简单，求一系列数的平方即可，数据上限为 10000，其平方不超过 10^9，不涉及极大数据的处理问题。这里采用 C++的输入和输出方式。注意 int 的取值范围是 -2^{31}～$2^{31}-1$，long 和 int 的取值范围一样，某些情况可考虑 unsigned long，此时为正整数，范围为 1～$2^{32}-1$。另外，问题没有指出什么时候输入结束，因此要以文件尾为判定标记。

参考程序

```
#include <iostream>
#include <fstream>
using namespace std;
int main(int argc, char* argv[])  {
	ifstream cin("test2.txt");
	int a;
	while (cin>>a)  {
		cout<<a*a<<endl;
	}
	return 0;
}
```

例 2.3　简单 a+b（II）。

问题描述

Your task is to calculate a + b.

输入

Input contains an integer N in the first line, and then N lines follow. Each line consists of a pair of integers a and b, separated by a space, one pair of integers per line.

输出

For each pair of input integers a and b you should output the sum of a and b in one line, and with one line of output for each line in input.

样例输入

2

1 5

10 20

样例输出

6

30

题意分析

问题虽然比较简单，但是是入门者必须掌握的输入输出。输入已经指出了会有 N 个输入块（Input Block），接下来的输入是 N 个输入块。

参考程序

```
#include <stdio.h>
int main()   {
      int a,b,n,i;
      scanf("%d",&n);
      for(i = 0; i < n; i++)      {
            scanf("%d%d",&a,&b);
            printf("%d\n",a + b);
      }
      return 0;
}
```

还是上述问题，但是将输入输出的要求修改一下，成为常见的另外一种输入输出模式，也是初学者必须掌握的形式。比如下面的这个例子。

例 2.4　简单 a+b（III）。

问题描述

Your task is to calculate a + b.

输入

Input contains multiple test cases. Each test case contains a pair of integers a and b, one pair of integers per line. A test case containing 0 0 terminates the input and this test case is not to be processed.

输出

For each pair of input integers a and b you should output the sum of a and b in one line, and with one line of output for each line in input.

样例输入

1 5

10 20

0 0

样例输出

6

30

题意分析

题意为输入数据，每组两个整数，输出这两个数据的和，当输入 0 0 时，程序结束。初学者可能第一时间想到如下程序段。

```
(1) #include <stdio.h>
(2) int main()
(3) {
```

```
(4)   int a,b;
(5)   while(scanf("%d %d",&a, &b) &&(a!=0 && b!=0))
(6)           printf("%d\n",a+b);
(7) }
```

仔细分析上述程序段，容易发现(5)条语句中&&运算符是短路运算，假设输入的一行数据是 0 5，a!=0 为假，整个逻辑表达式的值就为假，跳出循环结束程序。但是事实上，这组数据是有效数据，应该被处理，并输出结果 5。程序的写法与题目输入规则相矛盾。因此，正确的做法是在循环里面加入 if 判定，当且仅当 a 和 b 同时为 0 才退出循环求和，详见参考程序。

参考程序

```
#include <stdio.h>
int main()   {
    int a,b;
    while(scanf("%d%d",&a,&b))     {
        if(a == 0 && b == 0)
            break;
        printf("%d\n",a + b);
    }
    return 0;
}
```

例 2.5 求四个数的和。

问题描述

相信通过前述课程，读者已经学会了最基本的输入输出，那么再试试复杂些的吧！请你试编写一个程序计算四个数的和。

输入

输入数据有 m+1 行，第 1 行为一个正整数 m（0≤m≤100），随后有 m 行输入数据，每行含有 4 个整数数据（数据取值范围为-10000～10000），以空格分隔。

输出

输出共 m 行，每行对应一组输入，计算四个输入数据的和。

样例输入

```
1
1 2 3 4
```

样例输出

```
10
```

题意分析

本例演示输入的第二种形式，先给出一个正整数 n，随后是 n 行输入，每行输入对应一次循环运算。本例虽然以文件形式读写，但是事实上，与 NOI 不同的是，正式的 ACM 程序设计竞赛一般不读写文件，多采用键盘输入、屏幕输出。

参考程序

```
#include <stdio.h>
#include <fstream>
using namespace std;
int main(int argc, char* argv[])   {
```

```
    freopen("test3.txt","r",stdin);
    int n,i,a,b,c,d;
    scanf("%d",&n);
    for(i=0;i<n;i++)        {
        scanf("%d %d %d %d",&a,&b,&c,&d);
        printf("%d\n",a+b+c+d);
    }
    fclose(stdin);
    return 0;
}
```

例 2.6 倒蛇阵填数。

问题描述

任给一个正整数 n（n≤20），将 1～n^2 分别填入矩阵，在显示器上输出如下格式的矩阵。

n=3 时输出：

7 8 1

6 9 2

5 4 3

n=4 时输出：

10 11 12 1

9 16 13 2

8 15 14 3

7 6 5 4

输入

包括一系列的测试用例，每个包含一个整数 n（0≤n≤9），n=0 时退出程序。

输出

n 对应的倒蛇阵。

样例输入

2

3

0

样例输出

4 1

3 2

7 8 1

6 9 2

5 4 3

题意分析

题面比较清晰，问题的关键在于理清线性表元素值与下标 i,j 之间的相互关系。依次处理每圈的四条边，顺序分别为右上→右下，右下→左下，左下→左上，左上→右上。第 1 圈的四边为 A[1,n]→A[n,n]，A[n,n-1]→A[n,1]，A[n-1,1]→A[1,1]，A[1,2]→A[1,n-1]。归纳出第 i 圈的四边为 A[i,n+1-i]→A[n+1-i,n+1-i]，A[n+1-i,n-i]→A[n+1-i,i]，A[n-i,i]→A[i,i]，A[i,i+1]→A[i,n-i]。

从 i=1 开始赋值，当 i＜n+1-i 时，构成圈；当 i＞n+1-i 时，结束；当 i=n+1-i 时，A[i,i]=n^2，结束，即最后填入的元素位。以 n=4 为例，i=1 时，n+1-i=4，为第一圈；i=2 时，n+1-i=3，为第二圈；i=3 时，n+1-i=2，A[2,2]=n^2=16，结束。

参考程序

```
#include <iostream>
using namespace std;
int main(int argc, char* argv[]) {
    int n,i,j,r;
    int a[25][25];
    while(scanf("%d",&n) && n) {
      i=1;         r=1;
      if(n==1)            a[1][1]=n;
    while(i<n+1-i) {
      for(j=i; j<=n+1-i; j++)        a[j][n+1-i]=r++;
      for(j=n-i; j>=i; j--)          a[n+1-i][j]=r++;
      for(j=n-i; j>=i; j--)          a[j][i]=r++;
      for(j=i+1; j<=n-i; j++)        a[i][j]=r++;
      i++;
      if(i==n+1-i)     {a[i][i]=n*n; break;}
    }
    for(i=1; i<=n; i++)     {
        for(j=1; j<=n; j++)     {
         if(j<n)              printf("%d ", a[i][j]);
         else                 printf("%d", a[i][j]);
        }
        printf("\n");
      }
    }
    return 0;
}
```

2.4　字符串处理

在继续讲解字符串处理例题之前，这里先列出一些常见的字符串处理函数，也是 ACM 包括普通程序设计中使用频率较高的。相关的头文件为string.h。

（1）strcpy。

原型：extern char *strcpy(char *dest,char *src);

功能：把 src 字符串复制到 dest 所指的数组中。

说明：src 和 dest 所指内存区域不可以重叠且 dest 必须有足够的空间来容纳 src 字符串。返回指向 dest 的指针。

（2）strcat。

原型：extern char *strcat(char *dest,char *src);

功能：把 src 所指的字符串添加到目标串 dest 的结尾处（覆盖 dest 结尾处的\0）并添加\0。

说明：src 和 dest 所指内存区域不可以重叠且 dest 必须有足够的空间来容纳 src 字符串。返回指向 dest 的指针。

（3）strcmp。

原型：extern int strcmp(char *s1,char *s2);

功能：比较字符串 s1 和 s2。

说明：当 s1＜s2 时，返回值＜0；当 s1=s2 时，返回值=0；当 s1＞s2 时，返回值＞0。即两个字符串自左向右逐个字符相比（按 ASCII 值大小相比较），直到出现不同的字符或遇\0 为止。

（4）strlen。

原型：extern unsigned int strlen(char *s);

功能：计算字符串 s 的长度（unsigned int 型）。

说明：返回 s 的长度，不包括结束符 NULL。

（5）isalpha。

原型：int isalpha(char ch);

用法：#include <ctype.h>

功能：检查 ch 是否是字母。

返回：是字母返回非 0，否则返回 0。

（6）memset。

原型：void *memset(void *s, char ch, unsigned n);

功能：将 s 所指向的某一块内存中的每个字节的内容全部设置为 ch 指定的 ASCII 值，块的大小由第三个参数指定，这个函数通常为新申请的内存做初始化工作。

例 2.7 ASCII 码排序。

问题描述

输入三个字符后，按各字符的 ASCII 码以从小到大的顺序输出这三个字符。

输入

输入数据有多组，每组占一行，由三个字符组成，之间无空格。

输出

对于每组输入数据，输出一行，字符中间用一个空格分开。

样例输入

qwe

asd

样例输出

e q w

a d s

题目分析

本题的核心在于字符串的排序，建议使用高效的 sort()函数，C++提供了 STL（Standard Template Library，标准模板库）。其中 sort 函数的语法和功能为：sort(数组名,数组末地址,compare)，对给定区间所有元素进行排序，若不写 compare 则默认升序排列。在使用时需要注意在头文件中引入库：#include <algorithm>。

三个参数例子如下：

```
int a[20]={2,4,1,23,5,76,0,43,24,65};
sort(a, a+20);
```

参考代码

```
#include<stdio.h>
#include<algorithm>//使用 sort 时需要
using namespace std;
int main()   {
char abc[3];
    while(scanf("%s",abc)!=EOF)   {
        sort(abc,abc+3);
      printf("%c %c %c\n",abc[0],abc[1],abc[2]);
    }
    return 0;
}
```

例 2.8 书号识别码。

问题描述

每一本正式出版的图书都有一个 ISBN 码与之对应，ISBN 码包括 9 位数字、1 位识别码和 3 位分隔符，其规定格式如“x-xxx-xxxxx-x”，其中符号“-”是分隔符（键盘上的减号），最后一位是识别码，例如 0-670-82162-4 就是一个标准的 ISBN 码。ISBN 码的首位数字表示书籍的出版语言，例如 0 代表英语；第一个分隔符“-”之后的三位数字代表出版社，例如 670 代表维京出版社；第二个分隔之后的五位数字代表该书在出版社的编号；最后一位为识别码。

识别码的计算方法如下：

首位数字乘以 1 加上次位数字乘以 2……依此类推，用所得的结果 mod 11，所得的余数即为识别码，如果余数为 10，则识别码为大写字母 X。例如 ISBN 码 0-670-82162-4 中的识别码 4 是这样得到的：对 067082162 这 9 个数字，从左至右，分别乘以 1,2,...,9，再求和，即 0*1+6*2+...+2*9=158，然后取 158 mod 11 的结果 4 作为识别码。

你的任务是编写程序判断输入的ISBN码中的识别码是否正确，如果正确，则仅输出Right；如果错误，则输出你认为正确的 ISBN 码。

输入

输入含多个实例，每个实例一行，为一个字符序列，表示一本书的 ISBN 码（保证输入符合 ISBN 码的格式要求）。

输出

输出每个实例一行，假如输入的 ISBN 码的识别码正确，那么输出 Right，否则按照规定的格式输出正确的 ISBN 码（包括分隔符“-”）。

样例输入

0-670-82162-4

样例输出

Right

题意分析

这道题是 CCF CSP 认证的一个问题，考查字符串处理。以字符格式依次读入数据，对前

11 位（12 位为“-”，13 位为识别码）中的数值字符利用 ASCII 码值转化（0 的 ASCII 码值为 48）为相应 int 型数据，累加取余计算出识别码，然后用计算值与输入值中的最后一位（识别码）对比，若相等，则输出 Right，否则输出正确的 ISBN 码。注意若计算值为 10，应用 X 进行比较。

参考程序

```
#include <iostream>
using namespace std;
int main() {
    char a[13];
    int m=0,j=1;
    for(int i=0;i<13;i++)  {
        cin>>a[i];
        if(i<11)  {    //对前 11 位做处理
            if(a[i]!= '-')    {
                m+=(a[i]-48)*j;
                j++;
            }
        }
    }
    m=m%11;   //累加值对 11 取余得到识别码计算值
    if(m==10) {
        if(a[12]=='X')  { //特殊情况计算值为 10 时与 X 比较
            cout<<"Right"<<endl;
        }
        else  {
            a[12]='X';    //如错误则修正识别码
            cout<<a;
        }
    }
    else if(m==(a[12]-48))  {
        cout<<"Right"<<endl;
    }
    else  {
        a[12]=m+48;    //修正识别码
        cout<<a;
    }
    return 0;
}
```

例 2.9 字符串统计。

问题描述

对于给定的一个字符串，统计其中数字字符出现的次数。

输入

输入数据有多行，第一行是一个整数 n，表示测试实例的个数，后面跟着 n 行，每行包括一个由字母和数字组成的字符串。

输出

对于每个测试实例，输出该串中数值的个数，每个输出占一行。

样例输入

2

asdfasdf123123asdfasdf

样例输出

6

题意分析

除了基本的字符串输入输出以外，本题的核心在于字符串中数字的判定，可以以字符串的 ASCII 码作为判断准则。

参考程序

```
#include <stdio.h>
#include <string.h>
int main(){
    int n,count,len,i;
    char str[1000];
    while(scanf("%d",&n)!=EOF) {
        while(n--){
            count=0;   scanf("%s",str);   len = strlen(str);
            for(i=0;i<len;i++)
            if(str[i]>='0'&&str[i]<='9')
            count++;
            printf("%d\n",count);
        }
    }
    return 0;
}
```

注意前述程序不考虑中间有空格的情形，若样例输入为：

2

asdfasdf　　123123　　　　　　　　asdfasdf

asdf1111　　　　11　　111asdfasdfasdf

则样例输出为：

0

4

显然，无法获得正确的结果，这是因为 scanf()以空格作为输入的结束，错误地输出 0 和 4 的结果，所以，需要修改程序。一种自然的思路是将 scanf("%s",str)改为 gets(str)，但是仍然会获得错误的输出结果，如图 2-14 所示。

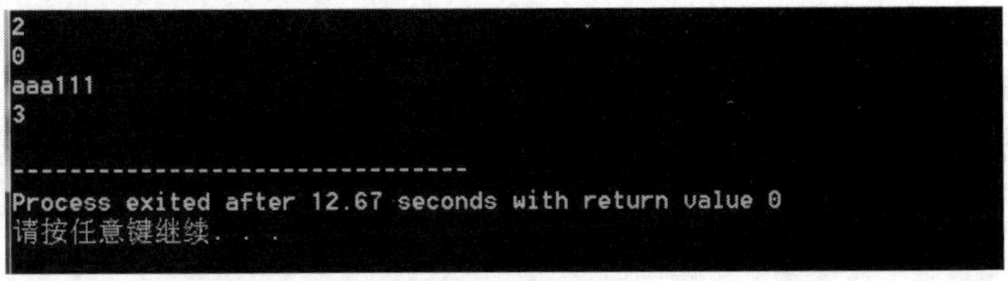

```
2
0
aaa111
3

--------------------------------
Process exited after 12.67 seconds with return value 0
请按任意键继续. . .
```

图 2-14

理应输入两组数据，但是只能输入一组。此外，在输入第一组数据前错误地输出了一个0，原因在于更换了 gets()。继续修改程序，将 while(scanf("%d",&n)!=EOF)完善为 while(scanf("%d\n",&n)!=EOF)。当然\n 也可以用空格、Tab 等类似符号替代，作用是相同的。当从键盘输入数据时，是先放在缓冲区中，然后 scanf()才从该缓冲区中读数据，当不加\n 时，输入测试实例数 n 的值 2，然后回车时希望再输入 n 行实例字符串的值。这时送到缓冲区中的就是 n 的值2和一个回车符，所以scanf()第一次读的是2，第二次读的就是紧接其后的一个回车符，scanf()不会保存这个回车符，但它会保存在输入缓冲区中，因此，实质上 gets()读取的第一组测试样例就变成了回车符，所以没有包含数字，自然输出是0，第二组数据是输入的真实字符串，结果正确，为3。但由此，少了一行输入数据，多输出了一个0。最终完整的参考程序如下：

```
#include <stdio.h>
#include <string.h>
int main(){
int n,count,len,i;
char str[1000];
    while(scanf("%d\n",&n)!=EOF)  {
        while(n--)  {
            count=0;  gets(str);  len = strlen(str);
            for(i=0;i<len;i++)
            if(str[i]>='0'&&str[i]<='9')
            count++;
        printf("%d\n",count);
        }
    }
    return 0;
}
```

例 2.10 首字母变大写。

问题描述

输入一个英文句子，将每个单词的第一个字母改成大写字母。

输入

输入数据包含多个测试实例，每个测试实例是一个长度不超过100的英文句子，占一行。

输出

请输出按照要求改写后的英文句子。

样例输入

i like acm

样例输出

I Like Acm

题意分析

本题在输入时因为可以包含空格，所以不能使用 scanf()函数，可以采用 gets()函数。另外，字母转换为大写需要使用 toupper()函数，需要留意。当然，也可以直接使用字符大小写在 ASCII 码之间的差值关系，利用'a'-'A'，即 32 获得。

参考程序

```
#include <iostream>
```

```
#include <stdio.h>
#include <ctype.h>
using namespace std;
char str[110];
int main(){
int i;
while(gets(str)) {
    for(i=0;str[i];i++){
        if(i==0||(str[i-1]==' '&&str[i]!=' '))
            putchar(toupper(str[i]));
                    //toupper()函数的功能是转换为大写，对应 tolower()
    else    putchar(str[i]);
    }
        putchar('\n');
    }
    return 0;
}
```

例 2.11　九章算术。

问题描述

高考数学题出现《九章算术》古词“鳖臑”，网友调侃称老师你别闹——2015 年 6 月 7 日下午湖北高考的文科数学卷上，一道几何题中出现了“鳖臑（biē nào）”“阳马”两个名词。数学考试出现古词，迅速在网上传播开来，成为热门话题。该题涉及《九章算术・商功》里的知识，先解释了什么是“鳖臑”和“阳马”，根据这两个词和相关数据解题。因为这两个“从未谋面”的古代数学词汇，#2015 湖北高考数学#在新浪微博上已经成为一个热门话题，网友和考生都在讨论《九章算术》和“鳖臑”，觉得“难出了新高度”。

《九章算术》是中国古代数学专著，承先秦数学发展的源流，进入汉朝后又经许多学者的删补才最后成书。它的出现，标志着中国古代数学体系的形成。现传本《九章算术》成书于何时，目前众说纷纭，多数认为在西汉末到东汉初之间，约公元一世纪前后。《九章算术》的内容十分丰富，全书采用问题集的形式，收有 246 个与生产、生活实践有联系的应用问题，其中每道题有问（题目）、答（答案）、术（解题的步骤，但没有证明），有的是一题一术，有的是多题一术或一题多术。这些问题依照性质和解法分别隶属于方田、粟米、衰（音崔 cuī）分、少广、商功、均输、盈不足、方程及勾股九章。那我们试试简单一点的第一章“方田”吧。这一章主要讲述了平面几何图形面积的计算方法，包括长方形、等腰三角形、直角梯形、等腰梯形、圆形、扇形、弓形、圆环这八种图形面积的计算方法。另外还系统地讲述了分数的四则运算法则，以及求分子分母最大公约数等的方法。

这里摘录了片段：

〔一〕今有田广十五步，从十六步。问为田几何？答曰：一亩。

〔二〕又有田广十二步，从十四步。问为田几何？答曰：一百六十八步。

方田术曰：广从步数相乘得积步。

以亩法二百四十步除之，即亩数。

转换成现代汉语，大致含义是：

（1）现在有一块田，宽 15 步，长 16 步，问这块田的面积多少？答：1 亩。

（2）又有一块田，宽 12 步，长 14 步，问这块田的面积多少？答：168 步。

计算方法是，长宽步数相乘得到积步。用亩法 240 步换算，即是亩数。

今有田广 a 步，从 b 步。问为田几何？

输入

输入正整数 a 和 b（0＜a,b＜99）。

输出

输出这块田的面积，如果面积为整亩，输出亩数，其中用 MU 单位表示亩；反之，输出步数，用 BU 单位表示步。

样例输入

15 16

12 14

样例输出

1MU

168BU

题目分析

本题也是属于入门题，但题目描述冗长拖沓、故弄玄虚，在讲述了一大段与九章算术相关的背景后，题目的本质是计算田的面积。这也是本题的一个坑，如果能从繁杂的题面中读出题面的真实需求，本题也就迎刃而解了。面积的计算方法为宽和长的乘积，在步数为 240 的整数倍时，转化为亩数（MU），否则记做步数（BU）。注意单位的大小写，也是另一个“坑”，否则会提示答案错误。

这也是岭南师范学院计算机科学技术专业 2013 级本科生的一次期末考试题目，虽然该题题面相对复杂，实际上非常简单，但由于首次开设 ACM 程序设计课程，从当年考试的解题情况看，仍然有很多同学不能有效地化解各种陷阱，无法 AC，整体的 AC 率甚至低于 60%。

参考代码

```
#include <stdio.h>
int main() {
    int a,b;
    while (scanf("%d %d",&a, &b)!=EOF)    {
        if ((a*b) % 240 ==0)
            printf("%dMU\n",(a*b)/240);
        else
            printf("%dBU\n",a*b);
    }
    return 0;
}
```

例 2.12　IBM Minus One

问题描述

You may have heard of the book '2001 - A Space Odyssey' by Arthur C. Clarke, or the film of the same name by Stanley Kubrick. In it a spaceship is sent from Earth to Saturn. The crew is put into stasis for the long flight, only two men are awake, and the ship is controlled by the intelligent computer HAL. But during the flight HAL is acting more and more strangely, and even starts to kill the crew on board. We don't tell you how the story ends, in case you want to read the book for yourself :-)

After the movie was released and became very popular, there was some discussion as to what the name 'HAL' actually meant. Some thought that it might be an abbreviation for 'Heuristic ALgorithm'. But the most popular explanation is the following: if you replace every letter in the word HAL by its successor in the alphabet, you get ... IBM.

Perhaps there are even more acronyms related in this strange way! You are to write a program that may help to find this out.

输入

The input starts with the integer n on a line by itself - this is the number of strings to follow. The following n lines each contain one string of at most 50 upper-case letters.

输出

For each string in the input, first output the number of the string, as shown in the sample output. The print the string start is derived from the input string by replacing every time by the following letter in the alphabet, and replacing 'Z' by 'A'.

Print a blank line after each test case.

样例输入

```
2
HAL
SWERC
```

样例输出

```
String #1
IBM

String #2
TXFSD
```

来源信息

Southwestern Europe 1997, Practice

题意分析

本题要求把一个由大写字母组成的字符串转换为另一个字符串，转换的规则是，把字符串中的每个字符转换为字母表中的下一个字符，Z 转换为 A。

本题的难点在于字符串的输出格式，即每行输出前要先输出“String *”行，每个测试案例后面要输出一个空行。输出格式是 ACM 程序设计重点考查程序设计能力的一个重要方面。

具体流程为：

（1）定义一个整型变量作为字符串的个数，string 型变量作为字符串。

（2）从键盘读入字符串的个数。

（3）对每个字符串，首先从键盘读入，然后输出其序号。

（4）对每个字符串中的每个字符，判断其是否为 Z，若不是则输出它的下一个字符，若是则输出 A。

（5）对每个字符串，最后输出两个新行。

参考程序

```
#include "stdio.h"
#include "string.h"
int main(){
    int n,i,j;
    char str[51];
    scanf("%d",&n);
    for(i=1;i<=n;i++) {
        scanf("%s",str);
        printf("String #%d\n",i);
        for(j=0;j<strlen(str);j++) {
            if(str[j]=='Z')
                printf("A");
            else
                printf("%c",str[j]+1);
        }
        printf("\n\n");
    }
    return 0;
}
```

例 2.13 Encoding

问题描述

Given a string containing only 'A' - 'Z', we could encode it using the following method:

1. Each sub-string containing k same characters should be encoded to "kX" where "X" is the only character in this sub-string.

2. If the length of the sub-string is 1, '1' should be ignored.

输入

The first line contains an integer N (1≤N≤100) which indicates the number of test cases. The next N lines contain N strings. Each string consists of only 'A' - 'Z' and the length is less than 10000.

输出

For each test case, output the encoded string in a line.

样例输入

2

ABC

ABBCCC

样例输出

ABC

A2B3C

题意分析

对字符串进行遍历，如果当前的字符与前面的字符相同的话，那么加 1 记录其个数，如果不相同的时候，排除只有 1 个的情况，只有在字符重复个数大于 1 的时候认为是有多个在一起，这时将字符串拼接组成新的串继续下一步操作。

参考程序

```
#include <iostream>
#include <stdio.h>
#include <string.h>
using namespace std;
int main() {
    int n,i,num;
    char str[10001];
    scanf("%d",&n);
    while (n--)      {
        num=1;  //注意初始化
          scanf("%s",str);
          for(i=0;i<strlen(str);i++)   {
           if(str[i]==str[i+1])   {
               num++;        //连续字母重复，num 增加 1
           }
           else {
               if(num<=1) {
                   printf("%c",str[i]);   num=1;
               }
               else {
                   printf("%d%c",num,str[i]);       num=1;
               }
           }
        }
        printf("\n");
    }
    return 0;
}
```

2.5　算法分析基础

算法复杂性的度量主要是针对运行该算法所需要的计算机资源的多少。所需要的资源越多，该算法的复杂性越高；反之，所需要的资源越少，算法的复杂性越低。对于任意给定的一个问题，设计出复杂性尽可能低的算法是在设计算法时追求的重要目标之一；而当给定的问题存在多种算法时，选择其中复杂性最低的算法是选用算法时遵循的重要准则。因此，算法的复杂性分析对算法的设计或选用具有重要的指导意义和实用价值。

问题求解的输入量大小称为问题的规模，一般用整数 n 表示。ACM 程序设计除了解决问题以外，对算法的复杂性提出了比传统程序设计更高的要求，一些普通规模的问题，适当加大其问题规模以后，需要更高效的问题解决思路和方法。

算法在计算机上运行的资源主要包括时间和空间两个方面，分别称为时间复杂度和空间复杂度，记为 T(n)和 S(n)，其中 n 是待求解问题的规模。

1. 时间复杂度

（1）时间频度。一个算法执行所耗费的时间，从理论上是不能算出来的，必须真机运行测试才能知道。但不可能、也没有必要对每个算法都真机测试，一些较长时间无法获得运行结果的算法根本没办法获得其真实的时间耗费。事实上，一般只需知道哪个算法花费的时间多，哪个算法花费的时间少就可以了。同时，一个算法花费的时间与算法中语句的执行次数成正比，哪个算法中语句执行次数多，花费时间就多。一个算法中的语句执行次数称为语句频度或时间频度。

（2）时间复杂度。当 n 不断变化时，时间频度 T(n)也会不断变化。但有时想知道变化时呈现什么规律。为此，引入时间复杂度概念。一般情况下，算法中基本操作重复执行的次数是问题规模 n 的某个函数，用 T(n)表示，若有某个辅助函数 f(n)，使得当 n 趋近于无穷大时，T(n)/f(n)的极限值为不等于零的常数，则称 f(n)是 T(n)的同数量级函数，记作 T(n)= O(f(n))，称 O(f(n))为算法的渐进时间复杂度，简称时间复杂度。

T(n) = O(f (n))表示存在一个常数 C，使得在当 n 趋于正无穷时总有 $T(n)\leqslant Cf(n)$。简单来说，就是 T(n)在 n 趋于正无穷时最大也就跟 f(n)差不多大。也就是说，当 n 趋于正无穷时，T(n)的上界是 Cf(n)。虽然对 f(n)没有规定，但是一般都是取尽可能简单的函数。例如，$O(2n^2+n+1) = O(3n^2+n+3) = O(7n^2+n) = O(n^2)$，一般都只用 $O(n^2)$表示就可以了。因为 O 符号里隐藏着一个常数 C，所以 f(n)里一般不加系数。

在各种不同算法中，若算法中语句执行次数为一个常数，则时间复杂度为 O(1)。另外，在时间频度不相同时，时间复杂度有可能相同，如 $T(n)=n^2+3n+4$ 与 $T(n)=4n^2+2n+1$，它们的频度不同，但时间复杂度相同，都为 $O(n^2)$。

按数量级递增排列，常见的时间复杂度有：常数阶 O(1)、对数阶 $O(\log_2 n)$、线性阶 O(n)、线性对数阶 $O(n\log_2 n)$、平方阶 $O(n^2)$、立方阶 $O(n^3)$、……、k 次方阶 $O(n^k)$、指数阶 $O(2^n)$。随着问题规模 n 的不断增大，上述时间复杂度不断增大，所用算法的执行效率越低。

常见的算法时间复杂度由小到大依次为：$O(1)<O(\log_2 n)<O(n)<O(n\log_2 n)<O(n^2)<O(n^3)<\ldots<O(2^n)<O(n!)$。

2. 空间复杂度

与时间复杂度类似，空间复杂度是指算法在计算机内执行时所需存储空间的度量，记作 S(n)=O(f(n))。

算法的空间复杂度一般也以数量级的形式给出。如当一个算法的空间复杂度为一个常量，即不随被处理数据量 n 的大小而改变时，可表示为 O(1)；当一个算法的空间复杂度与以 2 为底的 n 的对数成正比时，可表示为 $O(\log_2 n)$；当一个算法的空间复杂度与 n 成线性比例关系时，可表示为 O(n)。若形参为数组，则只需要为它分配一个存储由实参传送来的地址指针的空间，即一个机器字长空间；若形参为引用方式，则也只需要为其分配存储一个地址的空间，用它来存储对应实参变量的地址，以便由系统自动引用实参变量。

一般所讨论的是除正常占用内存开销外的辅助存储单元规模。讨论方法与时间复杂度类似，不再赘述。

对于一个给定的算法，其时间复杂度和空间复杂度往往是相互影响的。当侧重于要求一个较好的时间复杂度时，可能会使其空间复杂度的性能变差，即导致占用较多的存储空间；反之，当侧重于要求一个较好的空间复杂度时，可能会使时间复杂度的性能变差，即导致占用较长的运行时间。另外，算法的所有性能之间都直接或间接地存在着一定的相互影响。因此，当设计一个较大型的算法时，要综合考虑算法的各项性能、算法的使用频率、算法处理的数据量大小、算法描述语言的特性、算法运行的机器系统环境等各方面因素，才能够设计出比较好的算法。算法的时间复杂度和空间复杂度合称为算法的复杂度。

求解算法的时间复杂度的具体步骤是：

（1）找出算法中的基本语句。算法中执行次数最多的那条语句就是基本语句，通常是最内层循环的循环体。

（2）计算基本语句的执行次数的数量级。只需计算基本语句执行次数的数量级，这就意味着只要保证基本语句执行次数的函数中的最高次幂正确即可，可以忽略所有低次幂和最高次幂的系数。这样能够简化算法分析，并且使注意力集中在最重要的一点上：增长率。

（3）用 O 记号表示算法的时间性能。将基本语句执行次数的数量级放入 O 记号中。如果算法中包含嵌套的循环，则基本语句通常是最内层的循环体，如果算法中包含并列的循环，则将并列循环的时间复杂度相加。

例如，求下面这段程序的时间复杂度。

```
(1)  for (int i=1; i<=n; i++)
(2)        x++;
(3)  for (int i=1; i<=n; i++)
(4)        for (int j=1; j<=n; j++)
(5)              x++;
```

对于上述程序段的(2)行语句，$T(n) = n$，$f(n) = n$，时间复杂度为 $O(n)$。类似地，对于(5)行语句，$T(n) = n^2$，$f(n) = n^2$，时间复杂度为 $O(n^2)$。总的时间复杂度为 $O(n+n^2) = O(n^2)$。

2.6　本章小结

为了便于初学者初步入门 ACM 程序设计，本章主要讲解了与 ACM 程序设计有关的基础知识，包括输入输出问题、开发环境及使用、字符串处理、算法分析基础等。同时，也通过一些入门的问题和例子对这些基础性知识进行了简单的阐释。

2.7　本章思考

（1）如何理解 ACM 程序设计的输入输出机制？与传统程序设计有何异同？

（2）试比较每种开发环境的异同。

（3）试比较 gets()和 scanf()的异同。

（4）如何理解算法的时间复杂度和空间复杂度？试自行选择一个算法的程序实现，分析其时间复杂度和空间复杂度。

（5）查阅并熟悉 C++标准库和标准模板库。

（6）在 OJ 上分类找出一些基本的 ACM 问题并完成。

第 3 章　蛮力法

3.1　基本思想

蛮力法也称暴力法、枚举法、穷举法等。所谓蛮力法，是指从可能的解集合（空间）中一一列举各个情况，用问题给定的检验条件判定哪些是无用的、哪些是有用的。判断能使命题成立的，即为问题的解。

采用蛮力法解题的基本思路如下：

（1）建立问题的数学模型，确定枚举量（简单变量或数组）以及问题的可能解的集合（可能解的空间）。

（2）根据确定的范围设置枚举循环，根据问题的具体要求确定筛选约束条件，逐一列出可能解集合中的元素，验证是否是问题的解。

虽然大多数高效的算法很少来自于蛮力法，但是基于以下几个原因，蛮力法也是一种重要的算法设计技术：

（1）理论上，蛮力法可以解决可计算领域的各种基本问题。对于一些非常基本的问题，例如求一个序列的最大元素、计算 n 个数的和等，蛮力法是一种非常常用的算法设计技术。

（2）蛮力法经常用来解决一些较小规模的问题。如果需要解决的问题规模不大，用蛮力法设计的算法其速度是可以接受的，此时，设计一个更高效的算法是不值得的。

（3）对于排序、查找、字符串匹配等一些重要的问题，蛮力法可以产生一些合理有效的算法，这些算法具备一些实用价值，而且不受问题规模的限制。

（4）蛮力法可以作为某类问题时间性能的底限，用来衡量同样问题的更高效算法。

蛮力法使用伪代码可以描述为：

```
for each s in S    //S 是问题所有可能解的集合
    if s is a solution //对所有可能解依据已知条件进行逐一判定
      {
          print(s);          //打印输出解
          //其他需要的处理
      }
```

蛮力法的适用范围包括：①简单数值判断题；②简单逻辑判断题；③数据规模不大的问题；④没有想到更好解法的问题。这些问题都可以用枚举求出一定范围内的解。

对于蛮力法来说，程序优化的主要考虑方向经常是：通过加强约束条件，缩小可能解的集合的规模。正如上述伪代码描述，蛮力法的枚举一般通过枚举变量的循环搜索来实现。因此，当问题所涉及数量非常大时，蛮力法的枚举工作量也就相应较大，程序所需的运行时间也就相应较长。为此，应用蛮力法求解时，应根据问题的具体情况分析和归纳，尽可能寻找简化规律，精简枚举循环，优化枚举策略。

如前所述，巧妙和高效的算法很少来自蛮力法，这种设计策略作为一种常用的基础算法往往被初学者轻视，实际上这是不应该的，主要原因包括以下三个方面：

（1）理论上，蛮力法可以解决可计算领域中的各种问题。尤其处在计算机计算速度非常高的今天，蛮力法的应用领域还是非常广阔的。

（2）在实际应用中，通常要解决的问题规模不大，用蛮力法设计的算法其运算速度是可以接受的。此时，盲目优化，设计一个看起来更高效的算法是不值得的。

（3）蛮力法可作为某类问题时间性能的底线，用来衡量同样问题的更高效算法。

在 ACM 程序设计中虽然并不常见直接采用蛮力法求解的问题，但是在全国蓝桥杯程序设计比赛中经常有蛮力法在合理的时间和空间复杂度下可以求解的问题，编者曾经最多见过近 10 个的枚举变量，换句话说，整个算法或程序大约有 10 层循环及其约束判定暴力搜索可行解空间。

3.2　实例分析

下面通过一些具体的小例子来帮助读者理解基本蛮力法的求解思路。

例 3.1　寻找水仙花数。

问题描述

一个三位数，其各位数字的立方和等于它本身，这样的数称为水仙花数。要求找出所有的水仙花数。

题意分析

很多学过 C 语言的人可能会非常熟悉这道题。所求的一定是三位数，所以范围一定在 100～999 之间，只要将这些数逐一列举，符合条件者为解。

程序伪代码如下：

```
for (a=100; a<=999; a++)
    {   b=a mod 10;               //取出个位
        c=(a / 10) mod 10;        //取出十位
        d=  a / 100;              //取出百位
        if (a==b*b*b+c*c*c+d*d*d)
        print(a);                 //输出结果
    }
```

当然，如果仅仅是求三位的水仙花数，这肯定不是 ACM 程序设计的题面设计风格，因为三位的水仙花数一共只有四个：153、370、371、407，如果记住了这四个水仙花数的话，可以直接轻易地打印输出这四个数，考虑到 ACM 输出采用黑盒测试的特点，这样的问题就完全没有 AC 的意义了。下面将这个问题作出改进，举例讲一讲 ACM 程序设计中水仙花数的相关问题呈现风格。

例 3.2　水仙花数问题。

问题描述

春天是鲜花的季节，水仙花就是其中最迷人的代表，数学上有个水仙花数，它是这样定义的：

“水仙花数”是指一个三位数，它的各位数字的立方和等于其本身，比如：$153=1^3+5^3+3^3$。

现在要求输出所有在 m 和 n 范围内的水仙花数。

输入

输入数据有多组，每组占一行，包括两个整数 m 和 n（100≤m≤n≤999）。

输出

对于每个测试实例，要求输出所有在给定范围内的水仙花数，也就是说，输出的水仙花数必须大于等于 m，并且小于等于 n，如果有多个，则要求从小到大排列在一行内输出，之间用一个空格隔开；如果给定的范围内不存在水仙花数，则输出 no；每个测试实例的输出占一行。

输入样例

100 120

300 380

输出样例

no

370 371

题意分析

显然，如前所述，即使记住了四个三位水仙花数，也无法直接打印输出结果，因为输入是未知的，所以可以考虑采用蛮力法进行枚举，穷尽三位数。

参考代码

```
#include <stdio.h>
int main()   {
      int m,n,t,i,a,b,c,s;
      while(scanf("%d %d",&m,&n)!=EOF) {
      s=0;
            if(m>n) {t=m;m=n;n=t;}
            //判断输入的 m,n 的大小，并使得 m<n
            for(i=m;i<=n;i++)     {
                  a=i/100;
                  b=(i-100*a)/10;
                  c=i-100*a-10*b;
                  if(i==a*a*a+b*b*b+c*c*c)    {
                        if(s==0)printf("%d",i);
                        else printf(" %d",i);
                        s=s+1;
                  }
            }
            if(s==0) printf("no");
            printf("\n");
      }
      return 0;
}
```

例 3.3 换硬币。

问题描述

把一元钞票换成一分、二分、五分硬币（每种至少一枚），有几种换法？

题意分析

设一分、二分、五分硬币的个数分别为 i, j, k，所要求的是每种硬币至少一枚，可以先满足该项条件，即 1 个一分、1 个两分、1 个五分，剩余 92 分。另一方面，如果已知任意两种硬币的个数，显然最后一种硬币的个数可以容易通过减法求得。考虑暴力搜索的循环次数问题，以五分和两分硬币作为突破口，减少一个枚举变量，满足约束条件 92-5i-2j≥0 即可。

参考程序

```
#include <stdio.h>
int main()
{
    int sum=0;
    for(int i=0;i<=20;i++)
    {
        for(int j=0;j<=50;j++)
            if(92-5*i-2*j>=0)
                sum++;
    }
    printf("%d\n",sum);
    return 0;
}
```

例 3.4　有趣的数。

问题描述

将 1,2,...,9 共九个数分成三组，分别组成三个三位数，且使这三个三位数构成 1:2:3 的比例，试求出所有满足条件的三个三位数。

来源信息

1998 年全国青少年信息学奥林匹克联赛普及组试题（简称 NOIP1998pj）。

题意分析

这个也是一个典型的数字问题，没有什么特别好的其他方法，可以采用蛮力法暴力搜索，假设三个数分别表示为 abc, def, ghi，题目就是要求 abc:def:ghi=1:2:3。一种简单的思路是直接枚举 a～i 共 9 个数字，但是需要生成 1～9 的全排列，共枚举 9！=362880 次，确实有点笨了，当然，如果时间复杂度允许的话，也没什么好改进的。

事实上，因为 abc, def, ghi 之间是存在关系的，所以，只需要枚举 abc 就可以了，def=2*abc，ghi=3*abc，然后再排除有相等数字的情况，问题就可以求解了，而且经过简单分析可以获得 a≤3 的约束条件，枚举的次数急剧下降。

参考程序

```
#include<stdio.h>
int main() {
    int i,a,fal,n;
    for(i=123;i<333;i++) {
        fal=0;
        int flag[10]={0};
        for(int j=1;j<=3;j++)   {
            n=i*j;
            while(n)   {
                a=n%10;
                if((flag[a]==0)&&(a!=0))   {
```

```
                    flag[a]=1;
                    n=n/10;
                }
                else    {
                    fal=1;
                    break;
                }
            }
            if(fal==1)
                break;
        }
        if(fal==0)
            printf("%d %d %d\n",i,2*i,3*i);
    }
    return 0;
}
```

例 3.5 Keep on Truckin'

问题描述

Boudreaux and Thibodeaux are on the road again . . .

"Boudreaux, we have to get this shipment of mudbugs to Baton Rouge by tonight!"

"Don't worry, Thibodeaux, I already checked ahead. There are three underpasses and our 18-wheeler will fit through all of them, so just keep that motor running!"

"We're not going to make it, I say!"

So, which is it: will there be a very messy accident on Interstate 10, or is Thibodeaux just letting the sound of his own wheels drive him crazy?

输入

Input to this problem will consist of a single data set. The data set will be formatted according to the following description.

The data set will consist of a single line containing 3 numbers, separated by single spaces. Each number represents the height of a single underpass in inches. Each number will be between 0 and 300 inclusive.

输出

There will be exactly one line of output. This line will be:

NO CRASH

If the height of the 18-wheeler is less than the height of each of the underpasses, or:

CRASH X

Otherwise, where X is the height of the first underpass in the data set that the 18-wheeler is unable to go under (which means its height is less than or equal to the height of the 18-wheeler).

The height of the 18-wheeler is 168 inches.

来源信息

South Central USA 2003

样例输入

180 160 170

样例输出

CRASH 160

题意分析

这是一道简单题，题意是路上有三个地下通道，车子是 18-wheeler（根据题意，也就是 168 英寸），然后测试一下车是否能够通过。实际上就是考察输入三个数，如果三个数都比 168 大，那么输出 NO CRASH；否则，输出第一个出现小于等于 168 的那个数。

参考程序

```
#include <stdio.h>
int main()   {
    int h1, h2, h3;
    scanf("%d %d %d", &h1, &h2, &h3);
    if (h1>=168 && h2>=168 && h3>=168)
        printf("NO CRASH\n");
    else     {
        printf("CRASH ");
        if (h1<168){
            printf("%d\n",h1);
        }
        if (h2<168){
            printf("%d\n",h2);
        }
        if (h3<168){
            printf("%d\n",h3);
        }
     }
     return 0;
}
```

例 3.6　特殊数。

问题描述

123321 是一个非常特殊的数，它从左边读和从右边读是一样的。

输入一个正整数 n，编程求出所有这样的五位和六位十进制数，满足各位数字之和等于 n。

输入

输入一行，包含一个正整数 n，其中 1≤n≤54。

输出

按从小到大的顺序输出满足条件的整数，每个整数占一行。

样例输入

52

样例输出

899998

989989

998899

题意分析

该题的题意很直接，也很容易理解。问题属于求特殊回文数，不但要求该数字为回文数，还要求该数字每一位数字的和相加等于一个数，而且该题包含了五位数和六位数，这是容易忽略的一个要点。当 n 为奇数时，不存在六位的情况。而且注意不管是五位数还是六位数，其首位都不可能为 0，符合条件的数就存入数组，再将数组排序就可以获得最终的结果。

```
#include<stdio.h>
int main()
{
    int a,b,c,d,e,f,t,all;
    scanf("%d",&t);
    for(a=1;a<10;a++)
        for(b=0;b<10;b++)
            for(c=0;c<10;c++)
                for(d=0;d<10;d++)
                    for(e=0;e<10;e++)   {
                        if ((a==e) && (b==d) && (a+b+c+d+e ==t))
                                printf("%d\n",a*10000+b*1000+c*100+d*10+e);
                    }
    for(a=1;a<10;a++)
        for(b=0;b<10;b++)
            for(c=0;c<10;c++)
              for(d=0;d<10;d++)
                    for(e=0;e<10;e++)
                        for(f=0;f<10;f++)   {
                            if ((a==f) && (b==e) && (c==d) && (a+b+c+d+e+f ==t))
                              printf("%d\n",a*100000+b*10000+c*1000+d*100+e*10+f);
                        }
return 0;
}
```

例 3.7　We Love MOE Girls

问题描述

Chikami Nanako is a girl living in many different parallel worlds. In this problem, we talk about one of them. In this world, Nanako has a special habit. When talking with others, she always ends each sentence with "nanodesu". There are two situations:

If a sentence ends with "desu", she changes "desu" into "nanodesu", e.g. for "iloveyoudesu", she will say "iloveyounanodesu". Otherwise, she just add "nanodesu" to the end of the original sentence.

Given an original sentence, what will it sound like aften spoken by Nanako?

输入

The first line has a number T (T≤1000), indicating the number of test cases. For each test case, the only line contains a string s, which is the original sentence. The length of sentence s will not exceed 100, and the sentence contains lowercase letters from a to z only.

输出

For every case, you should output "Case #t: " at first, without quotes. The t is the case number starting from 1. Then output which Nanako will say.

样例输入

2
ohayougozaimasu
daijyoubudesu

样例输出

Case #1: ohayougozaimasunanodesu
Case #2: daijyoubunanodesu

题目来源

2013 ACM/ICPC Asia Regional Chengdu Online

题意分析

题意大概就是给定一个字符串，如果末尾存在 desu，就删除 desu，然后统一加上 nanodesu。这个问题属于一个入门级的练习题，来源于 2013 年成都区域网络赛，是当年的签到题，基本上就是纯考察如何利用 C 和 C++处理字符串，对于 ACM 熟悉的读者一定能够很快地有效处理，但是，从集训队内部的实际测试情况看，很多初学的学生由于英语不过关，无法理解题意，导致不能成功 AC。

参考程序

```
#include <stdio.h>
#include <string.h>
#include <iostream>
using namespace std;
int main()
{
    int T;
    scanf("%d",&T);
    string str;
    int iCase = 0;
    while(T--)
    {
        iCase++;
        cin>>str;
        int n = str.length();
        if(n >= 4 && str[n-4] == 'd' && str[n-3] == 'e' && str[n-2] == 's' && str[n-1] == 'u')
        {
            str[n-4] = 'n';            str[n-3] = 'a';
            str[n-2] = 'n';            str[n-1] = 'o';
            str += "desu";
        }
        else str += "nanodesu";
        printf("Case #%d: ",iCase);
        cout<<str<<endl;
```

```
    }
    return 0;
}
```

例 3.8 奇怪的分式。

问题描述

上小学的时候，小明经常自己发明新算法。一次，老师出的题目是：1/4 乘以 8/5，小明居然把分子拼接在一起，分母拼接在一起，答案是：18/45。老师刚想批评他，转念一想，这个答案凑巧也对啊，真是见鬼！对于分子、分母都是 1～9 中的一位数的情况，还有哪些算式可以这样计算呢？

请写出所有不同算式的个数（包括题中举例的）。显然，交换分子分母后，例如：4/1 乘以 5/8 是满足要求的，这算做不同的算式。但对于分子分母相同的情况，2/2 乘以 3/3 这样的类型太多了，不在计数之列。

题意分析

这是蓝桥杯的一道竞赛题，属于主流的解题算法——蛮力法。什么都不用想，直接根据题意设定枚举变量，四重循环即可求解。细节包括输出的时候需要注意精度等，另外，相除时需要乘以 1.0，否则就是整除了。

参考代码

```
#include <iostream>
#include <cmath>
#include <cstdio>
using namespace std;

#define eps 10e-10

int main(){
    int ans = 0;
    for(int i = 1; i < 10; ++i){
        for(int j = 1; j < 10; ++j){
            for(int r = 1; r < 10; ++r){
                for(int k = 1; k < 10; k ++){
                    if(i == j || r == k)continue;
                    if(fabs( (i*10 + r)*1.0/(j*10+k) - (i*r*1.0)/(j*k)) < eps){
                        printf("%d/%d : %d/%d\n", (i*10 + r),(j*10+k), i*r,(j*k));
                        ans++;
                    }
                }
            }
        }
    }
    cout<<ans;
    return 0;
}
```

例 3.9　Doubles

问题描述

As part of an arithmetic competency program, your students will be given randomly generated lists of from 2 to 15 unique positive integers and asked to determine how many items in each list are twice some other item in the same list. You will need a program to help you with the grading. This program should be able to scan the lists and output the correct answer for each one. For example, given the list,

1 4 3 2 9 7 18 22

your program should answer 3, as 2 is twice 1, 4 is twice 2, and 18 is twice 9.

输入

The input file will consist of one or more lists of numbers. There will be one list of numbers per line. Each list will contain from 2 to 15 unique positive integers. No integer will be larger than 99. Each line will be terminated with the integer 0, which is not considered part of the list. A line with the single number -1 will mark the end of the file. The example input below shows 3 separate lists. Some lists may not contain any doubles.

输出

The output will consist of one line per input list, containing a count of the items that are double some other item.

样例输入

1 4 3 2 9 7 18 22 0

2 4 8 10 0

7 5 11 13 1 3 0

-1

样例输出

3

2

0

题目来源

Mid-Central USA 2003

题意分析

题意是给出 2～15 个数，求出这些数中有几对数字符合“一个数恰好是另外一个数的两倍”。

输入数据以-1 结束，每个数据块以 0 结束。除去输入输出问题，唯一的思路就是通过枚举搜索依次寻求问题的解。

参考程序

```
#include<stdio.h>
int a[20];
int main()   {
      while (~scanf("%d",&a[0]),a[0]!=-1)   //判断第一个是否是-1，判断是否结束
```

```
    {
        int i, j;
        for (i=1; ; i++)      //个数未知
        {
            scanf("%d",&a[i]);
            if(a[i]==0)  //每个输入块，即一组数据是否结束
                break;
        }
        int count=0;
        for (i=0; a[i] != 0; i++)   {
            for (j=0; a[j] != 0; j++)
            if (a[i] == a[j]*2)   //暴力求解
                count++;
        }
        printf("%d\n",count);   //找到多少对满足题意
    }
    return 0;
}
```

例 3.10 比酒量。

问题描述

有一群海盗（不多于 20 人），在船上比拼酒量。过程如下：打开一瓶酒，所有在场的人平分喝下，有几个人倒下了。再打开一瓶酒平分，又有倒下的，再次重复……直到开了第 4 瓶酒，坐着的已经所剩无几，海盗船长也在其中。当第 4 瓶酒平分喝下后，大家都倒下了。

等船长醒来，发现海盗船搁浅了。他在航海日志中写到："……昨天，我正好喝了一瓶……奉劝大家，开船不喝酒，喝酒别开船……"

请你根据这些信息，推断开始有多少人，每一轮喝下来还剩多少人。

输入

无

输出

格式是：人数,人数,...

如果有多个可能的答案，请列出所有答案，每个答案占一行。

多个答案排列顺序不重要。

样例输入

无

样例输出

例如，有一种可能是：20,5,4,2,0

题意分析

这是蓝桥杯的一个改编题，问题的核心就是海盗船长正好喝了一瓶酒，假设每一轮中的人数分别为 n,a,b,c，那么船长喝的酒就是$\frac{1}{n}+\frac{1}{a}+\frac{1}{b}+\frac{1}{c}$，如果结果为 1，那么就可能是一组解，因为还要保证一些附加条件，首先要 n＞a＞b＞c，然后就是在判断 1 的时候，因为使用的 double 并不是一个分数，而是一个小数，所以精度肯定会下降，因此只要保证 sum-1.0＜0.0000001

就可以了。

参考程序

```
#include<iostream>
#include<cmath>
using namespace std;
int main() {
	int n,a,b,c;
	for(n=1;n<=20;n++) {
		for(a=1;a<=20;a++) {
			if(a<n)
			for(b=1;b<=20;b++) {
				if(b<a)
				for(c=1;c<=20;c++) {
					if(c<b) {
						double sum=1.0/n+1.0/a+1.0/b+1.0/c;
						if(abs(sum-1.0)<0.0000001)
							cout<<n<<' '<<a<<' '<<b<<' '<<c<<endl;
					}
				}
			}
		}
	}
	return 0;
}
```

3.3 程序优化

特别值得指出的是，蛮力法虽然简单，但是一定要谨慎使用。使用蛮力法时要特别注意待求解问题的规模，稍不注意程序就很可能会超出规定的时间限制，导致报错而无法 AC。下面结合“百鸡问题”讲一讲利用蛮力法的计算机程序优化问题。

例 3.11 百鸡问题。

问题描述

有一个人有一百块钱，打算买一百只鸡。到市场一看，公鸡三块钱一只，母鸡两块钱一只，小鸡一块钱三只。现在，请你编一个程序，帮他计划一下，怎样的买法才能刚好用一百块钱买一百只鸡。

按照枚举算法的思路，首先应该构造可能解的集合：$S=\{(x,y,z)|0\leqslant x,y,z\leqslant 100\}$，其中三元组(x,y,z)表示买公鸡 x 只、母鸡 y 只和小鸡 z 只，因为一共需要买 100 只鸡，所以，买公鸡、母鸡和小鸡的数量都不会超过 100；然后确定验证解的条件：x+y+z=100 和 3x+2y+z/3=100。

程序段的伪代码如下：

```
for (x=0; x<=100;x++)   //枚举可能解空间的元素
    for(y=0;y<=100;y++)
        for(z=0;z<=100;z++)    {
         if (x+y+z=100) and ((x*3+y*2+z)/ 3=100) and (z mod 3=0)
```

```
            //验证可能解
                print(x,y,z);
    }
```

程序输出结果为：

```
(x,y,z)=( 0, 40, 60)
(x,y,z)=( 5, 32, 63)
(x,y,z)=( 10, 24, 66)
(x,y,z)=( 15, 16, 69)
(x,y,z)=( 20, 8, 72)
(x,y,z)=( 25, 0, 75)
```

有 6 种可选的方案。

上述程序需要循环 100^3 次，即|S|=100^3。显然，在扩展求解“一千元钱购买一千只鸡”的问题时，根据算法的时间复杂度 $O(n^3)$，上述程序运行必定超时。因此，需要通过条件 x+y+z=100 约束问题的求解空间，缩小可能解集合的规模。改进后的伪代码描述为：

```
for (x=0; x<=100;x++)  //枚举可能解空间的元素
    for (y=0;y<=100-x;y++)    {
            z = 100-x-y;
                if (x+y+z=100) and (x*3+y*2+z div 3=100) and (z mod 3=0)
                ...
            }
```

很明显，两个程序的运行结果是相同的，但是，在程序优化后，程序需要循环 1000^2 次，即|S|=1000^2。后者的循环次数为 1000*1001/2，是前者循环次数的 1/200 左右。更进一步，在扩展求解“一万元钱购买一万只鸡”的问题时，根据算法的时间复杂度 $O(n^2)$，即使上述改进后的程序也仍然会超时。因此，需要通过已有条件 x+y+z=100 和 3x+2y+z/3=100 来约束求解空间，解方程并将 x 和 y 用 z 表示出来，缩小可能解的集合的规模。

$$\begin{cases} x+y+z=100 \\ 3x+2y+z/3=100 \end{cases} \Rightarrow \begin{cases} x=5z/3-100 \\ y=200-8z/3 \end{cases}$$

进一步改进后的伪代码描述为：

```
for (z=0;z<=100;z=z+3)  //枚举可能解空间的元素
    {
        x = 5z/3-100;
        y = 200-8z/3;
          if (x>=0) and (y>=0)
          ...
    }
```

显然，最后优化的程序时间复杂度仅为 O(n)，可以满足 10^9 以内的运算。

下面看看蛮力法需要优化的几个例子。

例 3.12 比酒量（续）。

对于上述例子，从参加竞赛的角度看，参考程序是可以接受的，但是代码繁琐，而且涉及浮点数的比较，稍不注意就容易出错。实际上，如果不太熟悉浮点数的比较思路，可以将原问题转换以获得优化结果。

问题只需要判断出每次喝酒前有多少人即可，因为船长是最后一个倒下的，而且喝了正好一瓶，所以$\frac{1}{a}+\frac{1}{b}+\frac{1}{c}+\frac{1}{d}=1$，变成乘法后为：

b*c*d + a*c*d + a*b*d + a*b*c = a*b*c*d。

经过优化后，暴力搜索可以直接获得 AC。

```
#include <stdio.h>
int main() {
	int i,j,k,l,m;
	for(i=4;i<=20;i++) {
		for(j=1;j<i;j++)  {
			for(k=1;k<j;k++)        {
				for(l=1;l<k;l++)  {
					if(j*k*l+i*k*l+i*j*l+i*j*k==i*j*k*l)
						printf("%d %d %d %d 0\n",i,j,k,l);
				}
			}
		}
	}
	return 0;
}
```

例 3.13　找密码。

问题描述

两个男孩小 A、小 C 和女孩小 M 是好朋友。小 A、小 C 非常喜欢小 M，小 M 也喜欢他们，但是小 A、小 C 非常害羞，小 M 也不可能太主动。作为专业码农，小 M 决定让机器解决这个难题。小 M 请小 A、小 C 帮忙解决一个计算机方面的问题，按照 ACM 的规则，谁赢就将他的亲昵指数加上无限分。

问题是这样的：小 M 有个 E-Mail 邮箱的密码是一个 5 位数，但因为有很长时间没有打开这个邮箱了，小 M 把密码忘了。不过小 M 是 8 月 1 日出生的，而她妈妈的生日是 9 月 1 日，她特别喜欢把同时是 81 和 91 的倍数用作密码。小 M 还记得这个密码的中间一位（百位数）是 1。小 A 和小 C 思考了许久暂时没有任何头绪，你能设计一个程序帮小 M 找回这个密码吗？亲昵指数会加分哦！

题意分析

根据上述问题描述，对于 5 位数而言，已知中间位为 1，问题搜索空间转换为 4 个数字，且首位不能为 0，因此，可以假设该五位数为 ab1cd，然后，a 的搜索空间为{1,2,…,9}，b、c、d 的搜索空间为{0,1,2,…,9}。

在现有问题规模下，基本蛮力法可以满足需求，用多个 for 循环求解问题。但是，当问题规模扩大时，常规方法在有限的时间范围内无法获得问题的解答。

事实上，注意到密码是 81 和 91 的倍数这个特点，枚举变量由 a,b,c,d 转换成 7371 的倍数，搜索范围不变，但是效率大大提高，只需判定 13 次即可，约束条件改为在这些倍数中找到中间为 1 的数。

参考程序

```
#include<stdio.h>
```

```
int main()   {
    int n=99999/7371;     //81*91=7371
    int x, i;
    for(i=2;i<=n;i++) {     //13 次
        x=7371*i;
        if(x/100%10==1)
            printf("%d\n",x);
    }
    return 0;
}
```

除了需要从算法的角度优化以外，有些特殊问题还应当有针对性地根据问题本身进行解空间的判定，并实施有效处理。

例 3.14 弟弟的作业。

问题描述

弟弟正在读小学二年级，数学老师十分出名，经常出一些意想不到的问题作为家庭作业。这不，马上国庆放假了，又布置了一个神奇的作业题。满满一张纸上，写了一个有 N 个正整数 I 的表要去判断“奇偶性”(当然，这个词语的意思向二年级的学生解释，就是“这个数是单数，还是双数啊？”)。弟弟已经是习以为常了，但是你却被那个表的长度深深地震惊到了！毕竟弟弟才刚刚学会数数啊。但是，有时候吧，很久不学数数，反而不知道怎么数了。请你写个程序帮助弟弟完成作业。

输入

输入一行，包含一个正整数 N，表示待判断数字的数目，接下来的 N 行分别是需要判断的 N 个整数。其中，$1 \leqslant N \leqslant 100$，$1 \leqslant I \leqslant 10^{60}$。

输出

如果是双数，那么就在独立的一行内输出 even；如果是单数，则类似输出 odd。

样例输入

3

2

1

样例输出

even

odd

题意分析

根据奇偶性的定义，自然数按能否被 2 整除可分为奇数和偶数，其中不能被 2 整除的数叫奇数，能被 2 整除的数叫偶数。但是，数据的输入规模极大，I 最大可达 10^{60}。由此，导致一个问题需要解决，即数据如何存储。

一个自然的简单思路是采用字符串。当然，如果是字符串存储的话，肯定不能直接用奇偶性的原始定义来判定，那样枚举显然是低效的。事实上，奇偶性的判定只需要判断末位数字即可，传统蛮力法通过特殊优化就迎刃而解。

参考程序

```
#include<iostream>
#include<string.h>
using namespace std;
int main()  {
    int n;
    char a[65];
    cin >> n;
        while (n--)  {
            cin >> a;
            if ((a[strlen(a) - 1] - '0') % 2 == 0)
                cout << "even" << endl;
            else
                cout << "odd" << endl;
        }
    return 0;
}
```

例 3.15　Number Transformation

问题描述

Mr Wu has an integer x.

He does the following operations k times. In the i-th operation, x becomes the least integer no less than x, which is the multiple of i.

He wants to know what is the number x now.

输入

There are multiple test cases, terminated by a line "0 0".

For each test case, the only one line contains two integers x,k($1\leqslant x\leqslant 10^{10}$, $1\leqslant k\leqslant 10^{10}$).

输出

For each test case, output one line "Case #k: x", where k is the case number counting from 1.

样例输入

```
2520 10
2520 20
0 0
```

样例输出

```
Case #1: 2520
Case #2: 2600
```

题意分析

题意是给一个数 x 和 k 次操作，要求每次操作使得更新的 x 能整除 i，并且这个新的数 x 是最接近原 x 的数，求最后的数。

对于 x 和 i 来说，考察 x=y*i 的情形，如果要找到 i+1 的倍数，(i+1)*y'≥i*y，可得 $y'\geqslant y-\frac{y}{i+1}$，即 $y' = y-[\frac{y}{i+1}]$。

根据上式可知，一旦 $y<i+1$，那么 y' 的值不会变。因此，可以暴力搜索，直到 y 符合这个条件，最终结果就为 x=y*k。算法的时间复杂度为 $O(\sqrt{x})$。

参考程序

```
#include<iostream>
using namespace std;

long long i, x,s,st,tmp,en;
int turn;

int main() {
      while(cin>>x>>s)   {
            if (x+s==0) break;
            for (i=1; i<s; i++)   {
               if (x<i+1)
               break;
                  else
                  x=x-x/(i+1);
            }
            cout<<"Case #"<<++turn<<": "<<x*s<<endl;
      }
      return 0;
}
```

例 3.16　不等式。

问题描述

小明喜欢不等式，但是他数学很差，现在他需要你的帮助，帮他判断能否成功找到 n 个正整数 $a_1, a_2, ..., a_n$，使得满足下列不等式：

$a_1^2 + a_2^2 + \ldots + a_n^2 \geqslant x$

$a_1 + a_2 + \ldots + a_n \leqslant y$

输入

输入包含三个整数 n, x 和 y（$1 \leqslant n \leqslant 10^4, 1 \leqslant x \leqslant 10^9, 1 \leqslant y \leqslant 10^4$）。

输出

如果能够找到，输出 Yes，否则输出 No。

样例输入

5 15 15

2 3 2

样例输出

Yes

No

题意分析

给定两个数 a,b，假设 a,b 的和固定，做 a*a+b*b 运算时，|a-b|越大，a*a+b*b 的值就越大。类似地可以推出，在保证 $a_1 \sim a_n$ 都为正整数的前提下，当 a_1 为最大，且 $a_2 ... a_i$（$2<i<n$）$... a_n$ 都为 1 的时候是满足两个不等式的最优条件，所以，只要判断这种情况的数据就可以获得问题的解。

参考程序

```
#include<stdio.h>
int main() {
    int a, sum, n, x, y;
    while (scanf("%d%d%d", &n, &x, &y)!=EOF) {
        if (n > y) {
            printf("No\n");continue;
        }
        sum = n - 1;
    a = y - (n - 1);
    sum += a*a;
        if (sum < x) printf("No\n");
        else    printf("Yes\n");
    }
    return 0;
}
```

下面以最大连续子序列和问题为例，继续讲讲蛮力法的优化途径。同时，该例在后续章节会作为一个对比的例子便于理解各种算法。

例 3.17　最大连续子序列和。

问题描述

给定 k 个整数的序列$\{N_1,N_2,...,N_k\}$，其任意连续子序列可表示为$\{ N_i, N_{i+1}, ..., N_j \}$，其中$1\leqslant i\leqslant j\leqslant k$。最大连续子序列是所有连续子序列中元素和最大的一个，例如给定序列{ -2, 11, -4, 13, -5, -2 }，其最大连续子序列为{11,-4,13}，最大连续子序列和即为 20。为方便起见，如果所有整数均为负数，则最大子序列和为 0。

题意分析

每个问题往往都有一个最直接而鲁莽的方法，即蛮力法，虽然这样的方法不是我们最终想要的，但直接有效的方法能启发算法进一步优化。这里最直接的方法就是遍历所有的子数组，比较每一个子数组的和即得到最大的子数组和。

```
long maxSubSum1(const vector<int>& a) {
        long maxSum = 0;
        for (int i = 0; i < a.size(); i++)    {
                for (int j = i; j < a.size(); j++) {
                        long thisSum = 0;
                        for (int k = i; k <= j; k++) {
                                thisSum += a[k];
                        }
                        if (thisSum > maxSum)
                        maxSum = thisSum;
                }
        }
        return maxSum;
}
```

这是一个 $O(k^3)$的算法，算法本身很容易理解。但是，一旦问题规模变大，随着 k 的增长，算法的运行效率将急剧下降，这也从反面说明了算法设计的重要性。

将上述方法减少一个循环，获得如下参考程序。但是，对于这种方法，归根究底还是属于蛮力法，间接地求出了所有的连续子序列的和，然后取最大值。

```
long maxSubSum2(const vector<int>& a) {
        long maxSum = 0;
        for (int i = 0; i < a.size(); i++)    {
                long thisSum = 0;
                for (int j = i; j < a.size(); j++)    {
                        thisSum += a[j];
                        if (thisSum > maxSum)
                                maxSum = thisSum;
                }
        }
        return maxSum;
}
```

对比一下这两种算法，为什么同样都是蛮力法，但前一个算法的时间复杂度远高于后一个算法？

后者相较于前者的主要优化体现在减少了很多重复的操作。

对于 A-B-C-D 这样一个序列，maxSubSum1 在计算连续子序列和的时候，其过程为：A-B、A-C、A-D、B-C、B-D、C-D；对于 maxSubSum2，其过程为：A-B、A-C、A-D、B-C、B-D、C-D。

两者的过程貌似是一样的，但是 maxSubSum1 的复杂就在于没有充分利用前面已经求出的子序列和的值。举例来说，maxSubSum1 在求 A-D 连续子序列和的值时，其过程为 A-D = A-B + B-C + C-D；而对于 maxSubSum2，A-D 连续子序列和的求值过程为 A-D = A-C+C-D。因此，maxSubSum2 充分利用了已知结果，这样就大大减少了计算子序列和的时间耗费。

3.4 本章小结

蛮力法有其通用性，作为基本的算法策略不应该被忽略和轻视，但是在具体考究时需要谨慎审读，必要时进行优化。本章介绍了蛮力法的基本思想，通过具体例子分析了蛮力法的使用步骤，并以几个经典问题展示了蛮力法的优化策略。

3.5 本章思考

（1）自己思考一下，蛮力法在其他课程或者计算机科学问题中有哪些应用？

（2）蛮力法的解题步骤是什么？其核心是什么？如何优化蛮力法？

（3）在 OJ 上分类找出一些可以使用蛮力法求解的 ACM 问题并完成。

第 4 章　数学问题

4.1　概述

某种意义上，一切计算机问题都归于数学问题。ACM 程序设计的核心是算法设计，而算法设计需要具备良好的数学素养，特别是利用计算机解决具体问题的数学思维素养。数学素养要求运用抽象思维把握实际问题，直接或间接应用数学知识解决与问题有关的建模。因此，在 ACM 竞赛中，经常可以看到数学问题的身影。可以是纯数学问题，也可以是需要利用数学上的一些公理、定理、算法来辅助解决的问题。会者不难，而不会的选手在赛场上一般很难推出公式或进行证明。往往想起来费劲，写起来却很轻松。与 ACM 程序设计有关的数学知识包含很多方面，常见的有离散数学、组合数学、数论、概率论、抽象代数、线性代数和微积分等。

本节主要通过一些实际的例子来全面剖析和讲解 ACM 程序设计中的各种数学问题及其基本处理方式，包括数学基础、概率、几何等。在本章的余下各节，再分别专门针对数论、计算几何、组合和概率等专题展开具体的分析和阐述。

例 4.1　AC Problem

问题描述

We need a programmer to help us for some projects. If you show us that you or one of your friends is able to program, you can pass the first hurdle. I will give you a problem to solve. Since this is the first hurdle, it is very simple. We all know that the simplest program is the “Hello World!” program. This is a problem just as simple as the “Hello World!”. This is a problem called AC (Area of a Circle).

Angel is a very beautiful girl, but she does not understand any mathematical knowledge. Angel likes to use various ovens to make some cakes. The ovens are square (whose width equal to length), while the cakes are round or circle. That is to say, the maximal area of cake is related with the width of the oven, that is S=PI*R^2. Angel can easy find the width of oven from specification, but here comes the problem: What's the maximal area of the cake? Can you help her? Of course, you should firstly calculate PI with tan(PI/4)=1.

输入

The input consists of several test cases. Each line contains one integer R (1≤R≤10000), which represents the half width of the oven.

输出

For each case, print the area of a cake, and output the result in a single line. Your output format should imitate the sample output, which rounds to seven figures after the decimal point.

样例输入

4

样例输出

50.2654825

题意分析

这是很早期的一道 ACM 内部练习题，当时很多学生无法获得 AC。在后续的若干次初学者练习中，也仍然如此，主要原因在于审题不清。其实，这是一个很简单的问题，除去英语要求外，唯一的陷阱就设在 π 值的大小问题上。从历年测试的结果看，求解思路五花八门。但是，题目描述最后明确指出“you should firstly calculate PI with tan(PI/4)=1.”因此，正确的方法应该是根据 tan(PI/4)=1 做一个三角函数的逆变换，得到 PI = arctan(1.0) * 4。即使如此，很多人还是不知道用 atan 函数求这个结果。最后还需要注意一下输出结果的有效位数，问题就可以顺利求解并 AC。

参考代码

```
#include <stdio.h>
#include <math.h>
int main() {
    int r;
    double s, PI;
    while (scanf("%d", &r) != EOF) {
    PI = atan(1.0) * 4;
    s = PI * r * r;
    printf("%.7lf\n", s);
    }
    return 0;
}
```

例 4.2　Sum Problem

问题描述

In this problem, your task is to calculate SUM(n) = 1 + 2 + 3 + ... + n.

输入

The input will consist of a series of integers n, one integer per line.

输出

For each case, output SUM(n) in one line, followed by a blank line. You may assume the result will be in the range of 32-bit signed integer.

样例输入

1

100

样例输出

1

5050

题意分析

一种最常见、也是很多 C 语言教程和初学者的写法如下：

```
#include<stdio.h>
```

```
int main()
{   int n, i, sum=0;
    scanf("%d",&n);
    for(i=1;i<=n;i++)
        sum=sum+i;
    printf("%d\n",sum);
   return 0;
}
```

但是上述时间复杂度为 O(n)，当规模 n 过大时，这种直接利用循环的写法就会超时。事实上，求 1 + 2 + 3 + … + n 可以直接利用数学公式 n(n+1)/2 得到结果，时间复杂度为 O(1)。这种求法也具有一定的风险，在更大规模 n 时，也会出现问题，包括 n(n+1)的溢出。于是，可以继续完善求解思路，根据 n 的奇偶性分别输出结果。当 n 为奇数时，先计算(n+1)/2 再乘以 n；当 n 为偶数时，先计算 n/2 再乘以 n+1。

例 4.3　熊猫阿波的故事。

问题描述

凡看过功夫熊猫这部电影的人都会对影片中那只憨憨的熊猫阿波留下相当深的印象，胖胖的熊猫阿波自从打败了凶狠强悍的雪豹泰龙以后，在和平谷的地位是越来越高，成为谷中第一的功夫大师。并因此他父亲经营的面馆的生意也越来越好，店里每天都会有许多慕名而来吃面和想拜阿波为师的人。

一日，阿波收到了一张请柬，请柬里说在遥远的美国将召开全球比武大会，特邀请阿波过去做嘉宾。阿波当然很高兴，因为自己长这么大都还没出过和平谷，更何况是出国去那遥远的美国。于是他托人买了当晚的机票，阿波来到机场发现其他乘客们正准备按机票上的号码(1,2,3,...,n)依次排队上飞机，由于阿波是第一次坐飞机，所以他想先一步登机，因此他插队第一个登上了飞机，并且他也不看机票，随机的选择了一个座位坐下了。乘客们都很气愤，他们想：既然阿波都不遵守规定，那么我为什么要遵守呢？因此后面所有的人也都随意地找了位置坐下来，并且坚决不让座给其他的乘客。

现在的问题是这样的：在这样的情况下，第 i 个乘客（除去熊猫阿波外）坐到原机票位置的概率是多少？

输入

输入包含多组测试数据，每组数据占一行，包含两个整数，分别是 n 和 m（n≥m），n 表示共有包括阿波在内的 n 个乘客，m 表示第 m 个乘客。

输出

对于每组数据，请输出第 m 个乘客（除去熊猫阿波外）坐到原机票位置的概率是多少？（结果保留 2 位小数）

每组输出占一行。

样例输入

2 1

11 3

样例输出

0.50

0.09

题意分析

这是一个概率问题，题目虽然很复杂，讲述了一大段故事，但事实上，认真分析发现，前 m-1 个人是关于 n-1 个位置全排列的情况下，第 m 个人就能够坐到他自己的位置了，而所有的情况是 m 个人对于 n 个位置的全排列。前 m-1 个人都没坐在第 m 个人的位子的概率为：

$$P=\frac{n-1}{n}*\frac{n-2}{n-1}*...*\frac{n-m+1}{n-m}$$

也就是说，第 m 个人恰好坐在自己位子上的概率为：

$$P*\frac{1}{n-m+1}=\frac{1}{n}$$

参考程序

```
#include "stdio.h"
int main()   {
      int n,m;
      while(scanf("%d%d",&n,&m)!=-1)
            printf("%.2f\n",1.0/n);
      return 0;
}
```

例 4.4　ABCD

问题描述

ABCD is a convex quadrilateral (polygon with four edges), while AC and BD are diagonals of it. We are interested in whether ABCD is a cyclic quadrilateral (the four vertices lie on a circumscribed circle) or not, could you tell me?

输入

The first line contains an integer t denoting the number of test cases. In the following T lines, each line contains a case.

In each case, there are 6 integers, lengths of AB, CD, AD, BC, AC, and BD. It's guaranteed that input form a convex quadrilateral.

All number inputed are integers in [1, 10000].

输出

For each test case, output Case #t:, to represent this is t-th case.　And then output Yes if ABCD is a cyclic quadrilateral, otherwise output No instead.

样例输入

2

5 5 5 5 6 8

3 3 4 4 5 5

样例输出

Case #1: No

Case #2: Yes

问题来源

GDCPC 2016

题意分析

该题属于几何问题，是当年广东ACM省赛一个简单签到题，但是一些参赛者由于不记得凸四边形的判定定理，无法有效地求解该题。

题意是给出一个四边形四条边AB、CD、AD、BC及两条对角线AC、BD的长度，问这个四边形的顶点能否在一个圆上。通过余弦定理考察∠ACB与∠ADB是否相等即可，时间复杂度为O(1)。

参考代码

```
#include "stdio.h"
const double eps = 1e-10;
int sgn(double x) { return x < -eps? -1: x > eps; }
inline double cosf(double a, double b, double c) { return (a * a + b * b - c * c) / (2 * a * b); }
int main() {
    int T, cas = 0;
    scanf("%d", &T);
    while (T--) {
      int ab, cd, ad, bc, ac, bd;
      scanf("%d%d%d%d%d%d", &ab, &cd, &ad, &bc, &ac, &bd);
      printf("Case #%d: %s\n", ++cas, !sgn(cosf(ac, bc, ab) - cosf(ad, bd, ab))? "Yes": "No");
    }
   return 0;
}
```

例4.5 Color Me Less

问题描述

A color reduction is a mapping from a set of discrete colors to a smaller one. The solution to this problem requires that you perform just such a mapping in a standard twenty-four bit RGB color space.

The input consists of a target set of sixteen RGB color values, and a collection of arbitrary RGB colors to be mapped to their closest color in the target set. For our purposes, an RGB color is defined as an ordered triple (R,G,B) where each value of the triple is an integer from 0 to 255. The distance between two colors is defined as the Euclidean distance between two three-dimensional points. That is, given two colors (R_1,G_1,B_1) and (R_2,G_2,B_2), their distance D is given by the equation,

$$D=\sqrt{(R_2-R_1)^2+(G_2-G_1)^2+(B_2-B_1)^2}$$

输入

The input is a list of RGB colors, one color per line, specified as three integers from 0 to 255 delimited by a single space.

The first sixteen colors form the target set of colors to which the remaining colors will be mapped.

The input is terminated by a line containing three -1 values.

输出

For each color to be mapped, output the color and its nearest color from the target set.

If there is more than one color with the same smallest distance, please output the color given first in the color set.

样例输入

0 0 0
255 255 255
0 0 1
1 1 1
128 0 0
0 128 0
128 128 0
0 0 128
126 168 9
35 86 34
133 41 193
128 0 128
0 128 128
128 128 128
255 0 0
0 1 0
0 0 0
255 255 255
253 254 255
77 79 134
81 218 0
-1 -1 -1

样例输出

(0,0,0) maps to (0,0,0)
(255,255,255) maps to (255,255,255)
(253,254,255) maps to (255,255,255)
(77,79,134) maps to (128,128,128)
(81,218,0) maps to (126,168,9)

题目来源

Greater New York 2001

题意分析

颜色压缩是指从一组不连续的颜色映射到更小的一组不连续的颜色。要求解这一问题，需要用标准的 24 位 RGB 颜色空间作为映射。输入由 16 个 RGB 颜色构成的目标颜色组和一组任意的 RGB 颜色，这些颜色需要映射到目标颜色组中最接近的颜色。为此，需要定义一个 RGB 颜色为一个有序的三元组(R,G,B)，其中 R、G、B 均为 0～255 之间的整数。任意两个颜色之间的距离定义为在两个三维空间之间的欧几里得几何距离。输入数据是一组 RGB 颜色的列表，每行有一个颜色，三个值 R、G、B 由空格隔开，当一行出现三个-1 时表示输入结束。

输出要求将颜色本身以及映射结果按照规定的格式显示。

参考程序

```
#include <stdio.h>
#include <math.h>
int main() {
    int i,j,t1,t2,t3;
    float d,sd;          //sd 是最小距离
    int target[16][3], color[3], map[3];
    for(i=0;i<16;i++)
        for(j=0;j<3;j++)
            scanf("%d",&target[i][j]);
    while(1) {
        for(i=0;i<3;i++)
            scanf("%d",&color[i]);
        if(color[0]==-1 && color[1]==-1 && color[2]==-1)
            break;
        t1=target[0][0]-color[0];
        t2=target[0][1]-color[1];
        t3=target[0][2]-color[2];
        sd=sqrt((float)(t1*t1 + t2*t2 + t3*t3));
        map[0]=target[0][0];
        map[1]=target[0][1];
        map[2]=target[0][2];
        for(i=1;i<16;i++)   {
            t1=target[i][0]-color[0];
            t2=target[i][1]-color[1];
            t3=target[i][2]-color[2];
            d=sqrt((float)(t1*t1 + t2*t2 + t3*t3));
            if(d<sd)   {
                sd=d;
                map[0]=target[i][0];
                map[1]=target[i][1];
                map[2]=target[i][2];
            }
        }
        printf("(%d,%d,%d) maps to (%d,%d,%d)\n",color[0],color[1],color[2],map[0],map[1],map[2]);
    }
    return 0;
}
```

例 4.6 Airport Connecting Management

问题描述

There is a very beautiful country called ICPC (International Cleanest and Prettiest Country). It is really clean and pretty, but not so convenient in traffic. This year, you are hired to take the following task called ACM (Airport Connecting Management).

There are N cities in ICPC. Each city has exactly one airport. At first, there are no fights between them. You are asked to connect these airports by adding flights. The schedule must follow these rules:

Each fight is a two-way service that directly connects two airports.

No pair of airports can be connected by more than one flight.

From a city, you can go to every other city by at most two flights (go directly or transfer by an intermediate city).

Here come the problems: What's the minimum number of flights you need to add to obey these rules?

输入

There are multiple test cases in this problem.

The first line contains an integer T (T in [1,10]) telling the number of test cases.

Each test case is an integer N (N in [2,50]) in a line indicating the number of cities.

输出

For each test case, output an integer telling the minimum number of flights in a line.

样例输入

2

2

3

样例输出

1

2

问题来源

GDCPC 2009

题意分析

这是当年广东 ACM 省赛中最简单的一个问题。题目给出 N 个点，要求添加最少的边使得任意两个点的最短路径不超过 2。显然，问题的答案为 N-1，即构造的图为一棵星形的树。当年所有 130 支参赛队伍均在比赛时间内通过此题。

参考程序

```
#include<iostream>
using namespace std;
int main() {
    int t,n;
    cin>>t;
    while(t--) {
        cin>>n;
        if(n<2)cout<<'0'<<endl;
        else cout<<n-1<<endl;
    }
    return 0;
}
```

4.2　数论问题

数论是纯粹数学的分支之一，主要研究整数的性质。数论是相对比较古老的学科分支，包括初等数论、解析数论、代数数论、几何数论、组合数论等门类，哥德巴赫猜想、斐波拉契数列等著名问题都属于数论的研究范畴，中国的陈景润、华罗庚等著名数学家也对数论研究做出了巨大贡献。数论是高度抽象的，长期处于纯理论研究的状态，曾经被认为是很难有应用价值。但是，随着计算机科学的发展，数论得到了广泛的应用。因此，在 ACM 程序设计中，经常用到与数论相关的知识。需要指出的是，ACM 中纯数论的直接问题通常不多，大部分都是和其他类型的问题结合起来。

下面首先回顾一些基本的数论概念和表示方式，然后结合几个具体例子对数论中的同余、素数等常见问题进行阐述。

4.2.1　同余

整除：a|b 表示 a 是 b 的约数（因子），b 是 a 的倍数。对于两个不为 0 的整数整除，被除数的绝对值大于等于除数的绝对值。对于正整数来讲，a|b 意味着 b 大 a 小。

整除的基本性质有：

性质 1：$a|b, b|c \rightarrow a|c$。

性质 2：$a|b \rightarrow a|bc$。

性质 3：$a|b, a|c \rightarrow a|kb \pm lc$。

性质 4：$a|b, b|a \rightarrow a = \pm b$。

同余：设 m 是正整数，a,b 是整数，如果 m|(a-b)，则称 a 和 b 关于模 m 同余，记作 $a \equiv b \pmod m$。或者说，如果 a,b 除以 m 的余数相等，则称 a 和 b 关于模 m 同余。

同余的基本性质有：

性质 1：$a \equiv a \pmod m$。

性质 2：如果 $a \equiv b \pmod m$，则 $b \equiv a \pmod m$。

性质 3：如果 $a \equiv b \pmod m$ 且 $b \equiv c \pmod m$，$a \equiv c \pmod m$。

性质 4：如果 $a \equiv b \pmod m$ 且 $c \equiv d \pmod m$，则 $a \pm c \equiv b \pm d \pmod m$，$a*c \equiv b*d \pmod m$。

性质 5：如果 $a \equiv b \pmod m$，则 $a^n \equiv b^n \pmod m$，$n \in N$。

性质 6：如果 $a*c \equiv b*c \pmod m$，则 $a \equiv b \pmod{m/gcd(c,m)}$。

性质 7：如果 $a \equiv b \pmod m$ 且 d|m，则 $a \equiv b \pmod d$。

性质 8：如果 $a \equiv b \pmod m$，则 $a*d \equiv b*d \pmod m$。

性质 9：如果 $a \equiv b \pmod{m_i}$，$i=1,2,\ldots,n$，$l=lcm(m_1,m_2,\ldots,m_n)$，则 $a \equiv b \pmod l$。

最大公约数：两个或若干个整数的公约数中最大的那个公约数，记为 gcd。

最小公倍数：两个或若干个整数共有倍数中最小的那一个数，记为 lcm。

最大公约数与最小公倍数的关系为 lcm(a,b) *gcd(a,b) = a*b。

所有的公倍数都是最小公倍数的倍数，所有的公约数都是最大公约数的约数。

欧几里得算法，也称辗转相除法，用于求两个整数的最大公约数。具体的求解过程非常简单，运用到的原理就是 gcd(a, b) = gcd(b, a mod b)，其中，a 是大数，b 是小数，a mod b 表示 a 除以 b 的余数。也就是说，辗转相除法的本质是：把求两个非负整数的最大公约数转化为求两个较小数的最大公约数。

上述思路可以转换成以下代码实现。

```
int gcd(int a,int b) {
    if(b==0)
        return a;
    else return gcd(b, a%b);
}
```

经过优化以后，可以写成如下简单形式。

```
int gcd(int a,int b) {
    return b ? gcd(b,a%b) : a;
}
```

欧几里得算法是计算最大公约数的传统算法，也是最简单的算法，效率比较高。时间复杂度为 O(logn)，空间复杂度为 O(1)。也可以写成迭代的形式。

```
int gcd1(int a, int b) {
    while(b > 0) {
        int r = b;
        b = a % b;
        a = r;
    }
    return a;
}
```

考虑扩展欧几里得算法，对于不完全为 0 的非负整数 a 和 b，gcd(a,b)表示其最大公约数，必然存在整数对 x, y，使得 gcd(a,b) = a*x+b*y。在用欧几里得算法求解最大公约数的过程中，将每一步的余数都表示为原始两个数的线性组合形式。最大公约数就是欧几里得算法中，最后不为 0 的那个余数。

```
int exgcd(int a,int b,int &x,int &y) {
    if(b==0) {
        x=1;
y=0;
        return a;
    }
    int r=exgcd(b,a%b,x,y);
    int t=x;
x=y;
    y=t-a/b*y;
    return r;
}
```

上述扩展欧几里得算法的非递归形式为：

```
int exgcd(int m,int n,int &x,int &y) {
    int x1,y1,x0,y0;
    x0=1; y0=0;
    x1=0; y1=1;
    x=0; y=1;
```

```
    int r=m%n;
    int q=(m-r)/n;
    while(r) {
        x=x0-q*x1; y=y0-q*y1;
        x0=x1; y0=y1;
        x1=x; y1=y;
        m=n; n=r; r=m%n;
        q=(m-r)/n;
    }
    return n;
}
```

一方面，使用扩展欧几里得算法可以求解不定方程。对于不定整数方程 p*a+q*b=c，若 c mod gcd(p, q)=0，则该方程存在整数解，否则不存在整数解。具体程序如下：

```
bool linear_equation(int a,int b,int c,int &x,int &y) {
    int d=exgcd(a,b,x,y);
    if(c%d)
        return false;
    int k=c/d;
    x*=k; y*=k;      //求得的只是其中一组解
    return true;
}
```

另一方面，用扩展欧几里得算法也可以求解模线性方程。同余方程 ax≡b (mod n)对于未知数 x 有解，当且仅当 gcd(a,n) | b，且方程有解时，解的个数为 gcd(a,n)。事实上，求解模方程 ax≡b (mod n)等价于求解不定方程 a*x + n*y= b（x, y 为整数）。

首先看一个简单的例子，5*x = 4 (mod3)。

解得 x = 2,5,8,11,14,…

由此可以发现一个规律，就是解的间隔是 3。

那么这个解的间隔是怎么决定的呢？

如果可以设法找到第一个解，并且求出解之间的间隔，那么就可以求出模的线性方程的解集了。

设解之间的间隔为 dx，那么有：

a*x ≡ b (mod n)，

a*(x+dx) ≡ b (mod n)，

两式相减，可以得到 a*dx ≡ 0 (mod n)，

也就是说 a*dx 就是 a 的倍数，同时也是 n 的倍数，即 a*dx 是 a 和 n 的公倍数。为了求出 dx，应该求出 a 和 n 的最小公倍数，此时对应的 dx 是最小的。

设 a 和 n 的最大公约数为 d，那么 a 和 n 的最小公倍数为(a*n)/d。

即 a*dx = a*n/d，所以 dx = n/d。于是，解之间的间隔就求出来了。

```
bool modular_linear_equation(int a,int b,int n) {
    int x,y,x0,i;
    int d=exgcd(a,n,x,y);
    if(b%d)
        return false;
```

```
        x0=x*(b/d)%n;     //特解
        for(i=1;i<d;i++)
            printf("%d\n",(x0+i*(n/d))%n);
        return true;
    }
```

例 4.7 A/B。

问题描述

要求(A/B) % 9973，但由于 A 很大，我们只给出 n（n=A%9973），假定我们给定的 A 必能被 B 整除，且 gcd(B,9973) = 1。

输入

数据的第一行是一个 T，表示有 T 组数据。

每组数据有两个数 n（0≤n＜9973）和 B（$1 \leq B \leq 10^9$）。

输出

对应每组数据输出(A/B)%9973。

样例输入

2

1000 53

87 123456789

样例输出

7922

6060

题意分析

设(A/B) % 9973 = k，则 A/B = k + 9973*x（其中 x 为未知整数），因此，A = k*B + 9973*x*B，又知 A % 9973 = n，所以(k*B) % 9973 = n。

联合上两式知，k*B = n + 9973*y（其中 y 为未知整数）。

(k/n)*B + (-y/n)*9973 = 1= gcd(B,9973)。

根据扩展欧几里得算法求得 k/n，再乘以 n 并取模即可。

参考程序

```
#include <stdio.h>
#include <stdlib.h>
#define m 9973
void egcd(int a,int b,int &x,int &y) {
    if(b==0)    {
        x=1,y=0; return ;
    }
    egcd(b,a%b,x,y);
    int r=x; x=y; y=r-(a/b)*y;
}
int main()   {
    int n,b,t,x,y;
    scanf("%d",&t);
    while(t--)   {
```

```
        scanf("%d%d",&n,&b);
        egcd(b,m,x,y);    x=(x%m+m)%m;
        printf("%d\n",(x*n)%m);
    }
    return 0;
}
```

例 4.8　A Water Problem

问题描述

Two planets named Haha and Xixi in the universe and they were created with the universe beginning. There is 73 days in Xixi a year and 137 days in Haha a year. Now you know the days N after Big Bang, you need to answer whether it is the first day in a year about the two planets.

输入

There are several test cases (about 5 huge test cases).

For each test, we have a line with an only integer N(0≤N), the length of N is up to 10000000.

输出

For the i-th test case, output Case #i:, then output "YES" or "NO" for the answer.

样例输入

10001

0

333

样例输出

Case #1: YES

Case #2: YES

Case #3: NO

题目来源

2016 中国大学生程序设计竞赛－网络选拔赛

题意分析

这是一道简单的网络选拔赛题目。题意大概是：有两个周期，分别长为 73、137，求 N 对这两个周期取模是不是相等，如果相等输出 YES，否则输出 NO。考虑到数 N 的长度可以达到 10000000，第一时间很多人就想到了大数处理，数据不能直接用 int 或者类似的类型存储，N 必须用字符串存储。另一方面，对于问题只需要求模，设 N 是一个 d 位数，N 记为 $n_d n_{d-1} \ldots n_2 n_1$。

$$N \equiv (n_d n_{d-1} \ldots n_2 n_1) \pmod m$$
$$\equiv (n_d*10^{d-1} + n_d*10^{d-2} + \ldots + n_2*10 + n_1) \pmod m$$
$$\equiv (n_d*10^{d-1}) \bmod m + (n_d*10^{d-2}) \bmod m + \ldots + (n_2*10) \bmod m + n_1 \bmod m$$

根据这个分析，可以不断求模，然后判定两个是否都为 0 即可。此外，还需要注意题目输出“Case #i: ”，在冒号后面有一个空格，稍不注意，会返回答案错误 WA。

参考程序

```
#include<stdio.h>
#include<string.h>
#include<algorithm>
```

```
using namespace std;
#define maxn 10000010
char a[maxn];
const int mod1=73;
const int mod2=137;
int main()    {
    int cnt=1;
    while(scanf("%s",a)!=EOF)    {//a 存储每次的 N
        int ans1=0, ans2=0;
        int len=strlen(a);
        for(int i=0;i<len;i++){
            ans1=(ans1*10+(a[i]-'0'))%mod1;
            ans2=(ans2*10+(a[i]-'0'))%mod2;
        }
        if(ans1==ans2&&ans1==0)
            printf("Case #%d: YES",cnt++);
        else
            printf("Case #%d: NO",cnt++);
        puts("");
    }
    return 0;
}
```

例 4.9 高级机密。

在很多情况下，我们需要对信息进行加密。特别是随着互联网的飞速发展，加密技术就显得尤为重要。很早以前，罗马人为了在战争中传递信息，频繁地使用替换法进行信息加密。然而在计算机技术高速发展的今天，这种替换法显得不堪一击。因此研究人员正在试图寻找一种易于编码、但不易于解码的编码规则。目前比较流行的编码规则称为 RSA，是由美国麻省理工学院的三位教授发明的。这种编码规则基于一种求幂取模算法：对于给出的三个正整数 a,b,c，计算 a 的 b 次方除以 c 的余数。你的任务是编写一个程序，计算 a^b mod c。

输入

输入数据只有一行，依次为三个正整数 a,b,c，三个正整数之间各以一个空格隔开，并且 $1 \leqslant a，b < c \leqslant 32768$。

输出

输出只有一个整数表示计算结果。

样例输入

2 6 11

样例输出

9

题意分析

首先把 b 转化成二进制如：$b_0\ b_1\ b_2\ b_3 \ldots b_{31}$，即 $b = b_0*2^{31} + b_1*2^{30} + \ldots + b_{31}$，也就是 $a^b = a \wedge (b_0*2^{31} + b_1*2^{30} + \ldots + b_{31}) = [a^{(b_0*2\wedge31)}] * [a^{(b_1*2\wedge30)}] * \ldots * [a^{b_{31}*2\wedge0}]$，所以如果 b 转化成二进制的某位为 0 时，可以直接用 result = (result * result)%c 计算，若为 1 则为 result = (result * a) % c。

例如 3^5 mod 4，首先 5 转化成二进制为 101，即 $3^5 = 3^{(2\wedge2)} * 3^{(2\wedge0)} = 3^4 * 3^1$，所以 3^5 mod 4 = 3^4 * 3 mod 4 = ((3^4) mod 4 * 3) mod 4，3^1 mod 4 = 3，3^2 mod 4 = ($3^1 * 3^1$) mod 4，3^4 mod 4 = ($3^2 * 3^2$) mod 4。

通过上述分析，可以获得下式：(a*b) mod c = ((a mod c)*b) mod c = ((a mod c)*(b mod c)) mod c，于是，问题可以很容易求解。

参考程序

```
#include<iostream>
#include<cmath>
using namespace std;
int main()   {
      int a,b,c,mod;   cin>>a>>b>>c; mod=a;
      for(int i=1;i<b;i++){
            mod = (mod*a) % c;
      }
      cout<<mod<<endl;
      return 0;
}
```

例 4.10 青蛙约会。

问题描述

两只青蛙在网上相识了，它们聊得很开心，于是觉得很有必要见一面。它们很高兴地发现它们住在同一条纬度线上，于是它们约定各自朝西跳，直到碰面为止。可是它们出发之前忘记了一件很重要的事情，既没有问清楚对方的特征，也没有约定见面的具体位置。不过青蛙们都是很乐观的，它们觉得只要一直朝着某个方向跳下去，总能碰到对方的。但是除非这两只青蛙在同一时间跳到同一点上，不然是永远都不可能碰面的。为了帮助这两只乐观的青蛙，你被要求写一个程序来判断这两只青蛙是否能够碰面，会在什么时候碰面。

我们把这两只青蛙分别叫做青蛙 A 和青蛙 B，并且规定纬度线上东经 0 度处为原点，由东往西为正方向，单位长度 1 米，这样我们就得到了一条首尾相接的数轴。设青蛙 A 的出发点坐标是 x，青蛙 B 的出发点坐标是 y。青蛙 A 一次能跳 m 米，青蛙 B 一次能跳 n 米，两只青蛙跳一次所花费的时间相同。纬度线总长 L 米。现在要你求出它们跳了几次以后才会碰面。

输入

输入只包括一行 5 个整数 x,y,m,n,L，其中 $x \neq y < 2000000000$，$0 < m$，$n < 2000000000$，$0 < L < 2100000000$。

输出

输出碰面所需要的跳跃次数，如果永远不可能碰面则输出一行 Impossible。

样例输入

1 2 3 4 5

样例输出

4

题意分析

题面是一个典型的数学问题，关键知识点是模方程的求解。设两只青蛙跳了 t 步，则 A 的坐标为 x+m*t，B 的坐标为 y+n*t，两者相遇的充要条件为(x+m*t) – (y+n*t) = p*L，其中 p 为整数。转换为(n-m)*t + p*L = x – y。问题要求满足 A*t + p*L = B 的最小正整数 t，转换为同余方程 A*t = B (mod L)的最小正整数解。很自然的思路是通过蛮力法暴力搜索，但是对于本问题规模很显然会超时。事实上，该题已经转换为扩展欧几里得问题了。另外，在具体实现时需要注意，计算机用负数对正数求模时，结果是一个负数，因此，要在结果上加上一个被模数，然后对被模数取余。

参考代码

```
#include<iostream>
using namespace std;
long long x,y,q;
void exgcd(long long a,long long b) {
    if(b==0) {
        x=1,y=0,q=a;
    }
    else {
        exgcd(b,a%b);
        long long temp=x;
        x=y,y=temp-a/b*y;
    }
}
int main() {
    long long X,Y,M,N,L;
    while(cin>>X>>Y>>M>>N>>L) {
        exgcd(N-M,L);
        if((X-Y)%q)
            cout<<"Impossible"<<endl;
        else {
              long long temp=L/q;
         cout<<((X-Y)/q*x%temp+temp)%temp<<endl;
         //保证结果为正数
        }
    }
    return 0;
}
```

例 4.11　Faulty Odometer

问题描述

You are given a car odometer which displays the miles traveled as an integer. The odometer has a defect, however: it proceeds from the digit 3 to the digit 5, always skipping over the digit 4. This defect shows up in all positions (the one's, the ten's, the hundred's, etc.). For example, if the odometer displays 15339 and the car travels one mile, odometer reading changes to 15350 (instead of 15340).

输入

Each line of input contains a positive integer in the range 1...999999999 which represents an odometer reading. (Leading zeros will not appear in the input.) The end of input is indicated by a line containing a single 0. You may assume that no odometer reading will contain the digit 4.

输出

Each line of input will produce exactly one line of output, which will contain: the odometer reading from the input, a colon, one blank space, and the actual number of miles traveled by the car.

样例输入

15
239
250
1399
1500
999999
0

样例输出

15: 13
239: 197
250: 198
1399: 1052
1500: 1053
999999: 531440

题意分析

问题的大意是有个损坏的里程表，不能显示数字 4，会从数字 3 直接跳到数字 5。例如现在里程是 15339，那么再开一公里里程表就会跳到 15350。问题是：给出里程表的读数，求实际里程。根据题意，列出里程表读数和真实值之间的对应关系如下：

里程表读数	九进制	真实十进制值
0 1 2 3 5 6 7 8 9	0 1 2 3 4 5 6 7 8	0 1 2 3 4 5 6 7 8
10 11 12 13 15 16 17 18 19	10 11 12 13 14 15 16 17 18	9 10 11 12 13 14 15 16 17
20 21 22 23 25 26 27…	20 21 22 23 24 25 26…	18 19 20 21 22 23 24…

事实上，根据上表很容易发现，真实的里程表以十进制表示，但是，里程表能显示的数字为 012356789，总共 9 个，等价于九进制。里程表读出来的 10，真实值为 9，因此，以九进制的方式计算实际里程，本质上属于同余问题的逆问题。

首先将这个数转化为真正的九进制数，也就是对于所有大于 4 的数字都做减 1 操作，因为实际上它们都跳过了 4。例如，5 应该是真实九进制的 4，15 是真实九进制的 14（$1*9^1+4*9^0$ 其实就是十进制的 13，对应上表的右列），类似地，250 转化为真正的九进制数是 240，然后，再将九进制数转化为十进制数，最终便可以得到实际的里程数。另外，由于不知道具体问题的规模，也不知道数字究竟有多少位。因此，在输入时，需要采用字符串进行处理。最后，需要留意问题的输出，在冒号后面有一个英文的空格，以免报错。

参考代码

```
#include<iostream>
#include<stdlib.h>
#include<string>
using namespace std;
int main()  {
    string n;
    while(cin >> n && n !="0")  {
        int length = n.length() -1;
        long long sum = 0;
        int index = 0;
        while(index <= length)   {
            long long   a = n[index] - '0';
            if(a > 4)   a--;
            for(int i=1; i<=length - index; i++)
                    a *= 9;
             sum += a;
             index++;
        }
        cout << n << ": " << sum << endl;
    }
    return 0;
}
```

例 4.12 密码翻译。

问题描述

信息时代，信息的安全性至关重要，信息的加密和解密能有效地提高通信的安全性。chang 和 wto 在通信时就用到了这种手段，他们会对在通信过程中出现的 6 位正整数进行加密，然后再发送，另一方接收到信息以后对其进行解密，然后得到正确的数字。他们的加密方法有以下特点：①将这个整数的每一位数字加一个整数 d（0≤d≤9），然后除以 10 取余；②将第一位与第六位交换位置，第二位与第五位交换位置，第三位与第四位交换位置。注：加密以后出现前缀 0，0 依然要求输出。如 d=5 时，111115 加密后是 066666 而不是 66666；加密以前也可能有前缀 0。

现在 wto 请你帮忙编写一个解码的程序，使其在已知 d 和接收到的数字 a（a 是 6 位正整数）的情况下得到加密前的数字。

输入

只一行：d，a。

输出

只一行：正确的数字 b。

样例输入

5 124535

样例输出

080976

题意分析

首先六位数字可以用字符串的形式读入，如：

char pwd[6]; scanf("%s",pwd);

考虑到原来要发送的 080976，经过 d=5 加密以后就成了 124535，也就是收到的是数字，所以输出的数字为原来的 080976。

对整数 a 除以 10 取余操作为 a=a%10。比如 a=12，除以 10 取余后为 a=12%10=2。

字符串和数字可以互换，比如字符'3'和数字 3，'3'=3+'0'，字符'b'=1+'a'；这是因为字符在 ASCII 码中是连续储存的。

此外，本题容易看错题意，将解码看成加码，而且样例也比较特殊，当 d=5 时，加码和解码的结果一样的，很多人样例过了，但是 OJ 一直提示 WA。事实上，加码是+d 后 mod10，那么解码也很简单，-d+10 后 mod10，所以审题需要仔细。

参考程序

```
#include<cstdio>
#include<cstring>
int main() {
    int a;
    char b[7];
    while(scanf("%d%s",&a,b) != EOF ) {
        for(int i=5; i>=0; i--)
                printf("%d",(b[i]-'0'+10-a)%10);
        puts("");
    }
}
```

例 4.13　倒酒。

问题描述

chang 和 wto 小聚喝点小酒，从酒瓶里面倒酒出来喝酒，而且一定要喝的一样多。但 wto 的手中只有两个杯子，它们的容量分别是 N 毫升和 M 毫升，酒瓶的体积为 S（S＜101）毫升，正好装满一瓶，它们三个之间可以相互倒酒（都是没有刻度的，且 S=N+M，101＞S＞0，N＞0，M＞0）。聪明的 ACMer 你们说，在现有的条件下，他们能平分酒吗？如果能，输出倒酒最少的次数，如果不能，输出 NO。

输入

三个整数：S 酒的体积，N 和 M 是两个杯子的容量，以 0 0 0 结束。

输出

如果能平分的话请输出最少要倒的次数，否则输出 NO。

样例输入

7 4 3

4 1 3

0 0 0

样例输出

NO

3

题意分析

设两个杯子容积分别为 a 和 b，问题转化成通过两个杯子的若干次倒进或倒出操作得到(a+b)/2 体积的酒，设两个杯子被倒进或倒出 x 次和 y 次，这里的 x 和 y 是累加后的操作，即 x 为第一个瓶子倒出的次数减去倒进的次数，y 为第二个杯子倒出的次数减去倒进的次数，那么问题转化成：

$\min\{|x|+|y|\}$, s.t. $a*x+b*y=(a+b)/2$，其中 $0\leqslant x+y$，x、y 为整数。

假设 $a>b$，$g=\gcd(a,b)$，$a=c*g$，$b=d*g$，则 $c>d$ 且 $\gcd(c,d)=1$。

若 $\frac{a+b}{2}\%\ g\ !=0$，即 $\frac{a+b}{g}\%\ 2\ !=0$，说明无解，否则必有解。

上述方程转换为 $c*x+d*y=\frac{c+d}{2}$，轻易得到一组合法整数解 $\left[\frac{d+1}{2},\frac{1-c}{2}\right]$。进一步得到方程的通解形式为 $\left[\frac{d+1}{2}+k*d,\frac{1-c}{2}-k*c\right]$，k 为任意整数。

于是，$|x|+|y| = \left|\frac{d+1}{2}+k*d\right| + \left|\frac{1-c}{2}-k*c\right|$，分两种情况，(k+1/2)*(c+d)或者-(k+1/2)* (c+d)，即 $(c+d)/2\leqslant|k+1/2|*(c+d)$。

因此，|x+|y|的最小值为 $\frac{c+d}{2}$，通过 x 和 y 的通解形式显然可以看出 x 和 y 一正一负，不妨设 $x<0$，那么就是往第一个杯子倒进 x 次，第二个杯子倒出 y 次，但是杯子容积有限，倒进、倒出操作都是通过酒瓶来解决的，一次倒进操作后，为了继续使用杯子还要将杯子中的酒倒回酒瓶中，倒出的操作同理，所以，总操作次数是 $\frac{c+d}{2}*2=c+d$，注意到最后剩下 $\frac{a+b}{2}$ 体积的酒一定是放在两个杯子中较大的那个里，而不是再倒回到酒瓶中，最终操作数要减 1，答案就是 c+d-1。

参考程序

```
#include<cstdio>
#include<iostream>
using namespace std;
int gcd(int a,int b) {
    return b?gcd(b,a%b):a;
}
int main() {
    int a,b,c;
    while(scanf("%d%d%d",&a,&b,&c),a+b+c)  {
        a/=gcd(b,c);
        if(a&1)printf("NO\n");
        else printf("%d\n",a-1);
    }
```

```
    return 0;
}
```

4.2.2 素数

素数是自然数中除了 1 之外、只能被 1 和该数自身整除的数。2 是最小的素数，也是唯一一个偶素数。

一个数 n 如果是合数，那么它的所有的因子不超过 sqrt(n)～n 的开方，那么可以用这个性质用最直观的方法来求出小于等于 n 的所有的素数。

具体可以采用下列代码段实现：

```
num = 0;
    for(i=2; i<=n; i++)
    { for(j=2; j<=sqrt(i); j++)
            if( j%i==0 ) break;
        if( j>sqrt(i) ) prime[num++] = i;
     //这个 prime[]是 int 型。
    }
```

这就是最一般的求解 n 以内素数的算法。复杂度是 $O(n^{1.5})$，如果 n 很小的话，这种算法是可行的。但是随着问题规模的增大，求解的时间耗费也急剧增加。当 n 很大的时候，比如 n=10000000，$n^{1.5}$＞30000000000，数量级相当大。一般的机器无法在有效的时间范围内获得问题的解。在程序设计竞赛中就必须要设计出一种更好的算法，于是就有了素数筛选法。

当 i 是素数的时候，i 的所有的倍数必然是合数，无需判定。如果 i 已经被判断不是素数了，那么再找到 i 后面的素数来把这个素数的倍数筛掉。

具体做法如下：

（1）建立一个较大的 bool 型数组 isPrime[]，大小与问题的规模有关，比如 n+1 就可以了。初始化先把所有的下标为奇数的标为 true，下标为偶数的标为 false。

（2）然后执行下列操作，将已知的素数及其倍数筛掉。

```
for( i=3; i<=sqrt(n); i+=2 )    {
    if(isPrime[i])
            for( j=i+i; j<=n; j+=i )
            isPrime[j]=false;
}
```

（3）最后输出上述 bool 数组中值为 true 的单元下标，就是所求的 n 以内的素数。

```
prime_num = 0;
    for (int i = 2; i < n; i++) {   //将所有的素数放在一个 prime 数组里面
        if (isPrime[i]) {
            prime[prime_num++] = i;
        }
    }
```

下面以 n=30 为例，模拟一下这个筛素数的过程。

1 2 3 4 5 6 7 8 9 10 11 12 13 14 15 16 17 18 19 20 21 22 23 24 25 26 27 28 29 30

第 1 步后，2 4 ... 28 30 这 15 个单元被标成 false，其余为 true。

第 2 步开始：i=3，由于 isPrime[3]=true，把 isPrime[6], [9], [12], [15], [18], [21], [24], [27], [30]标为 false。

i=4，由于 isPrime[4]=false，不在继续筛法步骤。

i=5，由于 isPrime[5]=true，把 isPrime[10], [15], [20], [25], [30]标为 false。

i=6＞$\sqrt{30}$ 算法结束。

第 3 步把 isPrime[]值为 true 的下标输出来，结果是 2 3 5 7 11 13 17 19 23 29。

这就是最简单的素数筛选法，对于 10000000 内的素数，用这个方法可以大大地降低时间复杂度，改进后的时间复杂度约为 O(n/logn)。这个方法实际上是通过牺牲空间性能换取了时间性能的改善，也就是在可接受的范围内适当增加了空间复杂度，但是极大地降低了时间复杂度。

例 4.14 素数判定。

问题描述

对于表达式 n^2+n+41，当 n 在(x,y)范围内取整数值时（包括 x,y）（-39≤x＜y≤50），判定该表达式的值是否都为素数。

输入

输入数据有多组，每组占一行，由两个整数 x,y 组成，当 x=0，y=0 时，表示输入结束，该行不做处理。

输出

对于每个给定范围内的取值，如果表达式的值都为素数，则输出 OK，否则请输出 Sorry，每组输出占一行。

样例输入

0 1

0 0

样例输出

OK

题意分析

该题可用一个函数判断一个数是不是素数，是则返回 1，否则返回 0，只需从 x 到 y 依次调用函数即可，只要有一个不是素数即输出 Sorry。

参考程序

```
#include <iostream>
using namespace std;
int main()  {
    int x,y,n,i,m;
    while(cin>>x>>y)  {
        int j=0,k=0;
        if(x==0&&y==0)  break;
        for(n=x;n<=y;n++)  {
            m=n*n+n+41;
            j++;
            for(i=2;i<m;i++)  { //判断是不是素数
                if(m%i==0)    break;
```

```
            }
                if(i==m)   k++;
        }
        if (j==k)
        cout<<"OK"<<endl;
        else cout<<"Sorry"<<endl;
}
return 0;
}
```

例 4.15　Prime Gap

问题描述

The sequence of n＞1 consecutive composite numbers (positive integers that are not prime and not equal to 1) lying between two successive prime numbers p and p + n is called a prime gap of length n. For example, 24, 25, 26, 27, 28 between 23 and 29 is a prime gap of length 6.

Your mission is to write a program to calculate, for a given positive integer k, the length of the prime gap that contains k. For convenience, the length is considered 0 in case no prime gap contains k.

输入

The input is a sequence of lines each of which contains a single positive integer. Each positive integer is greater than 1 and less than or equal to the 100000th prime number, which is 1299709. The end of the input is indicated by a line containing a single zero.

输出

The output should be composed of lines each of which contains a single non-negative integer. It is the length of the prime gap that contains the corresponding positive integer in the input if it is a composite number, or 0 otherwise. No other characters should occur in the output.

样例输入

```
10
11
27
2
492170
0
```

样例输出

```
4
0
6
0
114
```

题意分析

给出一个正整数 k，计算出两个相邻的素数，使得 k 在这两个素数之间，求出两个素数之差。如果不存在这两个素数则输出 0。

题目等价于求出小于等于 k 的最大素数与大于等于 k 的最小素数，并求出它们的差。从 k 分别向下和向上枚举每个整数，判断是否为素数，直到找到这两个素数。

参考程序

```
#include <iostream>
#include <cmath>
using namespace std;
int prime[100001];
bool ispri(int n)   {
        for(int i=2;i<=sqrt(double(n));i++)
            if(n%i==0)
                return false;
        return true;
}

void getprime()   {
        int l=0;
        for(int i=2;i<=1299709;i++)
            if(ispri(i))
                prime[l++]=i;
}

int main()   {
       getprime();
       int k;
       while(cin>>k&&k)   {
        int i;
            for(i=0;i<100000;i++)
                if(prime[i]>=k)
                    break;
            if(prime[i]==k)
                cout<<0<<endl;
            else
                cout<<prime[i]-prime[i-1]<<endl;
       }
       return 0;
}
```

例 4.16　素数问题。

问题描述

走进世博园某信息通信馆，参观者将获得前所未有的尖端互动体验，一场充满创想和喜悦的信息通信互动体验秀将以全新形式呈现，从观众踏入展馆的第一步起，就将与手持终端密不可分，人类未来梦想的惊喜从参观者的掌上展开。

在等候区的梦想花园中，参观者便开始了他们奇妙的体验之旅，等待中的游客可利用手机等终端参与互动小游戏，与梦想剧场内的虚拟人物 Kr. Kong 进行猜数比赛。当屏幕出现一个整数 X 时，若你能比 Kr. Kong 更快地发出最接近它的素数答案，你将会获得一个意想不到的礼物。

例如，当屏幕出现 22 时，你的回答应是 23；

当屏幕出现 8 时，你的回答应是 7；

若 X 本身是素数，则回答 X；

若最接近 X 的素数有两个时，则回答大于它的素数。

输入

第一行：N 表示要竞猜的整数个数，接下来有 N 行，每行有一个正整数 X，1≤N≤5，1≤X≤1000。

输出

输出有 N 行，每行是对应 X 的最接近它的素数。

样例输入

2

22

5

样例输出

23

5

问题来源

第三届河南省程序设计大赛

题意分析

题意比较清晰，判定给定数是否为素数并输出，若不是则输出最接近的较大素数。首先采用素数筛选法，筛出其中的素数，然后接受输入，看输入那个数本身是不是素数，如果是，就输出这个数，如果不是，就往这个数的两边查找，找到素数就输出，注意输出最接近的较大素数，因此，优先往大的方向搜索。

参考程序

```
#include <iostream>
#include <cmath>
using namespace std;
bool isPrime(int x){
    if(x == 1 ) return false;
    for(int i = 2; i*i <= x; ++i)
        if(x%i == 0) return false;
    return true;
}
int main()  {
    int N;  cin >> N;
    for(int i= 0; i < N; ++ i) {
        int x;    cin >> x;
        if(isPrime(x)) cout<<x<<endl;
        else {
```

```
                int left = x-1, right = x+1;
                while(1) {
                    if(isPrime(right)){
                        cout<<right<<endl;    break;
                    }
                    if(left>=2 && isPrime(left)){
                        cout<<left<<endl;    break;
                    }
                    left--;    right++;
                }
            }
    }
    return 0;
}
```

例 4.17　Sum of Consecutive Primes

问题描述

Some positive integers can be represented by a sum of one or more consecutive prime numbers. How many such representations does a given positive integer have?

For example, the integer 53 has two representations 5 + 7 + 11 + 13 + 17 and 53. The integer 41 has three representations 2+3+5+7+11+13, 11+13+17, and 41. The integer 3 has only one representation, which is 3. The integer 20 has no such representations.

Note that summands must be consecutive prime numbers, so neither 7 + 13 nor 3 + 5 + 5 + 7 is a valid representation for the integer 20.

Your mission is to write a program that reports the number of representations for the given positive integer.

输入

The input is a sequence of positive integers each in a separate line. The integers are between 2 and 10 000, inclusive. The end of the input is indicated by a zero.

输出

The output should be composed of lines each corresponding to an input line except the last zero. An output line includes the number of representations for the input integer as the sum of one or more consecutive prime numbers. No other characters should be inserted in the output.

样例输入

```
2
3
17
41
20
666
12
53
```

0

样例输出

1

1

2

3

0

0

1

2

题意分析

题意是给一个 2～10000 的数，找到能够满足如下条件的序列：

（1）序列所有元素是连续的素数；

（2）序列元素之和为给定数。

如果能找到，输出总共的方案数，否则输出 0。

以 41 为例，41 = 2+3+5+7+11+13，41 = 11+13+17，41 = 41，共有三种方案。

解题思路是先求素数，考虑到问题规模较大，选择用筛选法求出一个大范围内的素数数组，然后在该数组中进行枚举尝试求和。

为了降低时间复杂度，在循环枚举之前，首先需要找到 2～10000 里面的所有素数，而不应该在每次输入一个数时都重新筛选一次素数。

另一个问题是素数要连续，这样在寻找的时候就减少了很多不必要的搜索，对于每一个数都只需要判断它的下一个。

参考程序

```
#include <iostream>
#include <math.h>
#include <string.h>
#define MAX 10005
using namespace std;
bool isPrime[MAX];      int prime[MAX];      int prime_num;
void getPrime(){
    int maxV = sqrt(MAX);      memset(isPrime, true, sizeof(isPrime));
    for (int i = 2; i < maxV; i++) {    //使用筛选法求素数
        if (isPrime[i]) {
            for (int j = i+1; j < MAX; j++) {
                if (j%i == 0)
                    isPrime[j] = false;
            }
        }
    }
    prime_num = 0;
    for (int i = 2; i < MAX; i++) {   //将所有的素数放在一个数组里面
        if (isPrime[i])
```

```
                prime[prime_num++] = i;
            }
        }

    }

int main(int argc, const char * argv[]) {
    getPrime();
    int n;
    while (cin >> n) {
        if (n == 0 || n < 2 || n > 10000)    break;
        int result = 0;
        for (int i = 0; i < prime_num; i++) {
            int sum = prime[i];
            if (sum > n) break;
            int j = i+1;          //以第 i 个素数为起始点，开始进行顺序相加
            while (sum < n)
                sum += prime[j++];
            if (sum == n)    result ++;
        }
        cout << result << endl;
    }
    return 0;
}
```

例 4.18 合数乘积。

问题描述

Thala 教授在学院中最受欢迎。尽管选择 Thala 教授意味着你今后的学习任务将很多很艰难，但鉴于当前创业创新思维的形势，学生们需要掌握更多知识来找到好的工作，因此越来越多的学生想要选择 Thala 教授作为他们的导师。然而学校有规定，每个教授带的学生数目都有上限，因此 Thala 教授需要挑出最为杰出的学生作为他的弟子。Thala 教授知道，想要学好计算机，学生们需要丰富的数学知识。于是，Thala 教授总是用许多数学题目来挑选他的学生。

这一年，Thala 教授的题目之一是这样的：给出数字 n，如果 n 可以被表示为两个合数的乘积，这个数就被叫做 thala number，否则就被叫做 loser number。例如 81=9*9，因此 81 就是 thala number。Thala 教授交给学生们许多数，要求学生判断这些数是 thala number 还是 loser number。

Softa 是 Thala 教授的一个疯狂仰慕者，他必须在考试中表现出色，否则 Thala 教授将不会注意到他。但当面对 Thala 教授的数字的时候，Softa 感到紧张，他对自己说："Thala 教授的确和传说中一样伟大。可是这些数字实在太多，一个人无法在这么短的时间内作出回答。Thala 教授一定是想要同时考察学生的数学与编程知识。因此，我需要一个程序来计算出答案。"你是 Softa 参与 ACM/ICPC 竞赛的朋友之一，当然，你也想要向 Softa 展示你的编程技巧，因此，你的程序应该高效，这样才能让 Softa 更加钦佩你，你能帮助他吗？

输入

每个学生会收到很多组测试数据，按 Thala 教授的规则，测试数据将越来越难，这样他就可以轻松地控制学生的数量。只有回答正确的学生可以进入下一道题目，否则就会退出考试。这样下去直到剩余的学生数目等于 Thala 教授想要的学生数目。

输出

对于每组输入数据，请在时间 T 之内判断数据中的每一个数是 thala number 还是 loser number，并输出你的答案。在每组数据之间输出一个空白行。

样例输入

```
2 2
81
25

1 1
16
```

样例输出

```
thala number
loser number

thala number
```

题意分析

题意就是判断一个数字 N 是否能拆成两个合数的乘积。因为很容易找到这个数字的最小质因子，首先从数字中除以最小质因子，剩余数记为 D，然后判断 D 是否能拆成是一个质数和一个合数的乘积即可。采用同样的思路，首先找到 D 的最小质因子，从 D 中除去这个质因子，然后判断剩下的数字 K 是否为合数就可以求解问题。

参考程序

```
#include<stdio.h>
#include<string.h>
#include<math.h>
int main(){
    int t,n,c, i,b;    bool e ;    int flag = 1;
    while(scanf("%d%d",&t,&c)!=EOF){
        if(!flag ) printf("\n");
        flag = 0;
        while(t--){
            scanf("%d",&n);
            e = false;    b = 0;        int d = (int) sqrt((double) n);
            for(i=2;i<=d;i++){
                if(n%i==0){
                    b = n/i;    e = true;    break;
                }
            }
```

```
                if(!e) {   printf("loser number\n");    continue;    }
                e = false;      d = (int)sqrt((double)b);
                for(i=2;i<=d;i++){
                    if(b%i==0){
                        n = b/i;    e = true;    break;
                    }
                }
                if(!e) { printf("loser number\n");    continue;    }
                e = false;      d = (int)sqrt((double)n);
                for(i=2;i<=d;i++){
                    if(n%i==0){
                        b = n / i;
                        if(b>1) e = true;
                        break;
                    }
                }
                if(e) printf("thala number\n");
                else printf("loser number\n");
            }
        }
        return 0;
}
```

例 4.19 The Cubic End

问题描述

Given any string of decimal digits, ending in 1, 3, 7 or 9, there is always a decimal number, which when cubed has a decimal expansion ending in the original given digit string. The number need never have more digits than given digit string.

Write a program, which takes as input a string of decimal digits ending in 1, 3, 7 or 9 and finds a number of at most the same number of digits, which when cubed, ends in the given digit string.

输入

The input begins with a line containing only the count of problem instances, nProb, as a decimal integer, 1≤nProb≤1000.

This is followed by nProb lines, each of which contains a string of between 1 and 10 decimal digits ending in 1, 3, 7 or 9.

输出

For each problem instance, there should be one line of output consisting of the number, which when cubed, ends in the given digit string.

The number should be output as a decimal integer with no leading spaces and no leading zeroes.

样例输入

2

435621

9876543213

样例输出

786941

2916344917

题目来源

Greater New York 2005

题意分析

题目大意是如果一个数字串以 1,3,7,9 结尾，则会有一个数，它的三次方以这个数字串结尾，且长度不会超过这个数字串。现在给出这个数字串，求出这个数。

解题思路是从低位向高位枚举，尝试用每个数字填入这个位置，检查所得到的尾数是否相符，相符则枚举下一个位，直至枚举完所有位置。检查尾数用三重循环（三次方），保存进位即可。

参考程序

```
#include<iostream>
#include<cstdio>
#include<cstring>
#include<stdlib.h>
using namespace std;
int main()  {
int testcase;
scanf("%d",&testcase);
    while(testcase --)      {
        char n[15];                 //以字符串的形式读入更好处理
        scanf("%s",&n);
        int len = strlen(n);        //记录数字长度
        int ans[15]={0};            //记录答案
        int z = 0;                  //记录计算进位，初始化为 0
        int tmp;                    //记录中间计算量
        for(int i = 0; i <len/2; i ++)
         swap(n[i],n[len-i-1]);     //翻转字符串
        for(int i = 0; i < len; i ++)   {
            for(ans[i] = 0; ans[i] <= 9; ans[i] ++)   { //枚举 0～9
                tmp = z;            //初始化为上一次计算进位
                for(int a = 0; a <= i; a ++)                //模拟乘法计算
                    for(int b = 0; a+b <= i; b ++)   {
                        int c = i-a-b;
                        tmp += ans[a]*ans[b]*ans[c];     //后三位计算结果
                    }
                if(tmp%10 == n[i]-'0')
                break;    //结果匹配
            }
            z = tmp/10;              //进位
        }
        int i;
```

```
        for(i = len-1;i >= 0; i --)
            if(ans[i])
            break;
        for(i; i >= 0; i --)
        printf("%d",ans[i]);
        printf("\n");
    }
    return 0;
}
```

4.3 计算几何

在现代工程和数学领域，计算几何在计算机图形学、机器人技术、超大规模集成电路设计等领域具有十分重要的应用。ACM 程序设计中的计算几何问题多数都不难，但是思路非常巧妙，而且经常使用代码模板，此外，精度也是需要考虑的。计算几何中最常用的一个概念是向量。简单地说，向量就是有大小有方向的量，如速度、位移等物理量都是向量。向量最基本的运算是加法、满足平行四边形法则。在平面坐标系下，向量和点一样，也用两个数表示，可以采用如下结构体定义。

```
struct Point    {          //点的表示
    double x, y;
        Point (double x=0, double y=0) : x (x), y (y) {}
};
typedef Point Vector;       //从程序实现上，Vector 是 Point 的别名
```

在 ACM 程序设计中，需要经常使用各种向量运算，因此对于这类问题最好建立构造类型或类来表示向量，并将向量之间的运算进行重载向量基本运算的代码实现。下面列出一些常见的向量运算模板。

```
Vector operator + (Vector A,Vector B) { //向量+向量=向量    点+向量=点
    return Vector(A.x+B.x,A.y+B.y);
}
Vector operator - (Point A,Point B) { //点-点=向量
    return Vector(A.x-B.x,A.y-B.y);
}
Vector operator * (Vector A,double p) {   //点*数=向量
    return Vector(A.x*p,A.y*p);
}
Vector operator / (Vector A,double p) { //点/数=向量
    return Vector(A.x/p,A.y/p);
}
bool operator < (const Point &a,const Point &b) {
    return a.x<b.x||(a.x==b.x&&a.y<b.y);
}
int dcmp(double x) {
    if(fabs(x)<eps) return 0;
    else if(x<0) return -1;
```

```
    return 1;
}
bool operator == (const Point &a,const Point &b) { //判断两点是否相等
    return dcmp(a.x-b.x)==0&&dcmp(a.y-b.y)==0;
}
double Dot(Vector A,Vector B) {          //点积
    return A.x*B.x+A.y*B.y;
}
double Length(Vector A) {                //模
    return sqrt(Dot(A,A));
}
double Angle(Vector A,Vector B) {        //夹角
    return acos(Dot(A,B)/Length(A)/Length(B));
}
double Cross(Vector A,Vector B)  {          //叉积
    return A.x*B.y-A.y*B.x;
}
double Area2(Point A,Point B,Point C)  {     //三角形面积两倍
    return Cross(B-A,C-A);
}
Vector Rotate(Vector A,double rad)  {          //向量逆时针旋转
    return Vector(A.x*cos(rad)- A.y*sin(rad),A.x*sin(rad)+A.y*cos(rad));
}
Vector nomal(Vector A)  {          //向量的单位法向量
    double len = length (A);
    return Vector (-A.y / len, A.x / len);
}
Point point_inter(Point p, Vector V, Point q, Vector W)    { //两直线交点，参数方程
    Vector U = p - q;
    double t = cross (W, U) / cross (V, W);
    return p + V * t;
}
double dis_to_line(Point p, Point a, Point b)   {      //点到直线的距离，两点式
    Vector V1 = b - a, V2 = p - a;
    return fabs (cross (V1, V2)) / length (V1);
}
double dis_to_seg(Point p, Point a, Point b)    {  //点到线段的距离，两点式
    if (a == b) return length (p - a);
    Vector V1 = b - a, V2 = p - a, V3 = p - b;
    if (dcmp (dot (V1, V2)) < 0)     return length (V2);
    else if (dcmp (dot (V1, V3)) > 0)    return length (V3);
    else     return fabs (cross (V1, V2)) / length (V1);
}
Point point_proj(Point p, Point a, Point b)    {    //点在直线上的投影，两点式
    Vector V = b - a;
    return a + V * (dot (V, p - a) / dot (V, V));
```

```
}
bool inter(Point a1, Point a2, Point b1, Point b2)  {  //判断线段相交，两点式
    double c1 = cross (a2 - a1, b1 - a1), c2 = cross (a2 - a1, b2 - a1),
           c3 = cross (b2 - b1, a1 - b1), c4 = cross (b2 - b1, a2 - b1);
    return dcmp (c1) * dcmp (c2) < 0 && dcmp (c3) * dcmp (c4) < 0;
}
bool on_seg(Point p, Point a1, Point a2)   {  //判断点在线段上，两点式
    return dcmp (cross (a1 - p, a2 - p)) == 0 && dcmp (dot (a1 - p, a2 - p)) < 0;
}
double area_poly(Point *p, int n)   {   //多边形面积
    double ret = 0;
    for (int i=1; i<n-1; ++i) {
        ret += fabs (cross (p[i] - p[0], p[i+1] - p[0]));
    }
    return ret / 2;
}
Point read_point(void)   {      //点的读入
    double x, y;
    scanf ("%lf%lf", &x, &y);
    return Point (x, y);
}
Point point_inter(Point p, Vector V, Point q, Vector W)    {  //两直线交点，参数方程
    Vector U = p - q;
    double t = Cross (W, U) / Cross (V, W);
    return p + V * t;
}
```

接下来举几个例子，介绍一下 ACM 程序设计中计算几何的入门问题。

例 4.20 Intersecting Lines

问题描述

We all know that a pair of distinct points on a plane defines a line and that a pair of lines on a plane will intersect in one of three ways:

1) no intersection because they are parallel, 2) intersect in a line because they are on top of one another (i.e. they are the same line), 3) intersect in a point. In this problem, you will use your algebraic knowledge to create a program that determines how and where two lines intersect.

Your program will repeatedly read in four points that define two lines in the x-y plane and determine how and where the lines intersect. All numbers required by this problem will be reasonable; say between -1000 and 1000.

输入

The first line contains an integer N between 1 and 10 describing how many pairs of lines are represented.

The next N lines will each contain eight integers. These integers represent the coordinates of four points on the plane in the order $x_1,y_1,x_2,y_2,x_3,y_3,x_4,y_4$.

Thus each of these input lines represents two lines on the plane: the line through (x_1,y_1) and

(x_2,y_2) and the line through (x_3,y_3) and (x_4,y_4).

The point (x_1,y_1) is always distinct from (x_2,y_2). Likewise with (x_3,y_3) and (x_4,y_4).

输出

There should be N+2 lines of output.

The first line of output should read INTERSECTING LINES OUTPUT. There will then be one line of output for each pair of planar lines represented by a line of input, describing how the lines intersect: none, line, or point.

If the intersection is a point then your program should output the x and y coordinates of the point, correct to two decimal places.

The final line of output should read "END OF OUTPUT".

样例输入

```
5
0 0 4 4 0 4 4 0
5 0 7 6 1 0 2 3
5 0 7 6 3 -6 4 -3
2 0 2 27 1 5 18 5
0 3 4 0 1 2 2 5
```

样例输出

```
INTERSECTING LINES OUTPUT
POINT 2.00 2.00
NONE
LINE
POINT 2.00 5.00
POINT 1.07 2.20
END OF OUTPUT
```

题意分析

给出四个点确定两条直线，如果是一条线输出 LINE，如果平行输出 NONE，如果有交点，就输出交点的坐标。

解题思路是先判断平行还是共线，最后就是相交。平行可以用叉积判断向量，共线也可用叉积判断点，相交则是求交点。

参考程序

```
//用到了上述函数模板，部分代码省略
#include <stdio.h>
#include <math.h>
int main()    {
int T; scanf("%d", &T);
    Point a1, a2, b1, b2;
    puts("INTERSECTING LINES OUTPUT");
    while (T--) {
        a1 = read_point ();            a2 = read_point ();
```

```
            b1 = read_point ();              b2 = read_point ();
            Vector A = a2 - a1, B = b2 - b1;
            if (Cross(A, B) == 0)     {
                if (Cross (b1 - a1, b2 - a1) == 0 && Cross (b1 - a2, b2 - a2) == 0)
                    puts("LINE");
                else
                    puts("NONE");
            }
            else      {
                Point ans = point_inter (a1, a2 - a1, b1, b2 - b1);
                printf("POINT %.2f %.2f\n", ans.x, ans.y);
            }
        }
        puts("END OF OUTPUT");
        return 0;
    }
```

例 4.21　求两直线的夹角。

问题描述

有两条直线 AB 和 CD，A、B、C、D 的坐标已知，求这两条直线的所成夹角中较小的一个。

输入

输入包括多组数据，第一行为测试数据的组数 n，接下来后面有 n 行，每一行有 8 个整数，依次代表 A 点的 x 坐标、A 点的 y 坐标，B 点的 x 坐标、B 点的 y 坐标，C 点的 x 坐标、C 点的 y 坐标，D 点的 x 坐标、D 点的 y 坐标。

输出

输出夹角的近似值（角度值而非弧度值，保留 1 位小数）。

样例输入

2
0 0 0 1 0 0 1 0
0 0 1 1 1 1 1 0

样例输出

90.0
45.0

题意分析

求两直线夹角等价于求两直线的向量夹角。即角的余弦值为两向量的点积除以两向量的模 $\cos<\overline{n_1},\overline{n_2}>=\frac{\overline{n_1}\bullet\overline{n_2}}{|\overline{n_1}|*|\overline{n_2}|}$，然后把余弦值转化成弧度再转化成角度。其中 acos 函数就是 arccos。

参考代码

```
#include <stdio.h>
#include <math.h>
int main() {
```

```
    int a[8], n, i, j, x1, x2, y1, y2;//两个向量(x1,y1)(x2,y2)
    double angle;//角度
    scanf("%d", &n);
    for(i = 0; i < n; i++)   {
        for(j = 0; j < 8; j++)
            scanf("%d", a + j);//输入到数组中
        x1 = a[2] - a[0];           y1 = a[3] - a[1];
        x2 = a[6] - a[4];           y2 = a[7] - a[5];
        angle = fabs((x1*x2 + y1*y2) / (sqrt(x1*x1 + y1*y1) * sqrt(x2*x2 + y2*y2)));
    //cos<n1,n2>=n1*n2/(|n1|*|n2|)
        angle = acos(angle) / 3.1415926 * 180; //反三角求弧度
        printf("%.1lf\n", angle);
    }
    return 0;
}
```

例 4.22　改革春风吹满地。

问题描述

“改革春风吹满地，不会 AC 没关系；实在不行回老家，还有一亩三分地。谢谢!（乐队奏乐）”话说部分学生心态极好，每天就知道玩游戏，这次考试如此简单的题目，也是云里雾里，而且，竟然还来这么几句打油诗。好呀，老师的责任就是帮你解决问题，既然想种田，那就分你一块。这块田位于浙江省温州市苍南县灵溪镇林家铺子村，多边形形状的一块地，原本是 linle 的，现在就准备送给你了。不过，任何事情都没有那么简单，你必须首先告诉我这块地到底有多少面积，如果回答正确你才能真正得到这块地。发愁了吧？就是要让你知道，种地也是需要 AC 知识的！以后还是好好练吧……

输入

输入数据包含多个测试实例，每个测试实例占一行，每行的开始是一个整数 n（3≤n≤100），它表示多边形的边数（当然也是顶点数），然后是按照逆时针顺序给出的 n 个顶点的坐标(x_1, y_1, x_2, y_2, ... , x_n, y_n)，为了简化问题，这里的所有坐标都用整数表示。

输入数据中所有的整数都在 32 位整数范围内，n=0 表示数据结束，不做处理。

输出

对于每个测试实例，请输出对应的多边形面积，结果精确到小数点后一位小数。每个实例的输出占一行。

样例输入

3 0 0 1 0 0 1

4 1 0 0 1 -1 0 0 -1

0

样例输出

0.5

2.0

题意分析

题意是计算多边形的面积。方法是把 n 多边形分割成 n-2 个三角形，分别求和然后相加。

其中要求分割的所有三角形有一个公共的顶点，这里选择 0 点为公共点。但是，不能使用海伦公式，原因是计算量大、精度损失严重。

优化的原理是在平面上取(0,0)来分割多边形为多个三角形，然后用叉乘来求三角形的有向面积，再求和。这样的话可以把凸 N 多边形转化为 N 个三角形，然后求解 N 个三角形即可，输入顶点的顺序，无论是顺时针还是逆时针均可。

参考代码

```
#include<stdio.h>
#include<stdlib.h>
struct Point      {        //点的定义
    int x, y;
};
Point a[110];     //n 的范围限制
double area(Point p,Point q) {
  return p.x*q.y-q.x*p.y; //叉乘计算面积
}
int main() {
     int i,n;
     double sum;
     while(~scanf("%d",&n)&&n) {
          for(i=0;i<n;i++)      scanf("%d%d",&a[i].x,&a[i].y);
          sum=area(a[n-1],a[0]);
          for(i=1;i<n;i++)      sum+=area(a[i-1],a[i]);   //注意最后 i==n-1
          printf("%.1lf\n",0.5*sum);
     }
     return 0;
}
```

例 4.23　Tell Me the Area

问题描述

There are two circles in the plane (shown in the below picture), there is a common area between the two circles. The problem is easy that you just tell me the common area.

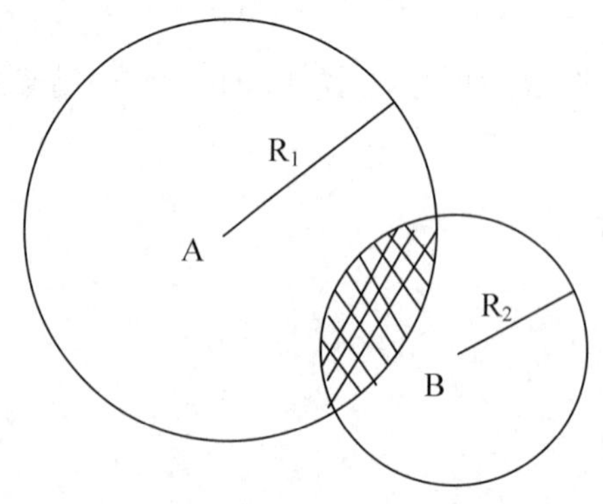

输入

There are many cases. In each case, there are two lines. Each line has three numbers: the coordinates (X and Y) of the centre of a circle, and the radius of the circle.

输出

For each case, you just print the common area which is rounded to three digits after the decimal point. For more details, just look at the sample.

样例输入

0 0 2

2 2 1

样例输出

0.108

题意分析

题意是求两圆相交部分的面积，分三种情况讨论：①若两圆相离、外切或至少有一圆半径为 0，所求面积为 0；②若两圆内切、内含，所求面积为两者之间小的那个圆的面积；③若两圆相交，用余弦定理 $\cos A=\dfrac{b^2+c^2-a^2}{2*b*c}$ 分别求出两个弧的角度，用两个圆弧面积之和减去两个三角形的面积。

参考程序

```
#define PI acos(-1.0)   //定义 PI 值
#include <stdio.h>
#include <math.h>
int main() {
     double a1,b1,r1,a2,b2,r2,d; double A1,A2,s1,s2,s;
     while(~scanf("%lf%lf%lf%lf%lf%lf",&a1,&b1,&r1,&a2,&b2,&r2)) {
          d=sqrt((a2-a1)*(a2-a1)+(b2-b1)*(b2-b1)); //求圆心距
          if(d>=r1+r2)     printf("0.000\n");        //两圆相离或相外切
                 else if(d<=fabs(r1-r2) && d>=0)   {       //内切
                          if(r1>r2)   printf("%0.3lf\n",PI*r2*r2);
               else     printf("%0.3lf\n",PI*r1*r1);
           }
          else    {   //求以圆心为顶点与两圆交点连线的角
              A1=2*acos((d*d+r1*r1-r2*r2)/(2*d*r1));   //余弦定理
              A2=2*acos((d*d+r2*r2-r1*r1)/(2*d*r2));
              s1=0.5*r1*r1*sin(A1)+0.5*r2*r2*sin(A2);   //三角形面积  s=a*b*sinC/2
              s2=A1/2*r1*r1+A2/2*r2*r2;     //圆弧面积  s=A*l*l/2
              s=s2-s1;
              printf("%0.3lf\n",s);
          }
}
return 0;
}
```

例 4.24　走格子。

问题描述

在二维平面上有两点 $P_1(x_1,y_1)$ 和 $P_2(x_2,y_2)$，现在，P_1 想向 P_2 靠拢，但只能往斜上方走 (x_1+1,y_1+1) 或往斜下方走 (x_1+1,y_1-1)。

请问 P_1 能否抵达 P_2，如果可以输出 Yes，否则输出 No。

输入

第一行为一个正整数 t（t≤100），代表测试组数。每一组测试数据：一行有四个整数 x_1,y_1,x_2,y_2（各数值均大于等于 0 且小于等于 100000）。

输出

对于每一组测试数据，输出一行结果：如果 P_1 能够抵达 P_2，输出 Yes，否则输出 No。

样例输入

3

0 0 1 1

0 0 2 0

0 0 3 0

样例输出

Yes

Yes

No

题意分析

题意是考察从一个点 A 要走到另外一个点 B 是否可行，而行走的办法只能是两种，即从(x,y)点出发，下一步只能到①(x+1,y+1)或者②(x+1,y-1)，这样就可以建立与位置有关的方程，设从(x_1,y_1)点出发在行走过程中，第①种共走了 a 次，第②种共走了 b 次，目标是(x_2,y_2)，那么联立方程以后就是：

$x_1+a+b=x_2$

$y_1+a-b=y_2$

于是，问题转换为求是否有 a≥0 和 b≥0 满足这个方程组。

参考程序

```
#include<stdio.h>
#include<string.h>
int x1,y1,x2,y2;
int main() {
      int t,n;
      scanf("%d",&t);
      while(t--) {
            scanf("%d%d%d%d",&x1,&y1,&x2,&y2);
            n=x2-x1+y2-y1;
            if(n%2==1) {
                  printf("No\n");
            }
else    {
                  n/=2;
                  if(n>=0&&n<=x2-x1){
                        printf("Yes\n");
                  }
            else printf("No\n");
```

```
        }
    }
    return 0;
}
```

4.4　组合问题

组合数学研究的主要内容是依据一定的规则安排某些事务的有关问题。这些问题包括四个方面：

（1）这种安排是否存在，即存在性问题。

实际生活中的各种问题，有些可以当机立断判定其有解还是无解，但也有不少问题一时难以判定。ACM 程序设计中不可能出现专门判定某个问题有解或无解，但是往往会在测试数据中加入一些无解的数据。

（2）如果符合要求的安排是存在的，那么这样的安排又有多少，即计数问题。

一般分为两种类型：一是计算某种特性的对象有多少；再就是枚举类型，把所有具有某种特性的对象都列举出来。

（3）怎样构造这种安排，即算法构造问题。

（4）如果给出了最优化标准，又怎样得到最优安排，即组合优化。

下面首先看一个经典的组合问题，即错排问题。

考虑一个有 n 个元素的排列，若一个排列中所有的元素都不在自己原来的位置上，那么这样的排列就称为原排列的一个错排。 n 个元素的错排数记为 D(n)。错排问题最早被尼古拉·伯努利和欧拉研究，因此历史上也称为伯努利－欧拉的装错信封问题。

当 n=1 时，全排列只有一种，不是错排，D(1)=0。

当 n=2 时，全排列有两种，即 1,2 和 2,1，后者是错排，D(2)=1。

当 n≥3 时，设 n 排在了第 k 位（k≠n，即 1≤k<n）。

现在考虑第 n 位的情况：

1）当 k 排在第 n 位时，除 n 和 k 以外，还有 n-2 个数，错排数为 D(n-2)。

2）当 k 不排在第 n 位时，将第 n 位重新考虑成一个新的第 k 位，这是包括 k 在内的剩下 n-1 个数的每一种错排，都等价于只有 n-1 个数时的错排，只是其中的第 k 位被换成了第 n 位，错排数为 D(n-1)。k 从 1 到 n-1 共有 n-1 种取法，因此，D(n) = (n-1)(D(n-2)+ D(n-1))。

例 4.25　神、上帝以及老天爷。

问题描述

为了活跃气氛，组织者举行了一个别开生面、奖品丰厚的抽奖活动，这个活动的具体要求是这样的：

首先，所有参加晚会的人员都将一张写有自己名字的字条放入抽奖箱中；

然后，待所有字条加入完毕，每人从箱中取一个字条；

最后，如果取得的字条上写的就是自己的名字，那么“恭喜你，中奖了！”

大家可以想象一下当时的气氛之热烈，毕竟中奖者的奖品是大家梦寐以求的签名照呀！不过，正如所有试图设计的喜剧往往以悲剧结尾，这次抽奖活动最后竟然没有一个人中奖！

不过，现在问题来了，你能计算一下发生这种情况的概率吗？

输入

输入数据的第一行是一个整数 C，表示测试实例的个数，然后是 C 行数据，每行包含一个整数 n（$1<n\leqslant 20$），表示参加抽奖的人数。

输出

对于每个测试实例，请输出发生这种情况的百分比，每个实例的输出占一行，结果保留两位小数（四舍五入）。

样例输入

1
2

样例输出

50.00%

题意分析

题意比较清晰，就是错排公式的直接应用。最后没有一个人中奖的概率为 D(n)/n!。因为问题规模比较小，可将错排公式和阶乘的计算结果分别用数组保存。

参考程序

```
#include <iostream>
#include <cstdio>
#include <algorithm>
using namespace std;
typedef long long ll;
const int N = 21;
int n, _;
ll A[N], D[N];
double ans[N];
void init() {
    A[1] = D[2] = 1; A[2] = 2;
    for(ll i=3; i<N; i++)    {
        A[i] = A[i-1]*i;
        D[i] = (i-1)*(D[i-1]+D[i-2]);
    }
    for(int i=2; i<N; i++)
        ans[i] = 1.0*D[i]/A[i]*100.0;
}
int main()    {
    init();
    cin>>_;
    while(_--)    {
        scanf("%d", &n);
        printf("%.2f%%\n", ans[n]);
    }
    return 0;
}
```

例 4.26　新生晚会。

问题描述

开学了，学校又迎来了好多新生。ACMer 想为新生准备一个节目。来报名要表演节目的人很多，多达 N 个，但是只需要从这 N 个人中选 M 个就够了，一共有多少种选择方法？

输入

数据的第一行包括一个正整数 T，表示接下来有 T 组数据，每组数据占一行。

每组数据包含两个整数：N（来报名的人数，1≤N≤30），M（节目需要的人数，0≤M≤30）。

输出

每组数据输出一个整数，每个输出占一行。

样例输入

```
5
3 2
5 3
4 4
3 6
8 0
```

样例输出

```
3
10
1
0
1
```

题意分析

题意就是从这 N 个人中选 M 个人的简单组合问题，即组合公式的应用。

$$C_n^m = \frac{n!}{(n-m)!*m!}$$

但是，需要注意的是，不能直接用整型求解，因为 N 比较大，即使是 long long 也可能 WA，可以用 double 或者_int64。

参考程序

```
#include<iostream>
#include<cstdio>
using namespace std;
int main() {
    int m,n,t;
    double sum;
    cin>>t;
    while(t--)  {
        cin>>n>>m;
          sum=1;
      for(int i=1;i<=m;i++)  {
          sum*=n--;
```

```
            sum/=i;
        }
        printf("%0.f\n",sum);
    }
    return 0;
}
```

例 4.27　Kiki's Game

问题描述

Recently kiki has nothing to do. While she is bored, an idea appears in his mind, she just playes the checkerboard game. The size of the chesserboard is n*m. First of all, a coin is placed in the top right corner(1,m). Each time one people can move the coin into the left, the underneath or the left-underneath blank space. The person who can't make a move will lose the game. kiki plays it with ZZ. The game always starts with kiki. If both play perfectly, who will win the game?

输入

Input contains multiple test cases. Each line contains two integer n, m (0<n,m≤2000). The input is terminated when n=0 and m=0.

输出

If kiki wins the game printf "Wonderful!", else "What a pity!".

样例输入

5 3

5 4

6 6

0 0

样例输出

What a pity!

Wonderful!

Wonderful!

题意分析

一个 n*m 的表格，起始位置为右上角，目标位置为左下角，甲先开始走，走的规则是可以向左、向下或者向左下（对顶的）走一格，谁先走到目标位置谁就胜利。在甲乙都采用最佳策略的时候，先走者能否获胜。这也是一个巴什博弈的题目。

这类问题只要把 PN 状态图描绘出来就可以了，其中 P 点就是 P 个棋子的时候，对方拿可以赢（自己输），N 点就是 N 个棋子的时候，自己拿可以赢。

现在关于 PN 的求解有三个规则：①最终态都是 P；②按照游戏规则，到达当前态的前态都是 N 的话，当前态是 P；③按照游戏规则，到达当前态的前态至少有一个 P 的话，当前态是 N。

游戏的算法实现为：

步骤 1：将所有终结位置标记为必败点（P 点）；

步骤 2：将所有一步操作能进入必败点（P 点）的位置标记为必胜点（N 点）；

步骤 3：如果从某个点开始的所有一步操作都只能进入必胜点（N 点），则将该点标记为必败点（P 点）；

步骤 4：如果在步骤 3 未能找到新的必败点（P 点），则算法终止；否则，返回到步骤 2。

于是，可以把问题转换成从(1,1)走到(n,m)，当 n=8 且 m=9 时的 PN 图为：

NNNNNNNNN

PNPNPNPNP

NNNNNNNNN

PNPNPNPNP

NNNNNNNNN

PNPNPNPNP

NNNNNNNNN

PNPNPNPNP

初始点(1,1)为 N，所以输出 Wonderful！从这个例子就可以很清楚看到当 n 和 m 都为奇数时，初始点(1,1)才会是 P，因此，问题只需判断 n,m 是否同时为奇数即可。

参考程序

```
#include <iostream>
using namespace std;
int main()    {
        int n,m;
        while(cin>>n>>m,m+n) {
                puts((n%2&&m%2)?"What a pity!":"Wonderful!");
        }
        return 0;
}
```

例 4.28　Alice and Bob

问题描述

Bob is very famous because he likes to play games. Today he puts a chessboard in the desktop, and plays a game with Alice.

The size of the chessboard is n by n. A stone is placed in a corner square. They play alternatively with Alice having the first move.

Each time, player is allowed to move the stone to an unvisited neighbor square horizontally or vertically. The one who can't make a move will lose the game. If both play perfectly, who will win the game?

输入

The input is a sequence of positive integers each in a separate line. The integers are between 1 and 10000, inclusive, indicating the size of the chessboard. The end of the input is indicated by a zero.

输出

Output the winner ("Alice" or "Bob") for each input line except the last zero. No other characters should be inserted in the output.

样例输入

2

0

样例输出

Alice

题意分析

与上一个问题类似，甚至更简单。题意是对于一个 n*n 的棋盘，棋子（石头）的初始位置在棋盘的某个角落，Alice 先手，Alice 和 Bob 两个人交替移动棋子，只能一步一步水平或者垂直地移动到另一个没有走过的位置，最终不能移动棋子者告负。

首先考虑特例，当 n=1，显然已经没有位置可以移动，先手的 Alice 肯定输掉游戏，当 n=2 时，一共只有 3 个位置，按照 Alice 和 Bob 的顺序移动棋子，Alice-Bob-Alice 正好三次，于是后手的 Bob 输掉了游戏。

显然，n*n 的棋盘一共有 n^2 个位置，除去初始位置，剩余 n^2-1 个可移动的位置，对于两个足够理想的优秀棋手，当 n^2-1 是偶数时（即 n^2 为奇数），按照 Alice-Bob-Alice-...的序列移动棋子，最终一定是 Alice 无法移动棋子；反之，Bob 无法移动棋子。换句话说，当 n 为偶数时，Alice 一定赢，反之 Bob 一定赢。

参考程序

```
#include <stdio.h>
int main() {
    int n;
    while(scanf("%d", &n) && n) {
        if(n % 2 == 0)
            printf("Alice\n");
        else
            printf("Bob\n");
    }
    return 0;
}
```

4.5 概率问题

概率论是研究随机现象数量规律的数学分支。随着人类的社会实践，人们需要了解各种不确定现象中隐含的必然规律性，并用数学方法研究各种结果出现的可能性大小，于是产生了概率论，并使之逐步发展成一门严谨的学科。概率论方法日益渗透到各个领域，并广泛应用于自然科学、经济学、医学、金融保险、甚至人文科学中。也正是因此，近年的 ACM 程序设计竞赛中，概率和数学期望问题等也常有涉及。

例 4.29 用随机投点法计算π值。

设有一半径为 r 的圆及其外切四边形。向该正方形随机地投掷 n 个点。设落入圆内的点数为 k。由于所投入的点在正方形上均匀分布，因而所投入的点落入圆内的概率为：

$$\frac{\pi r^2}{4r^2}=\frac{\pi}{4}$$

所以，当 n 足够大时，k 与 n 之比就逼近这一概率。从而有：

$$\pi \approx \frac{4k}{n}$$

采用数值概率算法求解π值的参考程序如下：

```
#include <iostream>
#include "stdlib.h"
using namespace std;
//概率计算 PI
int main() {
    int inside=0;
    double val;
    int i;
    for ( i=0; i<100000000; i++)    {
        double x = (double)(rand())/RAND_MAX;
        double y = (double)(rand())/RAND_MAX;
        if ( (x*x + y*y) <= 1.0 )   {
            inside++;
        }
    }
    val = (double)inside / i;
    printf("PI = %.4g\n", val*4);
    return 0;
}
```

例 4.30　Knots

问题描述

An even number N of strands are stuck through a wall. On one side of the wall, a girl ties N/2 knots between disjoint pairs of strands. On the other side of the wall, the girl's groom-to-be also ties N/2 knots between disjoint pairs of strands. You are to find the probability that the knotted strands form one big loop (in which case the couple will be allowed to marry). For example, suppose that N = 4 and you number the strands 1, 2, 3, 4. Also suppose that the girl has created the following pairs of strands by tying knots: {(1, 4), (2,3)}. Then the groom-to-be has two choices for tying the knots on his side: {(1,2), {3,4)} or {(1,3), (2,4)}.

输入

The input file consists of one or more lines. Each line of the input file contains a positive even integer, less than or equal to 100. This integer represents the number of strands in the wall.

输出

For each line of input, the program will produce exactly one line of output: the probability that the knotted strands form one big loop, given the number of strands on the corresponding line of input. Print the probability to 5 decimal places.

样例输入

4
20

样例输出

0.66667

0.28377

题意分析

题意是有 n 条绳子（n 为偶数）平行放置在一排，在两头分别打 n/2 次节，且使用过的不能再次使用，问最终使得所有绳子连接成一个大圈的概率。

直接操作起来会比较麻烦，不难发现，对于两端进行操作是互不影响的，把绳子看成是一样的，那么无论第一个人如何操作，最终结果都一样，n 根绳子连成了 n/2 个绳子，然后另外一端进行选择的时候，选择哪个结点都是完全一样的，对某一结点一共有 n-1 种选择（其他 n-1 个端点），如果连接上这条绳子的另外一个端点肯定会形成环，连接其他的端点不会，那么这个概率就是 $\frac{n-2}{n-1}$，下面的问题就转化成了 $\frac{n}{2}-1$ 条绳子的子问题了……依此递推，就容易得到最终结果如下。

$$\frac{n-2}{n-1}*\frac{n-4}{n-3}*\cdots*\frac{2}{3}$$

参考程序

```
#include <iostream>
#include <cstdio>
#include <cmath>
using namespace std;
int main() {
    int n;
    while(scanf("%d",&n)!=EOF) {
        int i;
        double ans=1.0;
        for(i=2;i<=n-2;i+=2)
            ans*=(double)i/(double)(i+1);
        printf("%.5lf\n",ans);
    }
    return 0;
}
```

下面再来看几个数学期望的例子。

对离散型随机变量 x，其概率为 p，则有：

$$E(x)=\sum_{i}p_i x_i$$

对于随机变量 A、B 有：

$$E(\alpha A+\beta B)=\alpha E(A)+\beta E(B)$$

其中，后一个公式表明期望有线性的性质。这就意味着解决一个期望问题，可以不断转化为解决另外的期望问题，最终转化到一个已知的期望上。

对于期望类问题的求解，一般首先根据题意表示出各个状态的期望，然后根据概率公式列出期望之间的方程，解方程即可。

例 4.31　Crossing Rivers

问题描述

You live in a village but work in another village. You decided to follow the straight path between your house (A) and the working place (B), but there are several rivers you need to cross. Assume B is to the right of A, and all the rivers lie between them.

Fortunately, there is one "automatic" boat moving smoothly in each river. When you arrive the left bank of a river, just wait for the boat, then go with it. You're so slim that carrying you does not change the speed of any boat.

Days and days after, you came up with the following question: assume each boat is independently placed at random at time 0, what is the expected time to reach B from A? Your walking speed is always 1.

To be more precise, for a river of length L, the distance of the boat (which could be regarded as a mathematical point) to the left bank at time 0 is uniformly chosen from interval [0, L], and the boat is equally like to be moving left or right, if it's not precisely at the river bank.

输入

There will be at most 10 test cases. Each case begins with two integers n and D, where n ($0 \leqslant n \leqslant 10$) is the number of rivers between A and B, D ($1 \leqslant D \leqslant 1000$) is the distance from A to B. Each of the following n lines describes a river with 3 integers: p, L and v ($0 \leqslant p < D$, $0 < L \leqslant D$, $1 \leqslant v \leqslant 100$). p is the distance from A to the left bank of this river, L is the length of this river, v is the speed of the boat on this river. It is guaranteed that rivers lie between A and B, and they don't overlap. The last test case is followed by n=D=0, which should not be processed.

输出

For each test case, print the case number and the expected time, rounded to 3 digits after the decimal point.

Print a blank line after the output of each test case.

样例输入

```
1 1
0 1 2
0 1
0 0
```

样例输出

```
Case 1: 1.000

Case 2: 1.000
```

题意分析

题目大意是 A 和 B 相距 D，且在 A 和 B 之间有 n 条河，河宽 L_i，每条河上有一个速度为 v_i 的船，在河上来回行驶，每条河离 A 的距离为 p_i，设步行速度始终为 1，现在求从 A 到 B 时间的期望。

船在 0 时刻在河上的位置满足均匀分布。如果全部步行则期望为 D，现在每遇到一条河，求过河时间的期望，等待时间的区间为$(0,\frac{2*L}{v})$，船在每个地方都是等可能的，所以等待的期望就是：

$$\frac{0+\frac{2*L}{v}}{2}=\frac{L}{v}$$

又因为过河还要 L/v，加上等待的期望，所以总的渡河期望值为$\frac{2*L}{v}$。

于是，每遇到一条河都要拿距离 D 减去步行过河的期望 L，再加上实际过河期望$\frac{2*L}{v}$即可。

参考程序

```
#include <cstdio>
int main() {
    int n;
    double D;
    int ca = 1;
    while(scanf("%d %lf", &n, &D) != EOF && (n + D)) {
        double p, l, v;
        for(int i = 0; i < n; i++)    {
            scanf("%lf %lf %lf", &p, &l, &v);
            D = D - l + l * 2.0 / v;
        }
        printf("Case %d: %.3f\n\n", ca ++, D);
    }
}
```

例 4.32 Liang Guo Sha

问题描述

Maybe you know "San Guo Sha", but I guess you didn't hear the game: "Liang Guo Sha"! Let me introduce this game to you. Unlike "San Guo Sha" with its complicated rules, "Liang Guo Sha" is a simple game, it consists only four cards, two cards named "Sha", and the other named "Shan".

Alice and Bob are good friends, and they're playing "Liang Guo Sha" now. Everyone has two cards: a "Sha" and a "Shan". Each round, everyone choose a card of his/her own, and show it together (Just show the selected card, do not need to put it away). If both of them choose "Sha", then Alice gets A points, and Bob loses A points; if both of them choose "Shan", then Alice gets B points, and Bob loses B points; otherwise, Bob gets C points, and Alice loses C points.

Both Alice and Bob wants to get points as many as possible, they thought a optimal strategy: Calculating a percentage of choosing card "Sha" in order to ensure that even the opponent uses the optimal strategy, he/she can still get a highest point exceptation.

Here is the question, if both Alice and Bob use the optimal strategy to make their points higher, what is the expectation point which Alice can get in a round?

输入

Several test case, process to EOF. Each test case has only a line, consists three positive integers:

A, B, C respectively, 1≤A, B, C≤100000.

输出

Each test case just need to output one line, the expectation point that Alice can get. Round to 6 decimal points.

样例输入

2 10 4

3 3 3

样例输出

0.200000

0.000000

题意分析

给定 A,B,C 的值，求 Alice 得分的数学期望。注意题面“Calculating a percentage of choosing card Sha in order to ensure that even the opponent uses the optimal strategy, he/she can still get a highest point exceptation”此句要求非常关键。意思是两个人计算出另一个取 Sha 的概率，使得即便对方采用最佳策略，自己也能达到最优的成绩。由此可以看出一个人得分的数学期望不会受另外一个人的影响，即无关性。

设 Alice 取 Sha 的概率为 x，Bob 取 Sha 的概率为 y。则 Alice 得分的数学期望为：

x*y*A+(1-x)*(1-y)*B-x*(1-y)*C-y*(1-x)*C

= (1-x)*B-x*C+(x*A-(1-x)*B+x*C-(1-x)*C)*y

考虑上述式子与 y 无关，令 y 的系数为 0 可以解得 x：

x*A-(1-x)*B+x*C-(1-x)*C=0

即 $x=\dfrac{B+C}{A+B+2*C}$。

最终问题的数学期望为(1-x)*B-x*C，按照题目规定格式输出即可。

参考代码

```
#include<stdio.h>
int main() {
    int A,B,C;
    while(scanf("%d%d%d",&A,&B,&C)!=EOF)  {
        double x=(double)(B+C)/(A+B+C*2);
        printf("%.6lf\n",(1-x)*B-x*C);
    }
    return 0;
}
```

例 4.33 Birthday Paradox

问题描述

Sometimes some mathematical results are hard to believe. One of the common problems is the birthday paradox. Suppose you are in a party where there are 23 people including you. What is the probability that at least two people in the party have same birthday? Surprisingly the result is more than 0.5. Now here you have to do the opposite. You have given the number of days in a year.

Remember that you can be in a different planet, for example, in Mars, a year is 669 days long. You have to find the minimum number of people you have to invite in a party such that the probability of at least two people in the party have same birthday is at least 0.5.

输入

Input starts with an integer T (≤20000), denoting the number of test cases.

Each case contains an integer n (1≤n≤105) in a single line, denoting the number of days in a year in the planet.

输出

For each case, print the case number and the desired result.

样例输入

2

365

669

样例输出

Case 1: 22

Case 2: 30

题意分析

每个人都有自己的生日，如果一群人站在一起，那么他们有至少两个人生日相同的概率是多少？例如有任意 22 个人站在一起，概率就能达到 0.5。

题意问给出一年的时间长（不一定是 365 天，有可能是火星来的），需要选出至少多少人才能使概率不低于 0.5。

以 365 为例，设 p(i)表示有 i 个人但是没有人同时生日的概率，则：p(1)=1。当 i>1 时，第一个人有 365 种选择，第 2 个人只有 364 种选择，第 3 个人有 363 种选择……则 $p(i)=\frac{365}{365}*\frac{364}{365}*\frac{363}{365}*\ldots*\frac{365-i+1}{365}$，当 p(i)≤0.5 时，至少 2 个人同时生日的概率为 1-p(i) ≥ 0.5，经过计算，当 i=23 时，p(23)≤0.5。

因此，问至少邀请多少个人，实现 p(i)≤0.5 后，输出的是 i-1。如果一年只有 1 天的话，需要邀请 1 个人。

参考程序

```
#include <cstdio>
using namespace std;
const int L=100010;
double   d[L];
int n;
int main() {
      int t,Case=0;
      scanf("%d",&t);
       while(t--)    {
         scanf("%d",&n);
         int ans=0; double p=0,pz=1.0;
        while(p<0.5)    {
```

```
            pz=pz*(1-ans*1.0/n);    p=1-pz;      ans++;
        }
        printf("Case %d: %d\n",++Case,ans-1);
    }
    return 0;
}
```

例 4.34　Delivery

问题描述

Today, Matt goes to delivery a package to Ted. When he arrives at the post office, he finds there are N clerks numbered from 1 to N. All the clerks are busy but there is no one else waiting in line. Matt will go to the first clerk who has finished the service for the current customer. The service time t_i for clerk i is a random variable satisfying distribution $p(t_i = t) = k_i e\text{^}(-k_i t)$ where e represents the base of natural logarithm and k_i represents the efficiency of clerk i. Besides, accroding to the bulletin board, Matt can know the time c_i which clerk i has already spent on the current customer. Matt wants to know the expected time he needs to wait until finishing his posting given current circumstances.

输入

The first line of the input contains an integer T, denoting the number of testcases. Then T test cases follow.

For each test case, the first line contains one integer:N($1 \leqslant N \leqslant 1000$)

The second line contains N real numbers. The i-th real number $k_i(0 \leqslant k_i \leqslant 1)$ indicates the efficiency of clerk i.

The third line contains N integers. The i-th integer indicates the time $c_i(0 \leqslant c_i \leqslant 1000)$ which clerk i has already spent on the current customer.

输出

For each test case, output one line "Case #x: y", where x is the case number (starting from 1), y is the answer which should be rounded to 6 decimal places.

样例输入

```
2
2
0.5 0.4
2 3
3
0.1 0.1 0.1
3 2 5
```

样例输出

```
Case #1: 3.333333
Case #2: 13.333333
```

问题来源

2014 ACM/ICPC Asia Regional Beijing Online

题意分析

题目大意是一个人去邮局邮寄东西，邮局柜台有 N 个客服，编号为 1-N，且此时每个客服柜台前都有且仅有一个客户在服务，哪个客服先服务完，此人就可以直接进入服务。每个客服的服务效率为 k_i，i 表示第 i 个客服，已知每个客服的服务时间满足一定的分布，并且已知每个客户已被服务时间为 c_i，求此人邮寄完东西需要等待的时间期望。

首先，因为每个服务员是独立的，可以先求出等待时间的期望为 $1/\sum k_i$。

其次，求出期望的服务时间。对于每个服务员，选择的概率为 $k_i/\sum k_i$，该服务员期望的服务时间为 $1/k_i$，于是，期望的服务时间为：$\sum_i\left(\frac{k_i}{\sum k_i}*\frac{1}{k_i}\right)=\frac{N}{\sum k_i}$，因此，总的期望时间为$\frac{N+1}{\sum k_i}$。

参考程序

```
#include <iostream>
#include <cstdio>
using namespace std;
int main() {
    int T,N,c;
    double sum,a;
    scanf("%d",&T);
    for(int w = 1; w <= T; w++)    {
        sum = 0.0;
        scanf("%d",&N);
        for(int i = 0; i < N; i++)    {
            scanf("%lf",&a);
            sum += a;
        }
        for(int j = 0; j < N; j++)
          scanf("%d",&c);
        printf("Case #%d: %.6lf\n",w,(N+1.0)/sum);
    }
    return 0;
}
```

例 4.35 Game

问题描述

Alice and Bob play the following number guessing game: Both think of a number from {1, 2, ..., n}, which they reveal simultaneously. If Alice correctly guesses Bob's number she receives 1 dollar from Bob.

If Alice guesses x when Bob guesses x + 1 then Alice gives 1 dollar to Bob. In all the other cases Alice and Bob do not exchange money.

Bob is aware of the fact, that Alice knows whatever he is thinking, so he always loses money. Therefore he decides to choose numbers with an RNG (random number generator). The details are following.

1. Bob can decide a distribution of each number. 2. Bob can use the RNG to choose numbers according to the distribution, and None knows what the RNG outputs. 3. Alice can also know Bob's distribution, but not the output of the RNG. 4. Then Alice will choose a number, that maximize her income.

Now, Bob wants to minimize the income of Alice, and he wants to know the minimum income of Alice.

输入

The first line contains an integer t(t≤100), denoting the number of test cases.

For each test case, the only line contains one number n(1≤n≤1000).

输出

For each test case, output Case #t: to represent the t-th case, and then output the minimum income of Alice.

样例输入

2

1

2

样例输出

Case #1: 1.000000

Case #2: 0.333333

问题来源

GDCPC 2016

题意分析

题意大致是 Alice 和 Bob 玩游戏，Bob 有一个可以按照设定的概率随机输出 1 到 N 的生成器，而 Alice 知道设定的概率。如果 Alice 猜对生成的数，则 Alice 赢 1 元钱；如果 Alice 猜的是生成的数减 1，则 Bob 赢 1 元钱。最后问在 Bob 设置最优的概率，同时 Alice 选择最优策略的条件下，Alice 赢钱的期望为多少？

设生成器输出 i 的概率为 P_i，则 Alice 猜 i 时赢钱的期望为 P_i-P_{i+1}，其中 P_{N+1} 为 0，显然 Alice 会选择概率下降最大的数，而 Bob 则要最小化这一值。

不难发现，当所有概率下降的值相同，即 P_i 数列构成等差数列时，这一值最小。通过方程解得答案为 $\frac{2}{N*(N+1)}$。

参考程序

```
#include<stdio.h>
int main() {
        int T, cas = 0;
        scanf("%d", &T);
        while (T--) {
            int n;
            scanf("%d", &n);
            printf("Case #%d: %.6f\n", ++cas, 2.0 / n / (n + 1));
```

```
        }
        return 0;
    }
```

4.6 本章小结

数学问题是ACM程序设计的基础，各种ACM竞赛中涉及大量直接或间接的数学问题，因此，如何求解这类问题是ACM程序设计的重中之重。本章篇幅略大，挑选了一些ACM程序设计经常涉及的数学问题，包括数论问题、计算几何问题、组合问题、概率问题等，以专题的形式分别介绍了它们的基本概念、求解思路，并通过若干具体实例，阐释了这类问题的解答方案。

4.7 本章思考

（1）总结ACM程序设计中数论问题的特点及其求解共性，查阅并理解本章未涉及的一些其他数论问题及相关定理。

（2）总结ACM程序设计中计算几何问题的特点，归纳一些相关的代码模板。

（3）查阅并理解本章未涉及的一些其他组合问题及其定理。

（4）回顾概率论与数理统计中的更多知识点，总结ACM程序设计中的概率问题的特点及其求解共性。

（5）在OJ上分类找出一些与数学相关的ACM问题，包括本章讲到的数论、计算几何、组合、概率等，并完成。

第 5 章　分治、递归与递推

5.1　分治

分治是一种很自然、很合乎逻辑的思维方式，在中国古代的《孙子兵法》中实际上也蕴含了分治的策略，孙子曰："凡治众如治寡，分数是也；斗众如斗寡，形名是也。" 简单地说，所谓分治算法，就是指将一个规模较大的问题分解为若干个规模较小的部分（这些小问题的难度应该比原问题小），求出各部分的解，然后再把各部分的解组合成整个问题的解。

采用分治算法解题的基本思路如下：

（1）对求解建立数学模型和问题规模描述。

（2）建立把一个规模较大的问题划分为规模较小问题的途径。

（3）定义可以立即解决（规模最小）的问题的解决方法。

（4）建立把若干个小问题的解合成大问题的解的方法。

分治算法中最难的地方是如何分（第 2 步）和如何合（第 4 步），这两部分应该统一进行考虑，与解题经验有密切关系。

将上述文字描述转换为算法的类 C 伪代码形式如下：

```
divide-and-conquer(P)
{
    if (|P| <= n0) adhoc(P);     //解决小规模的问题
    divide P into smaller subinstances P1,P2,...,Pk; //分解问题
    for (i=1,i<=k,i++)
       yi=divide-and-conquer(Pi);  //递归的解各子问题
    return merge(y1,y2,...,yk);  //将各子问题的解合并为原问题的解
}
```

其中，|P|表示问题 P 的规模，n_0 为预先设定的阈值，表示当问题 P 的规模不超过 n_0 时，问题已容易直接解出，不必再继续分解。adhoc(P)是该分治法中的基本子算法，用于直接求解小规模问题 P。当 P 的规模不超过 n_0 时，直接用算法 adhoc(P)。算法 merge($y_1,y_2,\ldots,y_k$)是该分治法中的合并算法，用于将子问题的解合并为 P 的解。

分治法所能解决的问题一般具有以下几个特征：

（1）该问题的规模缩小到一定的程度就可以容易地解决。因为问题的计算复杂性一般是随着问题规模的增加而增加，所以大部分问题满足该特征。

（2）该问题可以分解为若干个规模较小的相同问题，即该问题具有最优子结构性质。这个特征是应用分治法的前提，反映了递归思想的应用。

（3）利用该问题分解出的子问题的解可以合并为该问题的解。能否利用分治法完全取决于问题是否具有这条特征，如果具备了前两条特征，而不具备第 3 条特征，则可以考虑本书后续章节介绍的贪心算法或动态规划。

（4）该问题所分解出的各个子问题是相互独立的，即子问题之间不包含公共的子问题。这个特征涉及到分治法的效率，如果各子问题不独立，则分治法要做许多重复工作，重复地求解公共子问题，此时虽然也可用分治法，但一般用动态规划较好。

关于分治法与贪心法、动态规划法的异同，本书在后续章节中将做详细对比介绍。下面首先以几个常见的例子来讲一下分治法的核心思想。

例 5.1 求正整数集合($a_1,a_2,...,a_n$)的最大值和最小值。

这个是程序设计中最经典的问题之一，有很多种方法可以求解。这里尝试采用上述分治的方法解决。

首先建立数学模型和问题规模的描述：题目本身有很强的数学背景，数学模型应该是该问题的一般数学解释。可以定义问题(f, t)表示求集合($a_f,a_{f+1},...,a_t$)中的最大值和最小值。最终需要解决的问题是(1, n)。

当需要求解问题(f,t)（共 t-f+1 个元素）时，可以把这个集合($a_f,a_{f+1},...,a_t$)分成规模近似的两个部分，即设m=f+(f-t)/2，集合分为($a_f,...,a_m$)和($a_{m+1},...,a_t$)两个集合，这两个集合中分别只含有(f-t)/2或者(f-t)/2+1 个元素。这样，就可以把问题(f, t)划分成两个规模较小的问题(f, m)和(m+1, t)。

显然，当集合中只有一个元素时，问题立刻有解，集合的最大值和最小值都是集合中唯一的元素。

建立把若干个小问题的解合成大问题的方法：问题(f, m)的最大值和问题(m+1, t)的最大值中的大者就是问题(f, t)的最大值；问题(f, m)的最小值和问题(m+1, t)的最小值中的小者就是问题(f, t)的最小值。

基于上述思想，假设 maxmin(a)表示求数组 a 的最大、最小值，输入 a[i,..,j]，输出最大值 max，最小值 min，算法的伪代码描述如下：

```
result maxmin(a)
{
if (j-i+1 = 1) return (a[i], a[i]);     //解决小规模的问题
//子数组 a[i..j]中只有一个元素
else if (j-i+1 = 2)
    if (a[i]<a[j])
        return (a[i], a[j]); //子数组 a[i..j]中只有一个元素
    else return (a[j], a[i]);
else
    k=(j-i+1)/2;
    (ml,Ml)←maxmin(a[i,..,k]);
    (mr,Mr)←maxmin(a[k+1,..,j]);
    rm=min{ml,mr};
    rM=max{Ml,Mr};
    return (rm,rM);
}
```

以序列(8,3,6,2,1,9,4,5,7)为例，图解用分治法求解最大、最小值的过程如下：

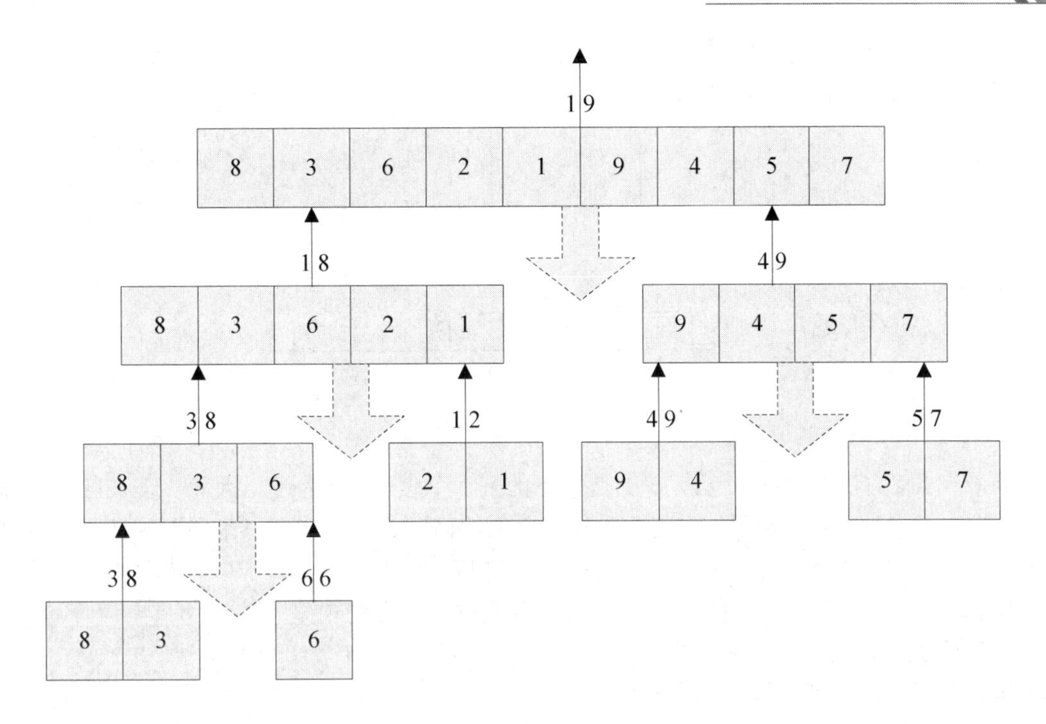

例 5.2　汉诺塔问题。

设 a,b,c 是 3 个塔座。刚开始时，在塔座 a 上有一叠共 n 个圆盘，这些圆盘自下而上，由大到小地叠在一起。各圆盘从小到大编号为 1,2,…,n。现要求将塔座 a 上的这一叠圆盘移到塔座 b 上，并仍按同样顺序叠置。移动圆盘时应遵守以下移动规则：

规则 1：每次只能移动 1 个圆盘；

规则 2：任何时刻都不允许将较大的圆盘压在较小的圆盘之上；

规则 3：在满足移动规则 1 和 2 的前提下，可将圆盘移至 a,b,c 中任一塔座上。

这是计算机领域中的一个经典问题，在 ACM 程序设计中有很多汉诺塔问题的变种。要把 n 个圆盘从 a 柱子移动到 c 柱子上，第一步应该怎么做？虽然可以肯定，第一步唯一的选择是移动 a 最上面的那个圆盘，但是应该将其移到 b 还是 c 呢？很难确定。因为接下来的第二步、第三步……直到最后一步，看起来都是很难确定的。能立即确定的是最后一步：最后一步的盘子肯定也是 a 最上面那个圆盘，并且是由 a 或 b 移动到 c——此前已经将 n-1 个圆盘移动到了 c 上。

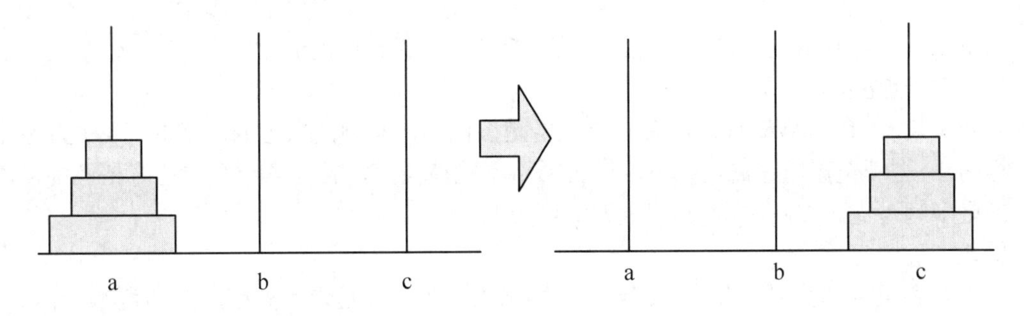

现在换个思路。先假设除最下面的盘子之外，已经成功地将上面的n-1个盘子移到了b柱，此时只要将最下面的盘子由a移动到c即可。

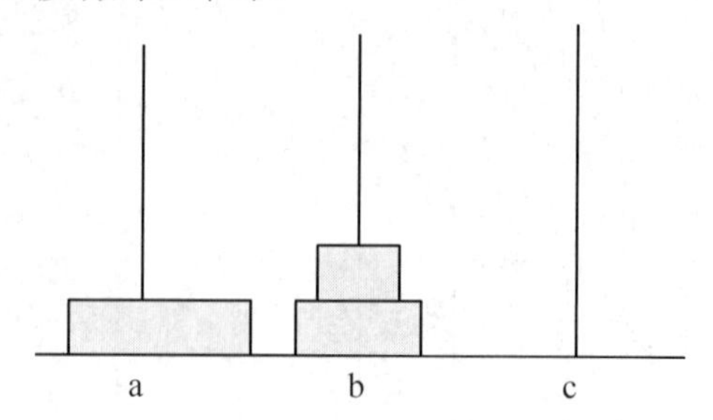

当最大的盘子由a移到c后，b上是余下的n-1个盘子，a为空。因此，现在的目标就变成了将这n-1个盘子由b移到c。这个问题和原来的问题完全一样，只是由a柱换为了b柱，规模由n降低到了n-1。可以采用相同的方法，先将上面的n-2个盘子由b移到a，再将最下面的盘子移到c……对照下面的过程，试着是否能找到一定的规律：

将b柱子作为辅助，把a上的n-1个圆盘移动到b上；

将a上最后一个圆盘移动到c；

将a作为辅助，把b上的n-2个圆盘移动到a上；

将b上的最后一个圆盘移动到c；

……

即每次都是先将其他圆盘移动到辅助柱子上，并将最底下的圆盘移到c柱子上，然后再把原先的柱子作为辅助柱子，并重复此过程，这个过程事实上就是一个递归过程。假设函数hanoi(n, a, b, c)用于将n个圆盘由a移动到c，b作为辅助柱子，那么可以按照如下伪代码的描述实现这个递归过程。

```
void hanoi(int n,char t1, char t2, char t3)
{
    if (n > 0)
    {
        hanoi(n-1,a,c,b);     //先将初始塔的前 n-1 个盘子借助目的塔移动到辅助塔，注意顺序
        __move(a,c);          //将剩下的一个盘子移动到目的塔上
        hanoi(n-1,b,a,c);     //最后将辅助塔上的 n-1 个盘子移动到目的塔上
    }
}
```

接下来，通过几个例子讲一下分治法在ACM程序设计中的应用。

例 5.3 棋盘覆盖。

有一个2^k*2^k的方格棋盘，恰有一个方格是黑色的，其他是白色的。你的任务是用包含3个方格的L型牌覆盖所有白色方格。黑色方格不能被覆盖，且任意一个白色方格不能同时被两个或更多牌覆盖。如图所示为L型牌的4种旋转方式。

输入

输入有多组测试实例，第一行是k（1≤k≤10），第二行是黑色方格所在的位置坐标（x,y）（0≤x,y＜1024）。

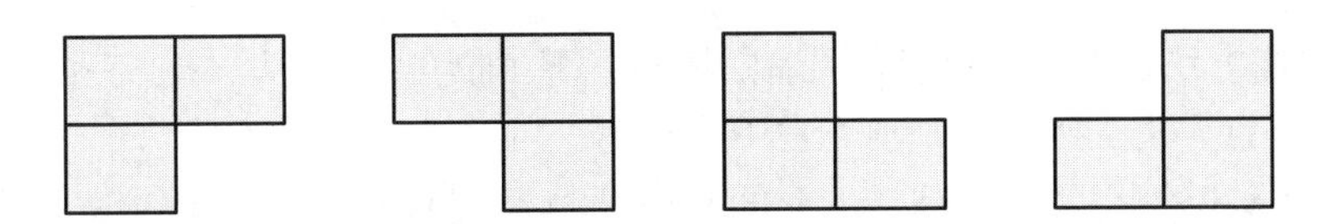

输出

边长为 2^k 的方阵，黑色方格的编号为 0，所有 L 型牌从 1 开始连续编号，数据之间用 Tab 键隔开。

样例输入

2

0 1

样例输出

1　　0

1　　1

题意分析

采用分治法设计求解棋盘覆盖问题的简捷算法。核心在于如何分，使得划分后的子棋盘大小相同，并且每个子棋盘都包含一个黑格，从而将原问题分解为规模较小的棋盘覆盖问题。把棋盘切为 4 块，则每一块都是 $2^{k-1}*2^{k-1}$。黑格必位于 4 个较小子棋盘之一中，其余 3 个子棋盘中无黑格。有黑格的那一块可以用递归解决，可以构造出一个黑格子，将这 3 个无黑格的子棋盘转化为特殊棋盘，即用一个 L 型骨牌覆盖这 3 个较小棋盘的会合处，如图所示。递归地使用这种分割，直至棋盘简化为棋盘 1*1，也就是递归边界为 k=1 时，一块牌就够了。

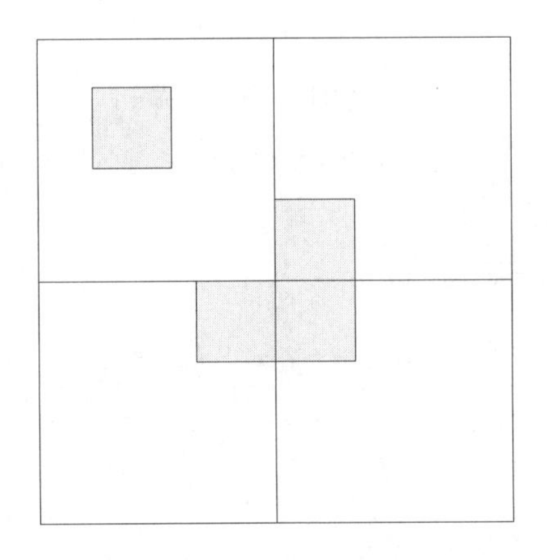

在实际执行时，有四种情况：

（1）如果黑方块在左上子棋盘，则递归填充左上子棋盘；否则填充左上子棋盘的右下角，将右下角看作黑色方块，然后递归填充左上子棋盘。

（2）如果黑方块在右上子棋盘，则递归填充右上子棋盘；否则填充右上子棋盘的左下角，将左下角看作黑色方块，然后递归填充右上子棋盘。

（3）如果黑方块在左下子棋盘，则递归填充左下子棋盘；否则填充左下子棋盘的右上角，将右上角看作黑色方块，然后递归填充左下子棋盘。

（4）如果黑方块在右下子棋盘，则递归填充右下子棋盘；否则填充右下子棋盘的右下角，将左上角看作黑色方块，然后递归填充右下子棋盘。

由算法分治策略可得，覆盖问题的时间复杂度为 $O(4^k)$。另一方面，覆盖一个 2^k*2^k 棋盘所需的牌数为$(4^k-1)/3$，因此，算法在渐进意义下是较优的。

参考程序

```
#include<iostream>
using namespace std;
int tile=1;    //骨牌编号
int board[100][100];   //棋盘，tr,tc 为左上角行号列号，dr,dc 为当前黑格行号列号
void chessboard(int tr,int tc,int dr,int dc,int size)   {
    if(size==1) return;
    int t=tile++;
    int s=size/2;       //分割棋盘
    if(dr<tr+s&&dc<tc+s)    //特殊方块是否在左上角棋盘中
        chessboard(tr,tc,dr,dc,s);
    else   {       //不在，将该子棋盘右下角的方块视为特殊方块
        board[tr+s-1][tc+s-1]=t;
        chessboard(tr,tc,tr+s-1,tc+s-1,s);
    }
    if(dr<tr+s&&dc>=tc+s)   //特殊方块是否在右上角棋盘中
        chessboard(tr,tc+s,dr,dc,s);
    else   {
        board[tr+s-1][tc+s]=t;
        chessboard(tr,tc+s,tr+s-1,tc+s,s);
    }
    if(dr>=tr+s&&dc<tc+s)   //特殊方块是否在左下角棋盘中
        chessboard(tr+s,tc,dr,dc,s);
    else   {
        board[tr+s][tc+s-1]=t;
        chessboard(tr+s,tc,tr+s,tc+s-1,s);
    }
    if(dr>=tr+s&&dc>=tc+s)     //特殊方块是否在右下角棋盘中
        chessboard(tr+s,tc+s,dr,dc,s);
    else   {
        board[tr+s][tc+s]=t;
        chessboard(tr+s,tc+s,tr+s,tc+s,s);
    }
}
int main()   {
    int size;     cin>>size;
    int a,b;      cin>>a>>b;
    chessboard(0,0,a,b,size);
    for(int i=0;i<size;i++)  {
        for(int j=0;j<size;j++)
            cout<<board[i][j]<<"\t";
```

```
        cout<<endl;
    }
    return 0;
}
```

例 5.4 Digital Roots

问题描述

The digital root of a positive integer is found by summing the digits of the integer. If the resulting value is a single digit then that digit is the digital root. If the resulting value contains two or more digits, those digits are summed and the process is repeated. This is continued as long as necessary to obtain a single digit.

For example, consider the positive integer 24. Adding the 2 and the 4 yields a value of 6. Since 6 is a single digit, 6 is the digital root of 24. Now consider the positive integer 39. Adding the 3 and the 9 yields 12. Since 12 is not a single digit, the process must be repeated. Adding the 1 and the 2 yeilds 3, a single digit and also the digital root of 39.

输入

The input file will contain a list of positive integers, one per line. The end of the input will be indicated by an integer value of zero.

输出

For each integer in the input, output its digital root on a separate line of the output.

样例输入

24
39
0

样例输出

6
3

题目来源

Greater New York 2000

题意分析

题意本身不难理解，就是给定一个数字，把各位的数字相加，如果和超过 10，那么重复这个操作，直至为个位数。

一个很自然的思路是采用循环方式处理，但是下列常规的程序写法就会超时。

```
#include <stdio.h>
#include <stdlib.h>
int main() {
    char buff[100];
    int num,i=1;
    while(scanf("%d",&num)!=EOF)    {
        if(num==0) return 0;
        while(1)    {
            itoa(num,buff,10);
```

```
            for(i=0,num=0;buff[i]!='\0';i++)     //i 是 buff 的长度
             num=num+buff[i]-'1'+1;
            if(i==1)   {
                printf("%d\n",num);      break;
            }
        }
    }
    return 0;
}
```

于是可以考虑利用合九法，即一个数模 9 等于这个数各位数字的和模 9，例如 33%9 = 6%9。简单证明如下：

设数字各位依次为 $a_1a_2a_3...a_n$，那么

$(a_1a_2a_3...a_n)$ % 9 = $((a_1*10^{n-1})\%9 + (a_2*10^{n-2})\%9...)\%9$，

类似的，$a_1*(9999...9+1)\%9 = a_1\%9$，依次类推可知，

$(a_1a_2a_3...a_n)$ % 9 = $(a_1+a_2+a_3+...+a_n)\%$ 9。

然后又写成如下程序，OJ 仍然会出现答案错误，因为 int 型不能满足 n 的需求。

```
#include <stdio.h>
int main()   {
    int num;
    while(scanf("%d",&num)!=EOF)    {
        if(num==0)   return 0;
        printf("%d\n",num%9?9:num%9);
    }
    return 0;
}
```

参考代码

（1）常规解法的参考代码如下：

```
#include <iostream>
#include <stdio.h>
using namespace std;
int del(int a)   {
    int b=0;
    while(a>0)   {
        b+=a%10;     a/=10;
    }
    return b;
}
int main()   {
    char s[1003];         int i, a;
    while(scanf("%s",s),s[0]!='0')    {
        a=0;
        for(i=0;s[i]!='\0';i++)                a+=s[i]-'0';
         while(a>9)                            a=del(a);
         printf("%d\n",a);
    }
```

```
        return 0;
}
```

（2）改进后的参考代码如下：

```
#include <iostream>
#include <string.h>
#include <stdio.h>
using namespace std;
int main() {
        char   num[1000];     int length, sum, i;
        while (cin >> num )     {
                length = strlen(num);
                if (length == 1 && num[0] == '0') return 1;
                for (sum = 0, i = 0; i<length; i++)          sum += num[i] - '0';
                if (sum % 9 != 0)
                    cout << sum % 9 << endl;
                else
                    cout << 9 << endl;
        }
        return 0;
}
```

5.2　递归

由分治法产生的子问题往往是原问题的较小模式，这就为使用递归技术提供了方便。直接或间接地调用自身的算法称为递归算法，递归在程序设计中具有极其广泛的应用。用函数自身给出定义的函数称为递归函数。在这种情况下，多次反复应用分治手段，可以使子问题与原问题类型一致而其规模却不断缩小，最终使子问题缩小到很容易直接求出其解。这自然导致递归过程的产生。分治与递归像一对孪生兄弟，经常同时应用在算法设计之中，并由此产生许多高效算法。

具体来说，递归就是将问题规模为 n 的问题，降解成若干个规模为 n-1 的问题，依次降解，直到问题规模可求，求出低阶规模的解，代入高阶问题中，直至求出规模为 n 的问题的解。简单地说就是，要知道第一个，需要先知道下一个，直到一个已知的，再反回来，得到上一个，直到第一个。

一般来说，递归需要有边界条件、递归前进段和递归返回段。当边界条件不满足时，递归前进；当边界条件满足时，递归返回。在使用递归策略时，必须有一个明确的递归约束条件，称为递归出口，否则就会死锁并将无限执行。

因此，递归一般适合于求解以下类型的问题：

（1）数据的定义本身是递归的。

（2）问题求解可以按照递归算法实现。

（3）数据结构形式上是递归的。

例 5.5　斐波那契数列。

斐波那契数列（Fibonacci sequence），又称黄金分割数列，因数学家列昂纳多·斐波那契（Leonardoda Fibonacci）以兔子的繁殖为例子而引入，故又称为兔子数列，指的是这样一个数列：1,1,2,3,5,8,13,21,34,…，在现代物理、准晶体结构、化学等领域，斐波纳契数列都有直接的应用。

在数学意义上，它可以递归地定义为：

$$F(n)=\begin{cases}1 & n=0\\1 & n=1\\F(n\text{-}1)+F(n\text{-}2) & n>1\end{cases}$$

显然，这是一个适合递归实现的定义式。根据上述式子可以很容易地写出第 n 个斐波那契数可递归地计算程序段。

```
int fibonacci(int n)   {
        if (n <= 1) return 1;
        return fibonacci(n-1) + fibonacci(n-2);
}
```

递归算法的优点很鲜明，结构清晰、可读性强，而且容易用数学归纳法来证明算法的正确性，因此它为设计算法、调试程序带来很大方便。递归算法的缺点也很突出，主要是递归算法的运行效率较低，无论是耗费的计算时间还是占用的存储空间都比非递归算法要多。

因此，当问题规模足够大时，需要在递归算法中消除递归调用，使其转化为非递归算法。

（1）采用一个用户定义的栈来模拟系统的递归调用工作栈。该方法通用性强，但本质上还是递归，只不过人工做了本来由编译器做的事情，优化效果不明显。

（2）用递推来实现递归函数。

（3）通过变换能将一些递归转化为尾递归，从而迭代求出结果。

后两种方法在时空复杂度上均有较大改善，但其适用范围有限。

对于斐波那契数列问题，可以采用数组保存中间结果。

```
int fib[50];
void fibonacci(int n)   {
        fib[0] = 1;
        fib[1] = 1;
        for (int i=2; i<=n; i++)
        fib[i]= fib[i-1] + fib[i-2];
}
```

例 5.6　Fibonacci Again

问题描述

There are another kind of Fibonacci numbers: F(0)=7, F(1)=11, F(n) = F(n-1) + F(n-2) (n≥2).

输入

Input consists of a sequence of lines, each containing an integer n. (n＜1,000,000).

输出

Print the word "yes" if 3 divide evenly into F(n).

Print the word "no" if not.

样例输入

0 1 2 3 4 5

样例输出

no

no

yes

no

no

no

题意分析

题意是给出斐波那契数列初始项，然后求出斐波那契数列，判定能不能被 3 整除，如果能就输出 yes，否则输出 no。

直接用递归，显然问题规模较大，可能出现结果超内存的情况。一种思路是通过公式条件 F(0)= 7，F(1) = 11，F(n) = F(n-1) + F(n-2)（n≥2），由同余式的基本性质自反性 a = a (mod m) 以及同余式的四则运算法则"如果 a ≡ b (mod m)且 c ≡ d (mod m)，则 a +c ≡ (b + d) (mod m)"可知，F(n) ≡ F(n) (mod m) ≡ (F(n-1) +F(n-2)) (mod m)。

因此，可以建立一个散列表，采用非递归的迭代方式，同时为了避免溢出，根据上述性质，每次求和的结果都对 3 取模。

另外一种思路就是找到数列被 3 整除的规律性。

序号	0	1	2	3	4	5	6	7	8	9	10	11	12	13
结果	1	2	0	2	2	1	0	1	1	2	0	2	2	1
输出	no	no	yes	no	no	no	yes	no	no	no	yes	no	no	no

容易发现，规律就是 8 个为一个循环，而当 F(n)除以 8 余 2 或 6 的时候，就能被 3 整除，发现这个规律后，题目就简单了。

参考程序

（1）常规解法的参考程序。

```
#include<stdio.h>
int f(int n)    {
    if(n==0) return 7;
    if(n==1) return 11;
    return f(n-1)+f(n-2);
}
int main()    {
    int a;
    while(scanf("%d",&a)!=EOF&&a<1000000)    {
        if(f(a)%3==0) printf("yes\n");
        else printf("no\n");
    }
    return 0;
}
```

（2）优化后的参考程序。

```
#include <stdio.h>
int main()    {
      int n = 0;
      while(scanf("%d",&n) != EOF)    {
            if (n % 4 == 2)
```

```
            printf("yes\n");
        else
            printf("no\n");
        n = 0;
    }
    return 0;
}
```

例 5.7　赶鸭子。

问题描述

有个人赶着鸭子去每个村庄卖，每经过一个村子卖去所赶鸭子的一半又多 2 只。这样他经过了 n 个村子后还剩两只鸭子，问他出发时共赶了多少只鸭子？

输入

输入有多组数据，每组数据占一行，包含唯一的正整数 n（0<n≤60）。

输出

每组测试实例，输出一行，第一行输出出发时共赶了多少只鸭子。

样例输入

1

2

样例输出

8

20

题意分析

本题只知道最后的鸭子数量以及经过的村子数量，又知道每次都能卖掉总数的一半又多 2 只，经过 n 个村子后剩下 2 只。这就说明经过每个村子后所剩下的鸭子数量一定是偶数。假设鸭子的总数量为 x，那么到达第二个村子的鸭子总数就是 x/2-2。到达第三个村子的鸭子总数 $\frac{x/2-2}{2}-2$。反向思维，设 f(n)为经过 n 村子所剩下的鸭子数，n 为经过的村子数，f(n+1) = f(n)/2-2，由此可以获得递归函数为：

$$f(n)=\begin{cases}0 & n=0\\ f(n+1)*2+2 & n>0\end{cases}$$

参考程序

```
#include <iostream>
long long N;
long long dfs(long long i)  {
    if(i == N)
        return 2;
    long long d;        return d = (dfs(i+1)+2)*2;
}
int main()  {
    while(~scanf("%d",&N))  {
        printf("%lld\n",dfs(0));
    }
```

```
	return 0;
}
```

例 5.8　十进制转换成八进制。

问题描述

用递归程序将任意十进制正整数转换成八进制整数。

输入

一个正整数 n（$0<n<2^{31}$）。

输出

一个正整数，表示转换后的八进制整数。

样例输入

15

样例输出

17

题意分析

八进制基数是 8，一共有 0～7 八个数字；十进制基数 10，一共有 0～9 十个数字。转换时的步骤为：

（1）用所要转化的数字除以 8，不要计算小数点后面的数字，只要除到余数小于 8 就停下来。就像 891 除以 8，商为 111，余数 3，将余数 3 记下来。

（2）用刚才步骤 1 得到的商继续除以 8，还是一直除到余数小于 8 时停下，将余数记下来。本步骤的余数为 7。

（3）继续用商除以 8，得到余数 5，商为 1，商数小于 8，十进制转化八进制到此结束，将余数记下来，再将商数记在最后。一共记下了四个数字，依次分别是 3、7、5、1。将这四个数，按照反向次序写下来，1573 就是转化后的结果。

总结起来，十进制转化为八进制，就是将一个十进制的数除以 8，一直除到余数小于 8 为止，然后将所得的商继续除以 8，不断重复，直到最后得到的商数小于 8 结束。将每次得到的余数记下来，记得最后一次得到的商数放在最后一位。然后将记下来的数，按反向顺序写下来得到的数字，就是转化后的八进制数。

参考程序

```
#include <iostream>
#include <stdio.h>
using namespace std;
void f(int n)   {
	if(n>0)     {
		f(n/8);
		printf("%d",n%8);
	}
}

int main()   {
	int n;
	scanf("%d",&n);
```

```
        f(n);
        printf("\n");
        return 0;
}
```

例 5.9 倒序数。

问题描述

用递归程序写程序，输入一非负数，输出这个数的倒序数。

输入

一个非负整数 n，其中 $n<2^{31}$。

输出

倒序结果。

样例输入

123

样例输出

321

题意分析

递归在处理倒序时非常方便，算法要清晰。比如 123，首先要输出 3，实际上就是 123%10，然后用 12（123/10）继续处理，同样对 10 取余，12%10 得到 2，接下来是 1（12/10），可以直接输出 1（1%10），按照这个思路写程序就比较容易了。

参考程序

```
#include "stdio.h"
void print(int x)   {
        printf("%d",x%10);
        if(x>=10)
                print(x/10);
}

int main()   {
        long n;
        scanf("%d",&n);
        print(n);
        printf("\n");
}
```

下面再对第 3 章的最大连续子序列和问题进行分析，这里使用递归可以将算法的时间复杂度降到 O(k*logk)。如果要求出序列位置的话，这将是最好的算法。该方法采用分治策略。

center 变量所确定的值将处理序列分割为两部分，一部分为 center 前半部，一部分为 center+1 后半部。

最大子序列可能在三个地方出现，或者在左半部，或者在右半部，或者跨越输入数据的中部而占据左右两部分。

前两种情况递归求解，即：

```
long maxLeftSum = maxSumRec(a, left, center);
long maxRightSum = maxSumRec(a, center+1, right);
```

而对于第三种情况，需要先求出前半部包含最后一个元素的最大子序列（包含前半部分最后一个元素），然后，再求出后半部包含第一个元素的最大子序列（包含后半部分的第一个元素），这两部分可以对照代码中的注释。

最后，只需比较这三种情况所求出的最大连续子序列和，取最大的一个，即可得到需要求解的答案。

```
return max3(maxLeftSum, maxRightSum, maxLeftBorderSum + maxRightBorderSum);
```

令 T(k)是求解大小为 k 的最大连续子序列和问题所花费的时间。

当 N=1 时，T(1) = 1；

当 N＞1 时，T(k) = T(k/2) + O(k)。

根据迭代方程的数学推导，可以得到：

T(k) = k*logk + k =O(k*logk)。

```
long maxSumRec(const vector<int>& a, int left, int right) {
        if (left == right)   {
                if (a[left] > 0)
                        return a[left];
                else
                        return 0;
        }
        int center = (left + right) / 2;
        long maxLeftSum = maxSumRec(a, left, center);
        long maxRightSum = maxSumRec(a, center+1, right);
        //求出以左边对后一个数字结尾的序列最大值
        long maxLeftBorderSum = 0, leftBorderSum = 0;
        for (int i = center; i >= left; i--)   {
                leftBorderSum += a[i];
                if (leftBorderSum > maxLeftBorderSum)
                        maxLeftBorderSum = leftBorderSum;
        }
        //求出以右边对后一个数字结尾的序列最大值
        long maxRightBorderSum = 0, rightBorderSum = 0;
        for (int j = center+1; j <= right; j++)   {
                rightBorderSum += a[j];
                if (rightBorderSum > maxRightBorderSum)
                        maxRightBorderSum = rightBorderSum;
        }
        return max3(maxLeftSum, maxRightSum, maxLeftBorderSum + maxRightBorderSum);
}

long maxSubSum3(const vector<int>& a) {
        return maxSumRec(a, 0, a.size()-1);
}
long max3(long a, long b, long c) {//求出三个 long 中的最大值
        if (a < b)   {
                a = b;
```

```
    }
    if (a > c)
            return a;
    else
            return c;
}
```

5.3 递推

递推就是构造低阶规模（如规模为 i，一般 i=0）的问题，并求出其解，然后推导出问题规模为 i+1 的问题以及解，依次推到规模为 n 的问题。知道第一个，推出下一个，直到达到最终目的。利用递推法求解问题的关键是要找到递推公式。

但是事实上，大多数问题在利用递推求解时的思路正好与上述概念相反。

（1）确认问题能否容易得到简单情况的解。

（2）假设规模为 N-1 的情况已经得到解决。

（3）当规模扩大到 N 时，如何枚举出所有的情况，并且要确保对于每一种子情况都能用已经得到的数据解决。

这样规模 N 的问题就可以转换为 N-1 或者更小规模的问题，获得递推式就顺其自然了。在具体编程时要把握空间换时间的思想，此外，在特定问题下，并不一定只是从 N-1 到 N 的分析，也可能是 N-2，甚至 N-3。

例 5.10　骨牌。

问题描述

有一个 1*n 的长方形方格，用若干个规格为 1*1、1*2 和 1*3 的骨牌铺满方格。

例如，当 n=3 时为 1*3 的方格。此时用 1*1、1*2 和 1*3 的骨牌铺满方格，共有四种铺法。

输入

一个整数 n，其中 n≤10。

输出

一个整数，表示有多少种不同的铺法。

样例输入

3

样例输出

4

题意分析

仔细分析最后一块的铺法，发现无非是用 1*1、1*2、1*3 共三种情况，很容易就可以得出：f(n)=f(n-1)+f(n-2)+f(n-3)，其中递推的初始值为 f(1)=1，f(2)=2，f(3)=4。

参考代码

```
#include<cstdio>
using namespace std;
int main() {
    int n;
```

```
    scanf("%d",&n);
    int a[n+1],i;
    a[1]=1;
    a[2]=2;
    a[3]=4;
    for(i=4;i<=n;++i)
        a[i]=a[i-1]+a[i-2]+a[i-3];
    printf("%d",a[n]);
    return  0;
}
```

例 5.11　母牛的故事。

问题描述

有一头母牛，它每年的年初生一头小母牛。每头小母牛从第 4 个年头开始，每年年初也生一头小母牛。请编程实现在第 n 年的时候，共有多少头母牛？

输入

输入数据由多个测试实例组成，每个测试实例占一行，包括一个整数 n（0＜n＜55），n 的含义如题目中描述。n=0 表示输入数据的结束，不做处理。

输出

对于每个测试实例，输出在第 n 年的时候母牛的数量。

每个输出占一行。

样例输入

2

5

0

样例输出

2

6

题意分析

问题要求第 n 年有多少头母牛。显然，问题初始时，只有 1 头母牛每年生 1 头小母牛，可以记为 f(n-1)+1，或者直接记为 n。从第 5 年开始，由于母牛每年的年初生一头小母牛，即前一年有多少母牛，下一年都有小母牛 f(n-1)。另一方面，每头小母牛从第 4 个年头开始，每年年初也生一头小母牛，也就第 2 项不再是简单的 1，而是等价于 3 年前的母牛数 f(n-3)，于是可以得到递推式，

$$f(n)=\begin{cases} n & n<5 \\ f(n-1)+f(n-3) & n\geqslant 5 \end{cases}$$

从这个式子可以看出，因为增加的小牛数目必然是由前面的第 4 年所有牛提供，第 n 年的母牛总数是上年的总数加上前面 4 年所有牛的总数。

参考代码

```
#include<stdio.h>
int cow(int n) {
    if (n<=4)
```

```
        return n;
    else
        return cow(n-1)+cow(n-3);
}
int main() {
    int n;
    while(scanf("%d",&n)&&n)  {
        printf("%d\n",cow(n));
    }
    return 0;
}
```

例 5.12　装错信封。

问题描述

大家常常感慨，要做好一件事情真的不容易，确实，失败比成功容易多了！做好“一件”事情尚且不易，若想永远成功而从不失败，那更是难上加难了，就像花钱总是比挣钱容易的道理一样。话虽这样说，我还是要告诉大家，要想失败到一定程度也是不容易的。比如，我高中的时候，就有一个神奇的女生，在英语考试的时候，竟然把40个单项选择题全部做错了！大家都学过概率论，应该知道出现这种情况的概率，所以至今我都觉得这是一件神奇的事情。如果套用一句经典的评语，我们可以这样总结：一个人做错一道选择题并不难，难的是全部做错。不幸的是，这种小概率事件又发生了，而且就在我们身边。

事情是这样的——有个网名叫8006的男性同学，结交网友无数，最近该同学玩起了浪漫，同时给n个网友每人写了一封信，这都没什么，要命的是，他竟然把所有的信都装错了信封！注意了，是全部装错哟！

现在的问题是：请大家帮可怜的8006同学计算一下，一共有多少种可能的错误方式呢？

输入

输入数据包含多个测试实例，每个测试实例占用一行，每行包含一个正整数n（1＜n≤20），n表示8006的网友的人数。

输出

对于每行输入，请输出可能的错误方式的数量，每个实例的输出占用一行。

样例输入

6 8

样例输出

265 14833

题意分析

去掉问题的冗杂项目，就是一个装错信封的问题。某人写了n封信和n个信封，求所有的信都装错信封，共有多少种不同情况。

（1）当N=1和2时，易得解，假设F(N-1)和F(N-2)已知，重点分析其他的情况。

（2）当有N封信的时候，前面N-1封信可以有N-1或者 N-2封错装。

（3）考虑前一种可能，对于每种错装，可从N-1封信中任意取一封和第N封错装，因此F(N)=F(N-1)*(N-1)。

（4）考虑后一种可能，只能是没装错的那封和第 N 封交换信封，没装错的那封可以是前面 N-1 封中的任意一个，即 F(N)=F(N-2) * (N-1)。

由此获得递推式如下：

$$F(N)=\begin{cases}0 & 1\\ 1 & 2\\ (N-1)*(F(N-1)+F(N-2)) & N>2\end{cases}$$

参考代码

```
#include<stdio.h>
long long int cp(int n) {
        if(n==1)
                return 0;
        else if(n==2)
                return 1;
        else
                return (n-1)*(cp(n-2)+cp(n-1));
}

int main() {
        int n;
        while (scanf("%d", &n)!=EOF) {
                printf("%lld\n", cp(n));
        }
        return 0;
}
```

例 5.13 小明的烦恼。

问题描述

小明最近新买了一个房子，想要给它铺上地砖。然而现有的地砖只有两种规格分别为 1 米*1 米、2 米*2 米，由于小明买的房子有点儿小，宽度只有 3 米，长度为 N 米。当然这样一个房间也足够他自己一个人住了。那么如果要给这个房间铺设地砖，且只用以上这两种规格的地砖，请问有几种铺设方案。

输入

输入的第一行是一个正整数 C，表示有 C 组测试数据。接下来 C 行，每行输入一个正整数 n（1≤n≤30），表示房间的长度。

输出

对于每组输入，请输出铺设地砖的方案数目。

样例输入

2
2
3

样例输出

3
5

题意分析

解决此题查找递推规律即可。假设前 n-1 行已经铺好，那么第 n 行只有一种铺法，总的铺法数取决于 f(n-1)，如图第 1 列所示，假设前 n-2 行已经铺好，那么剩余的 2 行有两种铺法，如图第 2、3 列所示，铺法数都取决于 f(n-2)，总的铺法数为 2*f(n-2)。因此，f(n) = f(n-1) + 2*f(n-2)。初始值容易获得 f(1)=1，f(2)=3。

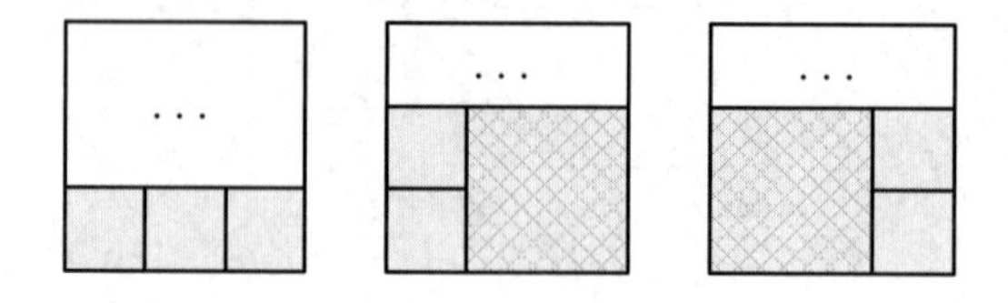

参考代码

```
#include<stdio.h>
int dg(int n)   {
        if(n==1)
                return 1;
        else if(n==2)
                return 3;
        else
                return (dg(n-1)+2*dg(n-2));
}
int main()   {
        int n, t;
        scanf("%d", &t);
        while(t--)   {
                scanf("%d", &n);
                printf("%d\n", dg(n));
        }
        return 0;
}
```

例 5.14 统计方案。

问题描述

在一无限大的二维平面中，我们做如下假设：

（1）每次只能移动一格。

（2）不能向后走（假设你的目的地是“向上”，那么你可以向左走，可以向右走，也可以向上走，但是不可以向下走）。

（3）走过的格子立即塌陷无法再走第二次。

求走 n 步不同的方案数（2 种走法只要有一步不一样，即被认为是不同的方案）。

输入

首先给出一个正整数 C，表示有 C 组测试数据。

接下来的 C 行，每行包含一个整数 n（n≤20），表示要走 n 步。

输出

请编程输出走 n 步的不同方案总数。

每组的输出占一行。

样例输入

2

1

2

样例输出

3

7

题意分析

设 f[n]表示走 n 步的方案数（初始状态为为 f[1]=3, f[2]=7），s[n]表示向上走的方案数，zy[n]表示向左或者向右走的方案数。根据题意可知，f[n]=s[n]+zy[n]，s[n]=s[n-1]+zy[n-1]=f[n-1]，此外，zy[n]=s[n-1]*2+zy[n-1]，因此，f[n]=2*f[n-1]+s[n-1]，转换后可以获得问题的递推式为 f[n]=2*f[n-1]+f[n-2]。

参考代码

```
#include<stdio.h>
int step(int s)   {
        int p;
        if(s==1)
                p=3;     //目标：向左走，向右走，向上走
        else if(s==2)
                p=7;
        else
                p=2*step(s-1)+step(s-2);
        return p;
}

int main()   {
        int c,n;
        scanf("%d",&c);
        while(c--)   {
                scanf("%d",&n);
                printf("%d\n",step(n));
        }
        return 0;
}
```

例 5.15　一只小蜜蜂。

问题描述

有一只经过训练的蜜蜂只能爬向右侧相邻的蜂房，不能反向爬行。请编程计算蜜蜂从蜂房 a 爬到蜂房 b 的可能路线数。其中，蜂房的结构如下所示。

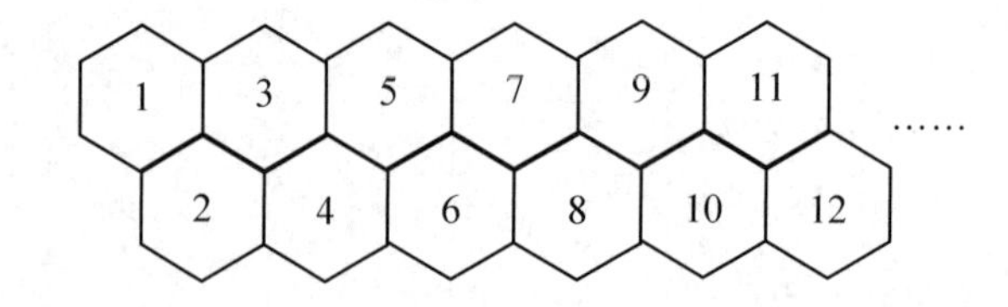

输入

输入数据的第一行是一个整数 N，表示测试实例的个数，然后是 N 行数据，每行包含两个整数 a 和 b（0＜a＜b＜50）。

输出

对于每个测试实例，请输出蜜蜂从蜂房 a 爬到蜂房 b 的可能路线数，每个实例的输出占一行。

样例输入

2

1 2

3 6

样例输出

1

3

题意分析

题目意思就是找到蜜蜂从 a 出发到达 b 的所有可能路线，由题意可以推得：

从 1 到 2 的可能路径为：1→2，共 1 种。

从 1 到 3 的可能路径为：1→2→3，1→3，共 2 种。

从 1 到 4 的可能路径为：1→2→3→4，1→3→4，1→2→4，共 3 种。

从 1 到 5 的可能路径为：1→2→3→4→5，1→2→4→5，1→3→4→5，1→2→3→5，1→3→5，共 5 种。

从 1 到 6 的可能路径共 8 种。

注意到每个蜂房都与它标号相邻的前 2 个标号蜂房相邻。由此可以推知，第 n 个的可能路径为 f(n)=f(n-1)+f(n-2)，和斐波那契数列的递推公式一样。

此外，数据量比较大，直接用 int 会出现溢出，需要改用_int 64。

参考程序

```
#include <stdio.h>
int main() {
    int n, a, b;
    __int64 c[55];
c[2] = 1;
c[3] = 2;
    for(int i=4; i<=50; i++)   {
        c[i] = c[i-1] + c[i-2];
    }
    scanf("%d", &n);
    while(n--)   {
        scanf("%d%d", &a, &b);
```

```
        printf("%I64d\n", c[b-a+1]);
    }
    return 0;
}
```

例 5.16　Kay's function

问题描述

Kay has a function f [N].

1. f [0] = a,

2. f [1] = b,

3. For every n＞1, f [n] = f [n − 1] xor f [n − 2].

Given a number N, output the value of f [N].

输入

The first line is an integer T (T≤20), indicate the number of test case. Then T cases follow. One line for three number a, b, N ($0 \leqslant a \leqslant 10^6$, $0 \leqslant b \leqslant 10^6$, $0 \leqslant N \leqslant 10^9$).

输出

For each test case, output "Case #X: Y" in a single line (without quotes), where X is the case number staring from 1, and Y is the answer. There is a space between colon and Y. No blank line between two consecutive test case.

样例输入

```
2
1 2 0
1 2 1
```

样例输出

```
Case #1: 1
Case #2: 2
```

问题来源

GDCPC 2016

题意分析

问题本身就已经给出了递推形式，但不是一般的运算，而是 XOR 异或。因此，如何根据递推关系找到值对应的规律是求解问题的关键。

已知 f [0] = a，f [1] = b，由题意有：

f[2] = f[0] ^ f[1] = a^b

f[3] = f[1] ^ f[2] = f[1] ^(f[0] ^ f[1])

根据异或运算的交换律和结合律，易知：

f[3] = a

类似地，可以获得，f[4] = b，f[5] = a^b……

因此，f 是 a,b, a^b 的不断循环。

参考程序

```
#include <stdio.h>
```

```
int main() {
    int T, cas = 0;
    scanf("%d", &T);
    while (T--) {
        int n, f[3];
        scanf("%d%d%d", &f[0], &f[1], &n);
        f[2] = f[0] ^ f[1];
        printf("Case #%d: %d\n", ++cas, f[n%3]);
    }
    return 0;
}
```

5.4 本章小结

分治、递归是计算机领域解决问题的基本策略，在 ACM 程序设计中也有很多应用。本章分别介绍了分治、递归的基本思想，以及它们的求解步骤。此外，递推也是与此相关的一种算法策略，将其与分治、递归放在同一个部分，有助于理解递归与递推的异同。在本章的每个部分都列出了大量的实例，帮助读者理解相关的问题求解。

5.5 本章思考

（1）总结分治、递归的关系。

（2）总结递归、递推的异同。

（3）在 OJ 上分类找出一些可以使用分治、递归、递推等方法求解的 ACM 问题并完成。

第 6 章　高精度计算与模拟法

6.1　大数高精概述

计算机的数字类型是有限制的，例如 int 为 2^{32}-1，long long 为 2^{64}-1，整型的精确度为 Int64 时，值域是[-2^{63}, 2^{63}-1]（以 C++数据类型为例），因此，在某些运算中需要高精度的运算，此时大数的模拟运算就应运而生了。

大数是指计算的数值非常大或者对运算的精度要求非常高，用已知的数据类型无法表示的数值。例如，求斐波那契数列的第 1000 个数，计算 pi 到小数点后第 2000 位。所谓大数高精就是指参与运算的数的范围远远超过了标准数据类型能够表示的能力。大数高精问题可以用数组模拟大数的运算，一般首先开一个比较大的整型数组，数组的元素代表数组的某一位，然后通过对数组元素的运算模拟大数的运算，即运算单位是数组元素，可以是字符数组、也可以是整数数组，最后将该数组按照规定的格式输出。

例 6.1　阶乘的位数。

问题描述

N！阶乘是一个非常大的数，大家都知道计算公式是 N!=N*(N-1)*...*2*1。现在你的任务是计算出十进制 N！的位数。

输入

首行输入 n，表示有多少组测试数据（n＜10）；

随后 n 行每行输入一组测试数据 N（0＜N＜1000000）。

输出

对于每个数 N，输出十进制 N!的位数。

样例输入

2

3

32000

样例输出

1

130271

题意分析

一般拿到这个问题，都会想先求 N!，然后再判断它有多少位。根据基本的数学知识，对于后一个环节可以容易获得 log(N!) + 1 就是其位数。余下的关键问题似乎就是如何求出 N!。但是，采用常规方法求解 N！非常费时，因为问题规模较大，达到了 1000000。认真审阅题意，可以发现，其实并未要求求出 N!，而是只需判断 N！有多少位。通过对数函数的性质，进一步将其分解，log(N*(N-1)*…*2*1)+1 = logN+log(N-1)+…+log2。问题转换为阶乘和，在线性时间复杂度可以求解。

参考代码

```
#include<stdio.h>
#include<math.h>
int main()  {
    int n,a,i;
    double sum;
    scanf("%d",&n);
    while(n--)  {
        scanf("%d",&a);
        sum=0;
        for(i=1;i<=a;++i)
        sum+=log10(i);
        printf("%d\n",(int)sum+1);
    }
    return 0;
}
```

在某些情况下，上述程序仍然会超时，毕竟问题规模还是较大。事实上，上述问题用著名的斯特林公式（Stirling's approximation）容易求解。Stirling 公式是一条用来取 n 的阶乘的近似值的数学公式。一般来说，当 n 很大的时候，n 阶乘的计算量十分大，所以斯特林公式十分好用，而且，即使在 n 很小的时候，斯特林公式的取值也十分准确，n 越大，估计越精确。

$$\lim_{n\to\infty}\frac{n!}{\sqrt{2\pi n}\left(\frac{n}{e}\right)^n}=1,\quad n!\approx\sqrt{2\pi n}\left(\frac{n}{e}\right)^n$$

下面利用斯特林公式求解 n!的位数。

显然，整数 n 的位数为[lgn]+1，对斯特林公式的两边取对数可得：

$$\lg n!\approx\frac{(\lg 2\pi+\lg n)}{2}+n*(\lg n-\lg e)$$

因此，n!的位数为 $0.5*(\lg 2\pi+\lg n)+n*(\lg n-\lg e)$。其中用到了常数 e 和 π。为了保证精度，定义常数 $e=2.7182818284590452354$ 和 $\pi=3.1415926535897932385$。

```
#include<iostream>
#include<cmath>
using namespace std;
//e 和 pi 必须精确
const double e = 2.7182818284590452354;
const double pi = 3.1415926535897932385;
double Strling(int N) {
    return 0.5*log10(2*pi*N) + N*log10(N/e);
}
int main() {
    int T,N;
```

```
    cin >> T;
    while(T--) {
        cin >> N;
        cout << (int)Strling(N)+1 << endl;
    }
    return 0;
}
```

例 6.2　Big Number

问题描述

As we know, Big Number is always troublesome. But it's really important in our ACM. And today, your task is to write a program to calculate A mod B. To make the problem easier, I promise that B will be smaller than 100000. Is it too hard? No, I work it out in 10 minutes, and my program contains less than 25 lines.

输入

The input contains several test cases. Each test case consists of two positive integers A and B. The length of A will not exceed 1000, and B will be smaller than 100000. Process to the end of file.

输出

For each test case, you have to ouput the result of A mod B.

样例输入

2 3

12 7

152455856554521 3250

样例输出

2

5

1521

题意分析

给定一个长度不超过 1000 的大数 A，还有一个不超过 100000 的 B，让你快速求 A % B。虽然将这个问题放在大数这个部分，但是，采用大数处理显然过慢，一定会超时，而且题面也明确提示到“该问题求解不超过 25 行代码即可”。

此处先讲一下秦九韶算法。

一般地，一元 n 次多项式的求值需要经过 2n-1 次乘法和 n 次加法，而秦九韶算法只需要 n 次乘法和 n 次加法。在人工计算时，大大简化了运算过程。

把一个 n 次多项式：

$$f(x)=a_n x^n + a_{n-1}x^{n-1} + \ldots + a_1 x + a_0$$

改写成如下形式：

$$\begin{aligned} f(x) &= (a_n x^{n-1} + a_{n-1}x^{n-2} + \ldots + a_2 x + a_1)x + a_0 \\ &= ((a_n x^{n-2} + a_{n-1}x^{n-3} + \ldots + a_3 x + a_2)x + a_1)x + a_0 \\ &= (\ldots(a_n x + a_{n-1})x + a_{n-2})x + \ldots + a_1)x + a_0 \end{aligned}$$

按照这个思路，结合前述章节中关于同余问题的性质，可以获得以下结论：

A*B % C = (A%C * B%C)%C，

(A+B) % C = (A % C + B % C) % C，

以 1314 为例，1314 = ((1*10+3)*10+1)*10+4，

1314 % 7 = (((1*10%7 +3)*10% 7+1)*10%7+4)%7。

参考程序

```
#include<cstdio>
#include<cstring>
char a[1024];
int mod;
int main()    {
      while(~scanf("%s %d",a,&mod))      {
            int ans=0;
      int p=1;
            for(int i=strlen(a)-1;i>=0;i--)      {
                  ans = (ans+ (a[i]-'0') *p) % mod;
            p = (p*10) % mod;
            }
            printf("%d\n",ans);
      }
      return 0;
}
```

6.2 大整数加法

高精度加法首先要解决的就是存储问题。显然，任何 C 或者 C++固有类型的变量都无法保存它，当然，Java 在 java.math.*包中提供了 API 大浮点数类 BigDecimal 和大整数类 BigInteger 分别实现大浮点数、大整数的精确运算。从策略上理解，最直观的处理是数组和字符串。但是，数组不能直接输入，字符串不能直接参与运算。因此，可以将两者结合起来，用字符串读取数据，用数组存储数据。

解决了数据的存储问题以后，如何实现大数加法呢？其实没有什么捷径可言，只能让机器学习小学生的加法运算，一步一步最终获得相加的结果。

首先以 987 + 345 = 1332 为例，看一下小学生的加法运算过程。

（1）加法属于尾对齐，从个位开始模拟， 5 + 7 = 12，个位取 2，下一位进 1，若没有进位则进位为 0。

（2）继续十位，4 + 8 = 12 + 1（次低位的进位为 1） = 13，十位取值为 3，下一位进 1，同样若没有进位则进位为 0。

（3）继续百位，3 + 9 = 12 + 1（次低位的进位为 1） = 13，十位取值为 3，下一位进 1，若没有进位则进位为 0。

（4）显然，千位为次低位的进位 1。

这个过程可以写成竖式为：

```
      9  8  7
  +   3  4  5
  ------------
    1  1  1
  ------------
  =1  3  3  2
```

将上述过程转换成步骤的表格即为：

步骤		举例（C=A+B）			
		A	B	C	次位进位
1	对位，在被加数和加数前面适当补 0，使它们包含相同的位数	987	345	000	0
2	前面再补一个 0，确定和的最多位数	0987	0345	0000	0
3	从低位开始，对应位相加，结果写入 C 中，如果有进位，直接给被加数前一位加 1	7	5	0002	1
		8	4	0032	1
		9	3	0332	1
4	删除和前面多余的 0	0	0	1332	0

两个高精度大整数的加法模板参考程序如下。

```
string add(string str1,string str2)  {        //高精度加法模板
    string str;
    int len1=str1.length();        int len2=str2.length();
    if(len1<len2)    {                       //前面补 0
        for(int i=1;i<=len2-len1;i++)     str1="0"+str1;
    }
    else  {
        for(int i=1;i<=len1-len2;i++)     str2="0"+str2;
    }
    len1=str1.length();
    int cf=0;    int temp;
    for(int i=len1-1;i>=0;i--) {
        temp=str1[i]-'0'+str2[i]-'0'+cf;        //计算第 i 位的值
        cf=temp/10;                             //第 i 位的进位
        temp%=10;                               //结果的第 i 位
        str=char(temp+'0')+str;
    }
 if(cf!=0)    str=char(cf+'0')+str;             //最高位补位
    return str;
}
```

为了编程方便，可以用 string 类型的 str1 和 str2 保存两个大整数对应的字符，其中从右往左依次存放个位数、十位数、百位数……判断两个字符串的长度，若长度不一，则需要对位操作，高位补零。然后，从个位开始逐位相加，超过或达到 10 则进位，用 cf 保存进位值。也就

是说，每一位相加的临时结果 temp 来源于三部分：第一个数的对应位数值 str1[i]-'0'，第二个数的对应位数值 str2[i]-'0'，进位值 cf。余数 temp%=10 经过转换处理 char(temp+'0')后作为当前位的确定值连接到结果串 str 的前面作为当前最高位，商 temp/10 作为进位存储到 cf 中，供下一位使用。全部位相加处理完毕，如果 cf 仍然为非零，即最高位有进位，经过转换处理 char(cf+'0')后连接到结果中。

例 6.3 非负整数和。

问题描述

求两个不超过 200 位的非负整数的和。

输入

有两行，每行是一个不超过 200 位的非负整数，没有多余的前导 0。

输出

一行，即相加后的结果。结果里不能有多余的前导 0，即如果是 342，那么不能输出为 0342。

样例输入

2222222222222222222
3333333333333333333

样例输出

5555555555555555555

题意分析

也是一个大数问题，为了展示与前述模板不同的处理思路，这里用数组 unsigned an[200]保存一个 200 位的整数，让 an[0]存放个位数，an[1]存放十位数，an[2]存放百位数……按照这个思路用 unsigned an1[201]保存第一个数，用 unsigned an2[200]表示第二个数，然后逐位相加，相加的结果直接存放在 an1 中。要注意处理进位。另外，an1 数组长度定为 201，是因为两个 200 位整数相加，结果可能会有 201 位。如果采用数组操作，需要注意在实际编程时，不一定要费心思去把数组大小定得正好合适，稍微开大点也无所谓，以免不小心导致数组开小了，产生越界错误。

参考程序

```
#include <stdio.h>
#include <string.h>
#define MAX_LEN 200
int an1[MAX_LEN+10], an2[MAX_LEN+10];
char szLine1[MAX_LEN+10];
char szLine2[MAX_LEN+10];
int main() {
    scanf("%s", szLine1);       scanf("%s", szLine2);
    int i, j;
    memset( an1, 0, sizeof(an1));         memset( an2, 0, sizeof(an2));
    int nLen1 = strlen( szLine1);       j = 0;
    for( i = nLen1 - 1;i >= 0 ; i --)
        an1[j++] = szLine1[i] - '0';
    int nLen2 = strlen(szLine2);       j = 0;
    for( i = nLen2 - 1;i >= 0 ; i --)
```

```
        an2[j++] = szLine2[i] - '0';
    for( i = 0;i < MAX_LEN ; i ++ ) {
        an1[i] += an2[i];
        if( an1[i] >= 10 ) { //逐位相加，超过 10 进位
            an1[i] -= 10;
        an1[i+1] ++;
        }
    }
    bool bStartOutput = false;
    for( i = MAX_LEN; i >= 0; i -- ) {
        if ( bStartOutput)              printf("%d", an1[i]);
        else if( an1[i] ) {
                printf("%d", an1[i]);
                bStartOutput = true;
        }
    }
    if(bStartOutput == false)    printf("0");      //防止 0+0
    return 0;
}
```

例 6.4　Integer Inquiry

问题描述

One of the first users of BIT's new supercomputer was Chip Diller. He extended his exploration of powers of 3 to go from 0 to 333 and he explored taking various sums of those numbers.

"This supercomputer is great," remarked Chip. "I only wish Timothy were here to see these results." (Chip moved to a new apartment, once one became available on the third floor of the Lemon Sky apartments on Third Street.)

输入

The input will consist of at most 100 lines of text, each of which contains a single VeryLongInteger. Each VeryLongInteger will be 100 or fewer characters in length, and will only contain digits (no VeryLongInteger will be negative).

The final input line will contain a single zero on a line by itself.

输出

Your program should output the sum of the VeryLongIntegers given in the input.

This problem contains multiple test cases!

The first line of a multiple input is an integer N, then a blank line followed by N input blocks. Each input block is in the format indicated in the problem description. There is a blank line between input blocks.

The output format consists of N output blocks. There is a blank line between output blocks.

样例输入

```
1
123456789012345678901234567890
123456789012345678901234567890
```

123456789012345678901234567890
0

样例输出

370370367037037036703703703670

问题来源

East Central North America 1996

题意分析

题意是多个大数相加，以 0 为结束输入的标志，然后输出。只要把两个大数的相加掌握了，求解该问题基本上就是照搬模板即可。数据设的“坑”在于直接输入 0 时应该输出 0，否则会返回 WA，即最后一个案例不需要输出两个空行。

参考程序

```
#include<stdio.h>
#include<string>
#include<iostream>
using namespace std;
int main() {
    int T;
    scanf("%d",&T);
    while(T--)    {
        string sum="0";
        string str1;
        while(cin>>str1)    {
            if(str1=="0") break;
            sum=add(sum,str1);        //上文的高精度加法 add 函数
        }
        cout<<sum<<endl;
        if (T>0)    cout<<endl;
    }
    return 0;
}
```

例 6.5　Primary Arithmetic

问题描述

Children are taught to add multi-digit numbers from right-to-left one digit at a time. Many find the "carry" operation - in which a 1 is carried from one digit position to be added to the next - to be a significant challenge. Your job is to count the number of carry operations for each of a set of addition problems so that educators may assess their difficulty.

输入

Each line of input contains two unsigned integers less than 10 digits. The last line of input contains 0 0.

输出

For each line of input except the last you should compute and print the number of carry operations that would result from adding the two numbers, in the format shown below.

样例输入

123 456

555 555

123 594

0 0

样例输出

No carry operation.

3 carry operations.

1 carry operation.

题意分析

计算两数相加，有多少个进位。按照小学生竖式计算方法简单地模拟加法过程即可，但是简单问题更要注意细节，通常“坑”非常多。

参考程序

```
#include<stdio.h>
int a,b;
int main()    {
        while(scanf("%d%d",&a,&b)!=EOF)    {
                int c=0;    int k=0;
                if(a==0&&b==0)    break;
                while(a!=0&&b!=0)    {
                        c=(a%10+b%10+c)/10;
                        if(c>=1)    k++;
                        a/=10;            b/=10;
                }
                if(k==0)    printf("NO carry operation.\n");
                else if(k==1)    printf("%d carry operation.\n",k);
                else        printf("%d carry operations.\n",k);
        }
        return 0;
}
```

例 6.6　Lovekey

问题描述

XYZ-26 进制数是一个每位都是大写字母的数字。A、B、C、…、X、Y、Z 分别依次代表一个 0～25 的数字，一个 n 位的二十六进制数转化成是十进制的规则如下：

$A_0A_1A_2A_3 \ldots A_{n-1}$ 的每一位代表的数字分别为 $a_0a_1a_2a_3 \ldots a_{n-1}$，则该 XYZ-26 进制数的十进制值就为：

$m=a_0 * 26\text{^}(n-1) + a_1 * 26\text{^}(n-2) + \ldots + a_{n-3} * 26\text{^}2 + a_{n-2}*26 + a_{n-1}$。

一天 vivi 忽然玩起了浪漫，要躲在学校的一个教室，让枫冰叶子去找，当然，她也知道枫冰叶子可不是路痴，于是找到了 XYZ 的小虾和水域浪子帮忙，他们会在 vivi 藏的教室的门口，分别写上一个 XYZ-26 进制数，分别为 a 和 b，并且在门锁上设置了密码。显然，只有找到密码才能打开锁，顺利进入教室。这组密码被 XYZ 的成员称为 lovekey。庆幸的是，枫冰叶子知道 lovekey 是 a 的十进制值与 b 的十进制值的和的 XYZ-26 进制形式。当然小虾和水域浪子也不想难为枫冰叶子，所以 a 和 b 的位数都不会超过 200 位。

例如第一组测试数据：

a = 0*26^5+0*26^4+ 0*26^3+ 0*26^2 + 3*26 + 7 = 85

b = 1*26^2 + 2*26 + 4 = 732

则 a + b = 817 = BFL

输入

题目有多组测试数据。每组测试数据包含两个值，均为 XYZ-26 进制数，每个数字的每位只包含大写字母，并且每个数字不超过 200 位。

输出

输出 XYZ 的 lovekey，每组输出占一行。

样例输入

```
AAAADH   BCE
DRW   UHD
D   AAAAA
```

样例输出

```
BFL
XYZ
D
```

题意分析

题意本质上就是两个大数加法，只是这两个数是特殊的二十六进制，仍然是模拟加法运算，无需转换为十进制。首先获得两个数的二十六进制形式（从 0 开始），设字符数组表示大数 str1[]，那么 str[i] - 'A'就是真实的二十六进制数位。

参考程序

```
#include <stdio.h>
#include <string.h>
const int N = 205;
int change(char *str, int num[]) {
    int len = strlen(str);      memset(num, 0, sizeof(num));
    for (int i = 0; i < len; i++)       num[len - i - 1] = str[i] - 'A';
    return len;
}
int add(int a[], int b[], int sum[], int na, int nb, int base) {//base 进制加法
    int n = 0, t = 0;
    memset(sum, 0, sizeof(sum));
    for (int i = 0; i < na || i < nb; i++) {
        sum[i] = t;
        if (i < na) sum[i] += a[i];
        if (i < nb) sum[i] += b[i];
        t = sum[i] / base;
        sum[i] %= base;
        n++;
```

```
	}
	while (t) {
		sum[n++] = t % base;
		t = t / base;
	}
	return n;
}
int main() {
	int n1, n2, num1[N], num2[N], sum[N];
	char str1[N], str2[N];
	while (scanf("%s%s", str1, str2) == 2) {
		n1 = change(str1, num1);	n2 = change(str2, num2);	//长度
		n1 = add(num1, num2, sum, n1, n2, 26);
		int flag = 0;
		for (int i = n1 - 1; i >= 0; i--) {
			if (flag || sum[i]) {
			 printf("%c", 'A' + sum[i]);	flag = 1;
			}
		}
		if (flag == 0)	printf("A");
		printf("\n");
	}
	return 0;
}
```

6.3 大整数减法

高精度减法的存储问题与高精度加法一样，这里不再赘述。如何实现大数减法呢？其实也没有什么捷径可言，同样只能让机器学习小学生的减法运算，一步一步最终获得相减的结果。

在相减之前有一个约定，即被减数大于减数，否则可以先判定两者的大小，然后再交换，结果前连接加上负号（-）即可。

首先以 927-898 = 29 为例，看一下小学生的减法运算过程。

（1）与加法一样，减法也属于尾对齐，从个位开始模拟，7＜8 不够减，因此，需要借位 1，17-8 = 9，个位取 9、下一位借位 1，注意可能存在连续借位的情况，如果能够减，没有借位，就直接作为个位即可。

（2）继续十位，2-1（次低位的借位为 1）＜9，继续借位 1，12-1-9=2，十位取值为 2、下一位借 1，同样若没有借位则将其作为十位。

（3）继续百位，9-1（次低位的借位为 1）- 8 =0，因此，百位取值为 0。当前结果为 029。

（4）显然，需要修正结果，去掉所有的前导 0，结果为 29。

这个过程写成竖式为：

```
    9  2  7
-   8  9  8
___________
```

```
        -1   -1
  ─────────────
    =    0  2  9
```

将上述过程转换成步骤的表格：

步骤		举例（C=A-B）			
		A	B	C	次位借位
1	对位，在被减数和减数前面适当补 0，使它们包含相同的位数	927	898	000	0
2	从低位开始，对应位相减，结果写入 C 中，如果有借位，直接先给被减数前一位减 1	7	8	009	1
		2	9	029	1
		9	8	029	0
3	删除差前面多余的 0	927	898	29	0

两个高精度大整数的减法模板参考程序如下：

```
int Substract( int nMaxLen, int * an1, int * an2) { //最多 nMaxLen 位的大整数 an1 减去 an2
    int nStartPos = 0;          //an1 保证大于 an2
    for( int i = 0;i < nMaxLen ; i ++ )   {
        an1[i] -= an2[i];       //逐位减
        if( an1[i] < 0 ) {      //看是否要借位
            an1[i] += 10;
            an1[i+1] --;        //借位
        }
        if( an1[i] )
            nStartPos = i;      //记录最高位的位置
    }
    return nStartPos;           //返回值是结果里面最高位的位置
}
```

例 6.7 大整数减法。

求两个大的正整数相减的差。

输入

第 1 行是测试数据的组数 n，每组测试数据占 2 行，第 1 行是被减数 a，第 2 行是减数 b（a>b）。每组测试数据之间有一个空行，每行数据不超过 100 个字符。

输出

n 行，每组测试数据有一行输出，是相应的整数差。

样例输入

```
2
9999999999999999999999999999999999999
9999999999999
5409656775097850895687056798068970934546546575676768678435435345
1
```

样例输出

9999999999999999999999990000000000000

5409656775097850895687056798068970934546546575676768678435435344

题意分析

题意是两个大整数相减，而且保证了被减数大于减数，因此，直接利用上述模板即可。

参考程序

```
#include <stdio.h>
#include <string.h>
#define MAX_LEN 110
int an1[MAX_LEN], an2[MAX_LEN];
char szLine1[MAX_LEN], szLine2[MAX_LEN];
int main()   {
      int n;       scanf("%d",&n);
      while(n -- ) {
            scanf("%s", szLine1);                   scanf("%s", szLine2);
            int i, j;
                  memset( an1, 0, sizeof(an1));   memset( an2, 0, sizeof(an2));
            int nLen1 = strlen( szLine1);
            for(j = 0, i = nLen1 - 1;i >= 0 ; i --)
                  an1[j++] = szLine1[i] - '0';
            int nLen2 = strlen(szLine2);
            for( j = 0, i = nLen2 - 1;i >= 0 ; i --)
                  an2[j++] = szLine2[i] - '0';
            int nStartPos = Substract( MAX_LEN, an1,an2);
            for( i = nStartPos; i >= 0; i -- )       printf("%d", an1[i]);
            printf("\n");
      }
      return 0;
}
```

减法的算法也是从低位开始减，但是，上述模板在相减之前要判断一下两者的关系。如果题面去掉 a > b 的约束条件，则先要判断被减数和减数哪一个位数长，被减数位数长是正常减；减数位数长，则减数减被减数，最后还要加上负号；两个位数长度相等时，比较哪一个数字大，否则负号会处理的很繁琐。

```
int comp(int *a, int *b)   {  //比较大小，a＞b 返回 1，a＜b 返回-1，相等返回 0
      if (a[0] > b[0]) return 1;  //首位   if (a[0] < b[0]) return -1;
      for (int i = a[0]; i >= 1 ; i--)   {
            if (a[i] > b[i]) return 1;         if (a[i] < b[i]) return -1;
      }
      return 0;
}
void copy(int *a,int *b)   {  //b 复制给 a
      for(int i = 0; i <= b[0]; i++)       a[i] = b[i];
}
```

6.4 大整数乘法

相比加法和减法来说，大整数的乘法处理起来要更复杂一些。在传统乘法运算中，主要思想是把乘法转化为加法进行运算，处理过程为：多位数的乘法转换成一位数的乘法和加法实现，把第二个乘数的每一位数都乘以第一个乘数，并将结果累加，同时，运算结果与当前数字位右对齐。

以 1234*5678 为例，看一下这个处理过程的竖式：

```
          1 2 3 4
      ×   5 6 7 8
-------------------
          9 8 7 2
        8 6 3 8
      7 4 0 4
    6 1 7 0
-------------------
  =7 0 0 6 6 5 2
```

为了编程方便，将上述过程改进，在中间结果计算时，不再处理进位，累加后再逐位处理进位。改进后的步骤如下竖式所示。

```
                1    2    3    4
        ×       5    6    7    8
------------------------------------
                8   16   24   32
           7   14   21   28
       6  12   18   24
   5  10  15   20
------------------------------------
 = 5  16  34   60   61   52   32
   |-----|----|-----|----|-----|-----|
 = 7   0   0    6    6    5    2
```

上述过程转换成参考程序的思路如下，整个程序模拟手算的过程基本就是 num1 的每一位与 num2 的每一位都乘一遍，将每一位乘出的结果的和放入 result 数组，然后按照竖式的形式累加起来，最后处理进位，具体为：result[i] = result[i] % 10 每一位除以 10 取余数就是这一位的值，temp = result[i] / 10 每一位整除 10 就是这一位的进位，result[i - 1] += temp 将进位加入到高一位中去，然后继续循环。

```
int size = 100000;    int* result = new int[size * 2];
void multiply(int * num1, int * num2) {
    for (int i = size - 1; i >= 0; i--) {
        for (int j = size - 1; j >= 0; j--) {
```

```
                result[i + j + 1] += num1[i] * num2[j];
            }
        }
        for (int i = size * 2 - 1; i >= 0; i--) {   //统一处理进位
            int temp = result[i] / 10;
            result[i] = result[i] % 10;
            result[i - 1] += temp;
        }
}
```

例 6.8　大整数乘法。

问题描述

求两个不超过 200 位的非负整数的积。

输入

有两行，每行是一个不超过 200 位的非负整数，没有多余的前导 0。

输出

一行，即相乘后的结果。结果里不能有多余的前导 0，即如果结果是 342，那么不能输出 0342。

样例输入

12345678900

98765432100

样例输出

1219326311126352690000

题意分析

用 unsigned an1[210]和 unsigned an2[210]分别存放两个乘数，用 aResult[410]来存放积。计算的中间结果也都存在 aResult 中。aResult 长度取 400 是因为两个 200 位的数相乘，积最多会有 400 位。an1[0], an2[0], aResult[0]都表示个位。一个数的第 i 位和另一个数的第 j 位相乘所得的数，一定是要累加到结果的第 i+j 位上。这里 i, j 都是从右往左，从 0 开始数。

计算的过程基本上和小学生列竖式做乘法相同。为编程方便，并不急于处理进位，而将进位问题留待最后统一处理。

参考程序

```
#include <stdio.h>
#include <string.h>
#define MAX_LEN 200
unsigned an1[MAX_LEN+10]; unsigned an2[MAX_LEN+10];
unsigned aResult[MAX_LEN * 2 + 10];
char szLine1[MAX_LEN+10]; char szLine2[MAX_LEN+10];
int main()   {
    gets( szLine1);   gets( szLine2);//gets 函数读取一行
    int i, j;   int nLen1 = strlen( szLine1);
    memset( an1, 0, sizeof(an1)); memset( an2, 0, sizeof(an2));
    memset( aResult, 0, sizeof(aResult));
    j = 0;
```

```
        for( i = nLen1 - 1;i >= 0 ; i --)      an1[j++] = szLine1[i] - '0';
        int nLen2 = strlen(szLine2);
        j = 0;
        for( i = nLen2 - 1;i >= 0 ; i --)      an2[j++] = szLine2[i] - '0';
        for( i = 0;i < nLen2; i ++ )
                for( j = 0; j < nLen1; j ++ )
                    aResult[i+j] += an2[i]*an1[j];
        for( i = 0; i < MAX_LEN * 2; i ++ )    {
              if( aResult[i] >= 10 )    {
                  aResult[i+1] += aResult[i] / 10;          aResult[i] %= 10;
              }
}
        bool bStartOutput = false;
        for( i = MAX_LEN * 2; i >= 0; i -- )
                if( bStartOutput)                    printf("%d", aResult[i]);
                else if( aResult[i] ) {
                        printf("%d", aResult[i]);      bStartOutput = true;
                }
        if(! bStartOutput )      printf("0");
        return 0;
}
```

显然，前文介绍的算法所用模拟法理解简单，但效率相对较低，对于 n 位整数，时间复杂度为 $O(n^2)$，可以尝试利用分治法求解大整数乘法，这里只给出初步的原理分析。

将 n 位（为方便讨论简化问题，假设 n 是 2 的幂）十进制整数（二进制也可以）X、Y 都分为 2 段，每段的长度是 n/2 位。

$X = AB, Y = CD$

$X*Y = (A*2^{n/2} + B)(C*2^{n/2} + D)$

$= A*C*2^n + (A*D + C*B)*2^{n/2} + B*D$

$= A*C*2^n + [(A-B)(D-C) + A*C + B*D]*2^{n/2} + B*D$

这样乘法的次数减少了，算法复杂度为 $O(n^{\log 3})$，读者可以参考这个思路编程实现利用分治法进行的大整数乘法。

6.5 模拟法

事实上，很多现实问题和高精度计算一样，无法简单地找到公式或规律进行求解，有些时候甚至连数学模型都没有，只能按照一定的步骤不断执行，最终才能获得有效的结果。当然，这类问题特别适合计算机求解，称为模拟问题，在求解时只需要使计算机模拟人的行为即可，就像前面所讲的高精度问题，都是模拟小学生的行为，对应的方法称为模拟法。

模拟的形式一般有两种：

（1）随机模拟。问题隐含或者给定一个概率，借助计算机的伪随机数发生器，模拟结果具有一定的不确定性。

（2）过程模拟。直接按照问题描述，根据与问题相关的各种参数，对给定的过程实施模拟，模拟结果取决于过程的定义和算法的正确性，无二义性，因此，ACM 程序设计中的模拟通常属于过程模拟。

在采用模拟法求解问题时，没有捷径可走，只能严格按照问题的定义，全面考虑各种可能的约束条件，精心设计合适的数据结构，整个模拟的难度取决于模拟过程中涉及多少个动态对象和属性，它们越多模拟的难度越大。另外，有时候需要把模拟法和贪心法、动态规划法结合起来求解。

例 6.9　The Best Problem Solver

问题描述

As is known to all, Sempr had solved more than 1400 problems on OJ, but nobody know the days and nights he had spent on solving problems. Xiangsanzi was a perfect problem solver too.

Now this is a story about them happened two years ago. On March 2006, Sempr & Xiangsanzi were new comers of hustacm team and both of them want to be "The Best New Comers of March", so they spent days and nights solving problems on OJ.

Now the problem is below: Both of them are perfect problem solvers and they had the same speed, that is to say Sempr can solve the same amount of problems as Xiangsanzi, but Sempr enjoyed submitting all the problems at the end of every A hours but Xiangsanzi enjoyed submitting them at the end of every B hours. In these days, static was the assistant coach of hustacm, and he would check the number of problems they solved at time T.

Give you three integers A,B,and T, you should tell me who is "The Best New Comers of March". If they solved the same amount of problems, output "Both!". If Sempr or Xiangsanzi submitted at time T, static would wait them.

输入

In the first line there is an integer N, which means the number of cases in the data file, followed by N lines.

For each line, there are 3 integers: A, B, T. Be sure that A,B and N are no more than 10000 and T is no more than 100000000.

输出

For each case of the input, you should output the answer for one line. If Sempr won, output "Sempr!". If Xiangsanzi won, output "Xiangsanzi!". And if both of them won, output "Both!".

样例输入

3
2 3 4
2 3 6
2 3 9

样例输出

Sempr!
Both!
Xiangsanzi!

题意分析

题意是输入三个参数 a,b,t，问在 t 时间内，谁提交的代码量多。其中，Sempr 在每过 a 个时间提交一次代码，Xiangsanzi 在每过 b 个时间提交一次代码，他们的编程速度等都是一样的，每时每刻都在编程。

按照题意直接模拟，也就是说，看他们最后一次何时提交代码，如果哪个人距离 t 时间更近，则这个人就提交的代码量更多。实际上就是针对 a%t 和 b%t 的余数比较大小，谁的余数小就输出谁。另外，注意输出的感叹号是英文的。

参考程序

```
#include<iostream>
using namespace std;
int main()  {
        int n, a,b,t;
        while (scanf("%d",&n)!=EOF)   {
                while (n--)   {
                        scanf("%d%d%d",&a,&b,&t);
                        if (t%a<t%b)           printf("Sempr!\n");
                        else if (t%a>t%b)     printf("Xiangsanzi!\n");
                        else printf("Both!\n");
                }
        }
        return 0;
}
```

例 6.10 The Peanuts

问题描述

Mr. Robinson and his pet monkey Dodo love peanuts very much. One day while they were having a walk on a country road, Dodo found a sign by the road, pasted with a small piece of paper, saying "Free Peanuts Here! " You can imagine how happy Mr. Robinson and Dodo were.

There was a peanut field on one side of the road. The peanuts were planted on the intersecting points of a grid as shown in Figure-1. At each point, there are either zero or more peanuts. For example, in Figure-2, only four points have more than zero peanuts, and the numbers are 15, 13, 9 and 7 respectively. One could only walk from an intersection point to one of the four adjacent points, taking one unit of time. It also takes one unit of time to do one of the following: to walk from the road to the field, to walk from the field to the road, or pick peanuts on a point.

According to Mr. Robinson's requirement, Dodo should go to the plant with the most peanuts first. After picking them, he should then go to the next plant with the most peanuts, and so on. Mr. Robinson was not so patient as to wait for Dodo to pick all the peanuts and he asked Dodo to return to the road in a certain period of time. For example, Dodo could pick 37 peanuts within 21 units of time in the situation given in Figure-2.

Your task is, given the distribution of the peanuts and a certain period of time, tell how many peanuts Dodo could pick. You can assume that each point contains a different amount of peanuts, except 0, which may appear more than once.

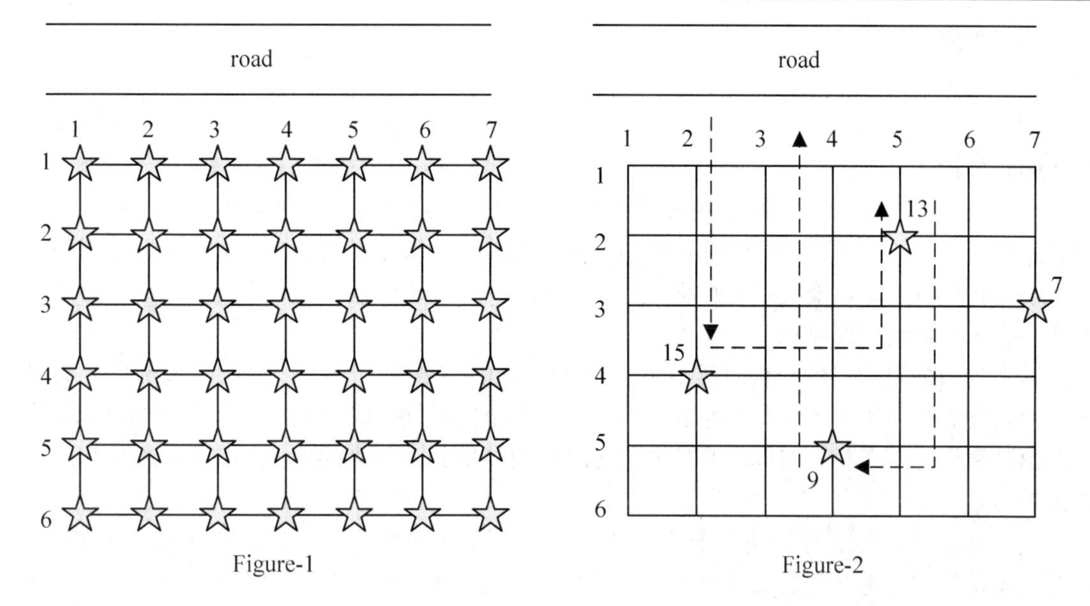

Figure-1　　Figure-2

输入

The first line of input contains the test case number T (1≤T≤20). For each test case, the first line contains three integers, M, N and K (1≤M, N≤50, 0≤K≤20000). Each of the following M lines contain N integers. None of the integers will exceed 3000. (M * N) describes the peanut field. The j-th integer X in the i-th line means there are X peanuts on the point (i, j). K means Dodo must return to the road in K units of time.

输出

For each test case, print one line containing the amount of peanuts Dodo can pick.

样例输入

```
2
6 7 21
0 0 0 0 0 0 0
0 0 0 0 13 0 0
0 0 0 0 0 0 7
0 15 0 0 0 0 0
0 0 0 9 0 0 0
0 0 0 0 0 0 0
6 7 20
0 0 0 0 0 0 0
0 0 0 0 13 0 0
0 0 0 0 0 0 7
0 15 0 0 0 0 0
0 0 0 9 0 0 0
0 0 0 0 0 0 0
```

样例输出

37

28

题意分析

通过找规律寻求一个以花生矩阵作为自变量的公式解决这个问题显然是不现实的。结果只能是模拟了过程才知道。即走进花生地，每次要采下一株花生之前，先计算一下剩下的时间够不够走到那株花生，采摘并从那株花生走回到路上。如果时间够，则走过去采摘；如果时间不够，则采摘活动到此结束。

转换为数学过程，即一个二维数组上有些值为 0，有些值非 0，一个人从外部进入数组取这些值，但是必须从大到小拿，每走一步要一个单位的时间，取数也要一个单位的时间，进入和走出分别要一个单位的时间。求在规定的时间内能取到的最大的值（需在规定的时间内返回数组外）。

设二维数组 aField 存放花生地的信息，然而，用 aField[0][0]还是 aField[1][1]对应花生地的左上角是值得思考一下的。因为从地里到路上还需要 1 个单位时间，题目中的坐标又都是从 1 开始。所以若 aField[1][1]对应花生地的左上角，则从 aField[i][j]点回到路上所需时间就是 i，这样更为方便和自然，不易出错。

参考程序

```
#include <iostream>
#include <stdio.h>
#include <string.h>
#include <stdlib.h>
#include <algorithm>
using namespace std;
typedef struct pos{
    int x,y,valu;
}pos;
struct pos a[4100]={0};
bool cmp(pos a,pos b)  {
    return a.valu>b.valu;
}
int main()  {
    int num=0,n=0,m=0,k=0;
    while(scanf("%d",&num)!=EOF) {
        while(num--){
            scanf("%d%d%d",&m,&n,&k);
            int temp=0,cnt=0;          memset(a,0,sizeof(a));
            for(int i=0;i<m;i++)              //横向
                for(int j=0;j<n;j++){         //竖向
                    scanf("%d",&temp);
                    if(temp)   {
                        a[cnt].x=j;a[cnt].y=i;a[cnt].valu=temp;    cnt++;
                    }
                }
```

```
            sort(a,a+cnt,cmp);
            int sum=0,time=0;
            for(int i=0;i<cnt;i++)     {
                if(i==0) {
                    time=2*a[0].y+3;//摘 1 进出 2
                    if(time>k)   break;//够不够往返
                    sum+=a[0].valu;     time=a[0].y+2;    continue;//进 1 摘 1
                   }
                time+=abs(a[i].x-a[i-1].x)+abs(a[i].y-a[i-1].y)+1;//摘 1
                 if(time+a[i].y+1>k) break;//要考虑能够回到大路上出 1
                sum+=a[i].valu;
            }
            printf("%d\n",sum);
        }
    }
    return 0;
}
```

例 6.11　排列。

问题描述

大家知道，给出正整数 n，则 1 到 n 这 n 个数可以构成 n!种排列，把这些排列按照从小到大的顺序（字典顺序）列出，如 n=3 时，列出 1 2 3、1 3 2、2 1 3、2 3 1、3 1 2、3 2 1 六个排列。

给出某个排列，求出这个排列的下 k 个排列，如果遇到最后一个排列，则下 1 排列为第 1 个排列，即排列 1 2 3…n。比如：n = 3，k=2 给出排列 2 3 1，则它的下 1 个排列为 3 1 2，下 2 个排列为 3 2 1，因此答案为 3 2 1。

输入

第一行是一个正整数 m，表示测试数据的个数，下面是 m 组测试数据，每组测试数据第一行是 2 个正整数 n（1≤n＜1024）和 k（1≤k≤64），第二行有 n 个正整数，是 1,2,…,n 的一个排列。

输出

对于每组输入数据，输出一行，n 个数，中间用空格隔开，表示输入排列的下 k 个排列。

样例输入

```
3
3 1
2 3 1
3 1
3 2 1
10 2
1 2 3 4 5 6 7 8 9 10
```

样例输出

```
3 1 2
1 2 3
```

1 2 3 4 5 6 7 9 8 10

题意分析

设有 $a_1a_2...a_n$ 个元素，分步求解：①从 a_n 开始逆序向前，直到找到一个 a_i，使 a[i]<a[i+1]；②从 a[i]向后，找到大于 a[i]的元素中最小的元素 a[p]；③交换 a[i]与 a[p]；④从第 i 个元素开始，对后面的元素开始从小到大排序。

参考程序

```
#include <iostream>
#include <algorithm>
#include <cstdio>
using namespace std;
int a[1050];
int main()  {
    int cases;
    cin>>cases;
    while(cases--)    {
        int n,k;
        scanf("%d%d",&n,&k);
        for(int i=1;i<=n;i++)
            scanf("%d",&a[i]);
        if(n==1)        {
            printf("1\n");    continue;
        }
        while(1)    {
            if(k==0)        break;
            int i,j;
            for(i=n;i>=2;i--)    {
                if(a[i-1]<a[i])        break;
            }
            if(i!=1)    {
                i--;
                for(j=i+1;j<=n;j++)        {
                    if(a[j]<a[i])        break;
                }
                j--;
                swap(a[i],a[j]);
                sort(a+i+1,a+n+1);
            }
            else        {
                for(int i=1;i<=n;i++)    a[i]=i;
            }
            k--;
        }
        for(int i=1;i<=n-1;++i)    printf("%d ",a[i]);
        printf("%d\n",a[n]);
    }
    return 0;
}
```

事实上，C++特有的一个函数 next_permutation 包含在<algorithm>头文件中，返回 bool 值，如果能找到比当前排列更“大”的排列，就将该序列替换为这个更大的，并返回 true，如果找不到更“大”的排列，换句话说，当前排列已经是最大的，就将序列替换为所有排列中最“小”的那个，并返回 false。在 STL 中，除了 next_permutation 外，还有一个函数 prev_permutation，两者都是用来计算排列组合的函数。前者是求出下一个排列组合，而后者是求出上一个排列组合。采用 next_permutation 函数的参考程序如下：

```
#include <algorithm>
#include <cstdio>
using namespace std;
int a[1050];
int main()  {
    int T;
    scanf("%d",&T);
    while(T--)  {
        int n,k;
        scanf("%d%d",&n,&k);
        for(int i=0;i<n;++i)
            scanf("%d",&a[i]);
        while(k--)
            next_permutation(a,a+n);
        for(int i=0;i<n-1;i++)
            printf("%d ",a[i]);
        printf("%d\n",a[n-1]);
    }
    return 0;
}
```

例 6.12　King's Game

问题描述

In order to remember history, King plans to play josephus problem in the parade gap.He calls n(1≤n≤5000) soldiers, counterclockwise in a circle, in label 1,2,3...n.

The first round, the first person with label 1 counts off, and the man who report number 1 is out.

The second round, the next person of the person who is out in the last round counts off, and the man who report number 2 is out.

The third round, the next person of the person who is out in the last round counts off, and the person who report number 3 is out.

The N - 1 round, the next person of the person who is out in the last round counts off, and the person who report number n-1 is out.

And the last man is survivor. Do you know the label of the survivor?

输入

The first line contains a number T(0＜T≤5000), the number of the test cases.

For each test case, there are only one line, containing one integer n, representing the number of players.

输出

Output exactly T lines. For each test case, print the label of the survivor.

样例输入

2

2

3

样例输出

2

2

题意分析

题意是国王准备在阅兵的间隙玩约瑟夫游戏。

约瑟夫环问题的原始描述为，设有编号为 1,2,…,n 的 n（n>0）个人围成一个圈，从第 1 个人开始报数，报到 k 时停止报数，报 k 的人出圈，再从他的下一个人起重新报数，报到 k 时停止报数，报 k 的出圈，……，如此下去，直到所有人全部出圈为止。当任意给定 n 和 k 后，设计算法求 n 个人出圈的次序。

本题是约瑟夫问题的一个变种，本质上是一个简单的递推。由于只关心最后一个被删除的人，并不关心最后的过程，所以没有必要、也不能够模拟整个过程。假设有 n 个人围成环，标号为[0,n-1]，每数 k 个人出圈一个的情况下，最后一个留下的人的编号是 f[n]。显然，f[1]=0。接着考虑一般情况的 f[n]，第一个出圈人的编号是 k-1，只剩下 n-1 个人了，那么需要重新编号。原来编号为 k 的人，现在是 0 号，也就是编号之间相差 3，只要知道现在 n-1 个人的情况最后是谁幸存，也就知道 n 个人的情况是谁幸存。因此，递推式为 f[i]= (f[i - 1] + k) mod i。

在原版约瑟夫问题上加一维，由于依次隔 1,2,3,...,n-1 个人删除，所以用 f[i][j]表示 i 个人、依次隔 j,j+1,...,j+i-1 个人的幸存者标号。

根据前述重标号法，第一次 j-1 号出局，从 j 开始新的一轮，从 j+1 开始清除，剩余 i-1 个人，也有递推式 f[i][j]=(f[i - 1][j+1] + j) mod i。初始值为 f[1][j]= 0，最终结果为 f[n][1]+1（将标号转移到[1,n]）。

参考程序

```
#include <iostream>
#include <cstdio>
#include <cstring>
using namespace std;
const int N = 5010;
int f[2][N];
//f[i][j]表示 i 个人、依次隔 j,j+1,...,j+i-1 个人删除的幸存者标号
int ans[N];
int main()  {
    f[0][0] = 0;
    for (int i = 0; i < 5000; ++i)
        f[1][i] = 0;    //1 个人的时候幸存者永远是 0
    for (int i = 1; i <= 5000; ++i) {
```

```
            for (int j = 1; j <= 5000; ++j) {
                f[i%2][j] = (f[(i - 1)%2][j + 1] + j) % i;
            }
            ans[i] = f[i%2][1];
        }
    int t;
    scanf("%d", &t);
        while (t--) {
            int n;
    scanf("%d", &n);
            printf("%d\n", ans[n] + 1);
        }
        return 0;
    }
```

6.6　本章小结

大数高精度计算是实际生活中经常涉及的基本问题，在 ACM 程序设计中也有很多应用。本章分别介绍了大数高精度计算的基本原理，通过模拟法实现了大整数加法、减法、乘法等。此外，作为一种问题求解方法，模拟法可以用来作为一些没有明确模型问题的有效解决方案。将其与高精度计算放在同一个部分，有助于深入理解模拟法的基本概念和核心思想。在本章的每个部分都列出了若干实例，帮助读者理解相关的问题求解。

6.7　本章思考

（1）总结 ACM 程序设计中大数高精问题的特点，除了书中已有的部分模板以外，再归纳一些与大整数加法、大整数减法、大整数除法等相关的代码模板。

（2）大数高精问题还包括大整数除法、高精度小数等，根据本章的思路，尝试采用模拟法求解这些问题，并归纳相关的代码模板。

（3）在 OJ 上分类找出一些涉及大数高精求解的 ACM 问题并完成。

（4）在 OJ 上分类找出一些涉及模拟法求解的 ACM 问题并完成。

第 7 章　排序与查找

排序和查找算法是传统程序设计中的基本问题，非常实用，在 ACM 程序设计中也十分常见。即使如此，正式的 ACM 竞赛中一般不会直接让参赛者用排序或者查找算法求解某个问题，而是综合其他算法或者应用解决问题。本章首先讲解一些排序、查找的基本算法，然后通过若干实例让读者尽可能地理解排序和查找算法及其在 ACM 程序设计中的应用。

7.1　排序

排序是计算机程序设计中的一种重要操作，在很多领域中都有广泛的应用，排序算法也有很多种，如图 7-1 所示。根据在排序过程中记录所占用的存储设备，可将排序方法分为两大类：内部排序和外部排序。本章仅讨论各种常用的内部排序算法。

内部排序算法有很多，但就其全面性能而言，很难提出一种被认为是最好的算法，每一种算法都有各自的优缺点，因此在特定情景中选对使用哪一种算法显得尤为重要。为了选择合适的算法，可以按照建议的顺序考虑以下标准确定：①执行时间；②存储空间；③编程工作。对于数据量较小的情形，①和②差别不大，主要考虑③；而对于数据量大的，①为首选。

<table>
<tr><td rowspan="9">排序</td><td rowspan="8">内部排序（只使用内存）</td><td rowspan="2">插入排序</td><td>直接插入排序</td></tr>
<tr><td>希尔排序</td></tr>
<tr><td rowspan="2">选择排序</td><td>简单选择排序</td></tr>
<tr><td>堆排序</td></tr>
<tr><td rowspan="2">交换排序</td><td>冒泡排序</td></tr>
<tr><td>快速排序</td></tr>
<tr><td colspan="2">归并排序</td></tr>
<tr><td colspan="2">基数排序</td></tr>
<tr><td colspan="3">外部排序（内存和外存结合起来使用）</td></tr>
</table>

图 7-1

下面简单介绍几种常用的排序算法。

1. *直接插入排序*

（1）直接插入排序的基本思想：在要排序的一组数中，假设前面 n-1（n≥2）个数已经是排好顺序的，现在要把第 n 个数插到前面的有序数中，使得这 n 个数也是排好顺序的。如此反复循环，直到全部排好顺序。

直接插入排序的最优复杂度：当输入数组就是排好序的时候，复杂度为 O(n)，而快速排序在这种情况下会产生 $O(n^2)$的复杂度。最差复杂度：当输入数组为倒序时，复杂度为 $O(n^2)$。总体上，插入排序比较适合用于少量元素的数组。

（2）实例分析。

初始状态：57　68　59　52。

第一次：68＞57，不处理，结果是 57　68　59　52。

第二次：57＜59＜68，将 59 插入 57 之后，结果是 57　59　68　52。

第三次：52＜57，将其插入在 57 之前，结果是 52　57　59　68。

三趟完成之后的排序结果为 52　57　59　68。

（3）参考程序。

```
void  insertSort(int a[])  {
  int k=sizeof(a)/sizeof(a[0]);
  int i,j,temp;
for(i=1 ; i<k ; i++ ) {    //循环从第 2 个元素开始
  if( a[i]<a[i-1] ) {
          temp=a[i];
          for( j=i-1; j>=0 && a[j]>temp; j-- )
              a[j+1]=a[j];
          a[j+1]=temp;
        }
    }
}
```

2. 希尔排序（也称缩小增量排序）

（1）希尔排序的基本思想：算法先将要排序的一组数按某个增量 d（n/2，n 为要排序数的个数）分成若干组，每组中记录的下标相差 d。对每组中全部元素进行直接插入排序，然后再用一个较小的增量（d/2）对它进行分组，在每组中再进行直接插入排序。当增量减到 1 时，进行直接插入排序后，排序完成。

（2）实例分析。

第一趟：d_1=n/2=5，<u>57</u>　68　59　52　72　<u>28</u>　96　33　24　19

第一趟：d_2=d_1/2=3，<u>28</u>　68　33　<u>24</u>　19　57　96　59　52　72

第一趟：d_3= d_2/2=1，<u>24</u>　<u>19</u>　33　28　59　52　72　68　57　96

于是，其结果为：19　24　28　33　52　57　59　68　72　96

（3）参考程序。

```
#define MAXNUM 10
void shellInsert(int array[],int n,int dk)  {  //根据当前增量进行插入排序
    int i,j,temp;
    for ( i=dk; i<n; i++ )  {  //分别向每组的有序区域插入
        temp=array[i];
       for(j=i-dk;(j>=i%dk)&&array[j]>temp;j-=dk)   //比较与记录后移同时进行
           array[j+dk]=array[j];
        if(j!=i-dk)
           array[j+dk]=temp;  //插入
    }
}
int dkHibbard(int t,int k)  {     //计算 Hibbard 增量
    return int(pow(2,t-k+1)-1);
```

```
}
//array 是待排序数组，n 是数组长度，t 是排序趟数 log(MAXNUM+1)/log(2)
void shellSort(int array[],int n,int t)   {
    void shellInsert(int array[],int n,int dk);
    int i;
    for(i=1;i<=t;i++)
        shellInsert(array,n,dkHibbard(t,i));
}
```

3. 简单选择排序

（1）简单选择排序的基本思想：在要排序的一组数中，选出最小的一个数与第一个位置的数交换；然后在剩下的数当中再找最小的与第二个位置的数交换，如此循环到倒数第二个数和最后一个数比较为止。算法最优和最差复杂度都是 $O(n^2)$。

（2）实例分析。

初始状态：57　68　59　52。

第一趟：最小值为 52，与第一个交换，52　|　68　59　57。

第二趟：最小值为 57，与第二个交换，52　57　|　59　68。

第三趟：最小值为 59，无需交换，完成，52　57　59　68。

（3）参考程序。

```
void selectSort(int a[],int n)   {
    int i,j,k,t;
    for( i=0; i<n; i++ )   {
        k=i;
        for( j=i+1; j<n; j++ )
            if(a[k]>a[j])
    k=j;
        if ( k!=i ) {
            t=a[i];
            a[i]=a[k];
            a[k]=t;
        }
    }
}
```

4. 堆排序

（1）堆排序的基本思想：堆排序是一种树形选择排序，是对简单选择排序的有效改进。

堆的定义如下：具有 n 个元素的序列($h_1, h_2, ..., h_n$)，当且仅当满足($h_i \geqslant h_{2i}, h_i \geqslant h_{2i+1}$)或($h_i \leqslant h_{2i}, h_i \leqslant h_{2i+1}$)（i=1,2,...,n/2）时称之为堆。本章只讨论满足前者条件的堆（大顶堆）。

由堆的定义可以看出，堆顶元素（即第一个元素）必为最大项。完全二叉树可以很直观地表示堆的结构。堆顶为根，其他为左子树、右子树。初始时把要排序的数的序列看作是一棵顺序存储的二叉树，调整它们的存储序，使之成为一个堆，这时堆的根结点的数最大。然后将根结点与堆的最后一个结点交换。然后对前面(n-1)个数重新调整使之成为堆。依此类推，直到只有两个结点的堆，并对它们作交换，最后得到有 n 个结点的有序序列。从算法的描述来看，堆排序需要两个过程，一是建立堆，二是堆顶与堆的最后一个元素交换位置。所以堆排序有两个函数组成，一是建堆的渗透函数，二是反复调用渗透函数实现排序的函数。

堆排序的最优和最差复杂度都是 $O(n\log_2 n)$。运用了最小堆、最大堆这个数据结构，而堆还能用于构建优先队列。优先队列应用于进程间调度、任务调度等。堆数据结构应用于 Dijkstra、Prim 算法。

（2）实例分析。

初始序列：46, 79, 56, 38, 40, 84。

首先建堆，如图 7-2（a）所示，然后交换，从堆中踢出最大数，如图 7-2（b）所示。

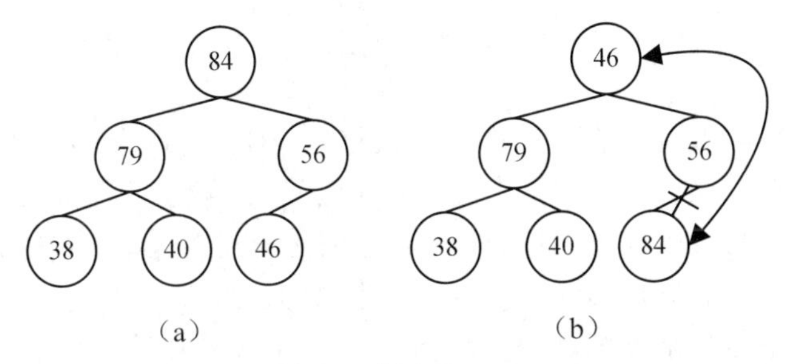

图 7-2

剩余结点再建堆，再交换踢出最大数，如图 7-3 所示。

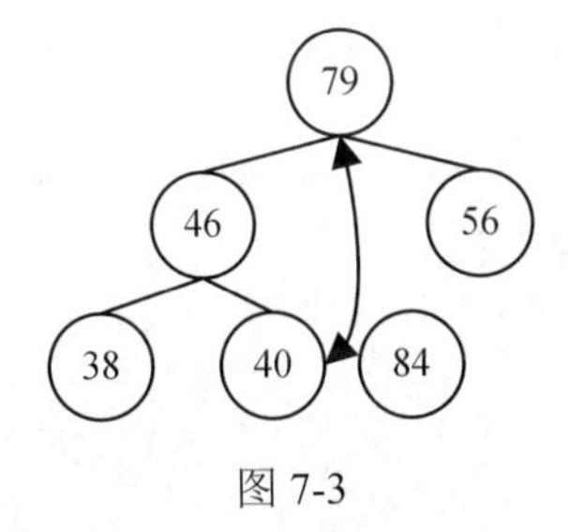

图 7-3

依次类推，最后堆中剩余的最后两个结点交换，踢出一个，排序完成。

（3）参考程序。

```
void HeapAdjust(int array[],int i,int nLength)   {   //根据数组 array 构建大根堆
  int nChild, nTemp;
  for(; 2*i+1<nLength; i=nChild ) {
          nChild=2*i+1;   //子结点的位置
          if ( nChild<nLength-1 && array[nChild+1]>array[nChild] )
          ++nChild;
      if(array[i]<array[nChild])     {
           nTemp=array[i];
           array[i]=array[nChild];
           array[nChild]=nTemp;
      }
      else break;
   }
}
void HeapSort(int array[],int length)   {    //堆排序算法
```

```
        int i;
        for(i=length/2-1;i>=0;--i)
            HeapAdjust(array,i,length);
        for( i=length-1 ; i>0 ; --i) {
            array[i]=array[0]^ array[i];
            array[0]=array[0]^ array[i];
            array[i]=array[0]^ array[i];
            HeapAdjust(array,0,i);    //保证第一个元素是当前序列的最大值
        }
}
```

5．冒泡排序

（1）冒泡排序的基本思想：在要排序的一组数中，对当前还未排好序的范围内的全部数，对相邻的两个数依次进行比较和调整，让较大的数往下沉，较小的往上冒。即每当两相邻的数比较后发现它们的排序与排序要求相反时，就将它们两两互换。通过这种交换，像水中的泡泡一样，小的先冒出来，大的后冒出来，这也是冒泡法的由来。

冒泡法的最优和最差复杂度都是 $O(n^2)$。当然，若文件的初始状态是正序的，一趟扫描即可完成排序。所需的关键字比较次数 C 和记录移动次数 M 均达到最小值：C_{min}=n-1，M_{min}=0。所以，冒泡排序最好的时间复杂度为 O(n)。

（2）实例分析。

初始状态： 57 68 59 52

第一趟冒泡：57 68 59 52
57 68 52 59
57 52 68 59
52 57 68 59

第二趟冒泡：52 57 68 59
52 57 59 68
52 57 59 68

（3）参考程序。

```
#define SIZE 8
void bubble_sort(int a[], int n) {
    int i, j, temp,flag=0;
    for (j = 0; j < n -1; j++) {
        for (i = 0; i < n -1- j; i++) {
            if(a[i] > a[i+1]) {
                temp = a[i];
                a[i] = a[i + 1];
                a[i + 1] = temp;
                flag=1;
            }
        }
    if(flag==0) break;    //当一次排序后没有发生交换排序停止
    }
}
```

6．快速排序

（1）快速排序的基本思想：选择一个基准元素，通常选择第一个元素或者最后一个元素，通过一趟扫描，将待排序列分成两部分，一部分比基准元素小、一部分大于等于基准元素，此

时基准元素在其排好序后的正确位置，然后再用同样的方法递归地排序划分的两部分。快速排序的思想也是分治法。

快速排序的最佳运行时间为 $O(n\log_2 n)$，快速排序的最坏运行时间为当输入数组已排序时，时间为 $O(n^2)$，当然也可以通过随机化来改进，使得其期望的运行时间为 $O(n\log_2 n)$。

（2）参考程序。

```
void quickSort(int *a, int left, int right)    {
      if(left>=right)
            return;
      int i=left;
      int j=right;
      int key=a[left];
      while(i<j)      {             //控制在当前组内寻找一遍
            while(i<j && key<=a[j])
                  j--;      //向前寻找
                  a[i]=a[j];
            while(i<j && key>=a[i])
                  i++;
                  a[j]=a[i];
      }
      a[i]=key;                     //当在当前组内找完一遍以后就把中间数 key 回归
      quickSort (a,left,i-1);       //对分出来的左边小组进行快速排序
      quickSort (a,i+1,right);      //对分出来的右边小组进行快速排序
}
```

7. 归并排序

（1）归并排序的基本思想：归并（Merge）排序法是将两个（或两个以上）有序表合并成一个新的有序表，即把待排序序列分为若干个子序列，每个子序列是有序的，然后再把有序子序列合并为整体有序序列。

归并排序的最差与最优复杂度都是 $O(n\log_2 n)$。

（2）实例分析。

以二路归并为例，对初始数组(57,68,59,52,72,28,96,33)排序。

初始状态：57　68　59　52　72　28　96　33。

第一趟：[57　68]　[52　59]　[28　72]　[33　96]。

第二趟：[52　57　59　68]　[28　33　72　96]。

第三趟：[28　33　52　57　59　68　72　96]。

（3）参考程序。

```
void Merge(int sourceArr[],int tempArr[],int startIndex, int midIndex, int endIndex) {
      int i=startIndex, j=midIndex+1, k=startIndex;
      while(i!=midIndex+1 && j!=endIndex+1)    {
            if(sourceArr[i] >sourceArr[j])
                  tempArr[k++]=sourceArr[j++];
            else
                  tempArr[k++]=sourceArr[i++];
      }
```

```
        while(i!= midIndex+1)
            tempArr[k++]=sourceArr[i++];
        while(j!= endIndex+1)
            tempArr[k++]=sourceArr[j++];
        for(i=startIndex; i<=endIndex; i++)
            sourceArr[i]=tempArr[i];
}
void MergeSort(int sourceArr[], int tempArr[], int startIndex, int endIndex) {
    int midIndex;
    if(startIndex < endIndex)    {
        midIndex = (startIndex + endIndex) / 2;
        MergeSort(sourceArr, tempArr, startIndex, midIndex);
        MergeSort(sourceArr, tempArr, midIndex+1, endIndex);
        Merge(sourceArr, tempArr, startIndex, midIndex, endIndex);
    }
}
```

8. 基数排序

（1）基数排序的基本思想：将所有待比较数值（正整数）统一为同样的数位长度，数位较短的数前面补零。然后，从最低位开始，依次进行一次排序。这样从最低位排序一直到最高位排序完成以后,数列就变成一个有序序列。

基数排序的最优和最差复杂度都是 O((n+k)d)。

（2）实例分析。

```
329  457  657  839  436  720  355
720  355  436  457  657  329  839
720  329  436  839  355  457  657
329  355  436  457  657  720  839
```

（3）参考程序。

```
int maxbit(int data[], int n)   {   //辅助函数，求数据的最大位数
    int d=1; //保存最大的位数
    int p=10,i;
    for(i=0; i<n; ++i)
        while(data[i]>=p)   {
            p*=10;
            ++d;
        }
    return d;
}
void radixsort(int data[], int n)   {
    int d=maxbit(data, n);
    int *tmp=newint[n];
    int *count=newint[10]; //计数器
    int i, j, k;
    int radix=1;
    for(i=1; i<=d; i++) {   //进行 d 次排序
```

```
        for(j=0; j<10; j++)
            count[j] = 0; //每次分配前清空计数器
        for(j=0; j<n; j++) {
            k=(data[j]/radix)%10; //统计每个桶中的记录数
            count[k]++;
        }
        for(j=1; j<10; j++)
            count[j]=count[j-1]+count[j];    //将 tmp 中的位置依次分配给每个桶
        for(j=n-1; j>=0; j--)  {    //将所有桶中记录依次收集到 tmp 中
            k=(data[j]/radix)%10;
            tmp[count[k]-1]=data[j];
            count[k]--;
        }
        for(j=0; j<n; j++)        //将临时数组的内容复制到 data 中
            data[j] = tmp[j];
        radix=radix*10;
    }
    delete[]tmp;
    delete[]count;
}
```

上面共讲述了直接插入、希尔排序、简单选择排序、堆排序、冒泡排序、快速排序、归并排序、基数排序八种排序算法，对这些方法的分类、稳定性、时间复杂度和空间复杂度等总结如表 7-1 所示。

表 7-1

类别	方法	时间复杂度			空间复杂度	稳定性
		平均情况	最好情况	最坏情况	辅助存储	
插入排序	直接插入	$O(n^2)$	$O(n)$	$O(n^2)$	$O(1)$	稳定
	希尔排序	$O(n^{1.3})$	$O(n)$	$O(n^2)$	$O(1)$	不稳定
选择排序	简单选择排序	$O(n^2)$	$O(n^2)$	$O(n^2)$	$O(1)$	不稳定
	堆排序	$O(n\log_2 n)$	$O(n\log_2 n)$	$O(n\log_2 n)$	$O(1)$	不稳定
交换排序	冒泡排序	$O(n^2)$	$O(n)$	$O(n^2)$	$O(1)$	稳定
	快速排序	$O(n\log_2 n)$	$O(n\log_2 n)$	$O(n^2)$	$O(n\log_2 n)$	不稳定
归并排序		$O(n\log_2 n)$	$O(n\log_2 n)$	$O(n\log_2 n)$	$O(n)$	稳定
基数排序		$O(d(r+n))$	$O(d(r+n))$	$O(d(r+n))$	$O(r*d+n)$	稳定

不同条件下，排序方法的选择策略为：

（1）若 n 较小（如 $n\leqslant 50$），可采用直接插入或简单选择排序。当记录规模较小时，直接插入排序较好；否则因为简单选择移动的记录数少于直接插入，应选简单选择排序为宜。

（2）若文件初始状态为基本正有序，则应选用直接插入、冒泡或随机的快速排序为宜。

（3）若 n 较大，则应采用时间复杂度为 $O(n\log_2 n)$ 的排序方法：快速排序、堆排序或归并排序。

快速排序在目前基于比较的内部排序中被认为是最好的方法，当待排序的关键字是随机分布时，快速排序的平均时间最短。

堆排序所需的辅助空间少于快速排序，并且不会出现快速排序可能出现的最坏情况。但是，上述这两种排序都是不稳定的。

若要求排序稳定，则可选用归并排序。但本章介绍的从单个记录起进行两两归并的排序算法并不值得提倡，通常可以将它和直接插入排序结合在一起使用。先利用直接插入排序求得较长的有序子文件，然后再两两归并之。因为直接插入排序是稳定的，所以改进后的归并排序仍是稳定的。

（4）在基于比较的排序方法中，每次比较两个关键字的大小之后，仅仅出现两种可能的转移，因此可以用一棵二叉树来描述比较判定过程。当文件的 n 个关键字随机分布时，任何借助于“比较”的排序算法，至少需要 $O(n\log_2 n)$的时间。基数排序只需一步就会引起 m 种可能的转移，即把一个记录装入 m 个箱子之一，因此在一般情况下，基数排序可能在 O(n)时间内完成对 n 个记录的排序。但是，基数排序只适用于像字符串和整数这类有明显结构特征的关键字，而当关键字的取值范围属于某个无穷集合（例如实数型关键字）时，无法使用基数排序，这时只有借助于“比较”的方法来排序。若 n 很大，记录的关键字位数较少且可以分解时，采用基数排序较好。虽然桶排序对关键字的结构无要求，但它也只有在关键字是随机分布时才能使平均时间达到线性阶，否则为平方阶。同时要注意，基数分配排序均假定了关键字若为数字时，则其值均是非负的，否则将其映射到箱号时，又要增加相应的时间。

（5）例如 Fortran、Cobol 或 Basic 等有些语言没有提供指针及递归，导致实现归并、快速（它们用递归实现较简单）和基数（使用了指针）等排序算法变得复杂，此时可考虑用其他排序方法。

7.2 查找

7.2.1 静态查找

本节介绍四大查找算法：顺序查找、折半查找、分块查找、散列表。

1. 顺序查找

（1）基本思想：从表的一端开始，顺序扫描表，依次将扫描到的结点关键字和给定值（假定为 a）相比较，若当前结点关键字与 a 相等，则查找成功；若扫描结束后，仍未找到关键字等于 a 的结点，则查找失败。简单地说就是，从头到尾，一个一个地比，找着相同的就成功，找不到就失败。很明显的缺点就是查找效率低。

适用于线性表的顺序存储结构和链式存储结构。

1 2 3 4 5 6 7 8 9 10 11 12 13 14 15 16

（2）计算平均查找长度。

例如上例，查找 1 需要 1 次，查找 2 需要 2 次，依次往下推，可知查找 16 需要 16 次，可以看出，只要将这些查找次数求和，然后除以结点数，即为平均查找长度。设 n 为结点数，则平均查找长度为(n+1)/2。

（3）参考程序。

```
int Search(int d,int a[],int n)  {
```

```
int i ;
for(i=n-1;a!=d;--i)
      return i ;
}
```

2. 折半查找

（1）基本思想。

也称二分查找。首先，将表中间位置记录的关键字与查找关键字比较，如果两者相等，则查找成功；否则利用中间位置记录将表分成前、后两个子表，如果中间位置记录的关键字大于查找关键字，则进一步查找前一子表，否则进一步查找后一子表。

重复以上过程，直到找到满足条件的记录，使查找成功，或直到子表不存在为止，此时查找不成功。

要求必须采用顺序存储结构，且必须按关键字大小有序排列。

折半查找法的优点是比较次数少，查找速度快，平均性能好；其缺点是要求待查表为有序表，且插入、删除困难。因此，折半查找方法适用于不经常变动而查找频繁的有序列表，平均查找长度为 $\log_2(n+1)-1$。

（2）参考程序。

```
int bsearch (int array[],int low,int high,int target) {
      int mid;
      while(low<=high)       {
            mid=(low+high)/2;
         if(array[mid]>target)
               high=mid-1;
         else if (array[mid]<target)
               low=mid+1;
         else
            return mid;
      }
   return -1;
}
```

3. 分块查找

分块查找又称索引顺序查找，它是顺序查找的一种改进方法。

（1）基本思想。

将 n 个数据元素“按块有序”划分为 m 块（m≤n）。每一块中的结点不必有序，但块与块之间必须“按块有序”，即第 1 块中任一元素的关键字都必须小于第 2 块中任一元素的关键字，而第 2 块中任一元素又都必须小于第 3 块中的任一元素……查找表是分块有序的，所以，索引表是一个递增有序表，因此，采用顺序或二分查找索引表，以确定待查结点在哪一块，由于块内无序，只能用顺序查找。

（2）平均查找长度。

设表共 n 个结点，分 b 块，令 s=n/b，那么分块查找索引表的平均查找长度为 $\log_2\left(\frac{n}{s}+1\right)+\frac{s}{2}$，顺序查找索引表的平均查找长度为 $\frac{s^2+2*s+n}{2*s}$。分块查找的优点是在表中插入或删除一个记录时，只要找到该记录所属块，就可以在该块中进行插入或删除运算（因块内无序，所以不需要大量移动记录）。主要代价是增加一个辅助数组的存储控件和将初始表分块排序的运算。它的性能介于顺序查找和二分查找之间。

（3）参考程序。

```
struct index {    //定义块的结构
int key; int start; int end;
} index_table[4];    //定义结构体数组
int block_search(int key, int a[])  { //自定义实现分块查找
int i, j;
for (i = 1, j=-1; i <= 3; i++) {
    index_table[i].start = j + 1;    //确定每个块范围的起始值
    j = j + 1;
    index_table[i].end = j + 4;    //确定每个块范围的结束值
    j = j + 4;
    index_table[i].key = a[j];    //确定每个块范围中元素的最大值
}
i = 1;
while (i <= 3 && key > index_table[i].key)    //确定在那个块中
    i++;
if (i > 3)    //大于分得的块数，则返回 0
    return 0;
j = index_table[i].start;    //j 等于块范围的起始值
while (j <= index_table[i].end && a[j] != key)    //在确定的块内进行查找
    j++;
if (j > index_table[i].end)
    j = 0;
return j;
}
```

4. 哈希表查找

哈希表查找技术不同于顺序查找、二分查找、分块查找。它不以关键字的比较为基本操作，而是采用直接寻址技术。在理想情况下，无须任何比较就可以找到待查关键字，查找的期望时间为 O(1)，实际则取决于产生冲突的多少。

（1）基本原理。

使用一个下标范围比较大的数组来存储元素，在第 4 章素数部分曾经使用过，但没有明确提出 Hash。可以设计一个函数，即哈希函数，有时也叫散列函数，使得每个元素的关键字都与一个函数值相对应。但是，不能够保证每个元素的关键字与函数值是一一对应的，因此，极有可能出现对于不同的元素，却计算出了相同的函数值，这样就产生了“冲突”，换句话说，就是把不同的元素分在了相同的“类”之中。总的来说，“函数构造”与“冲突处理”是哈希表查找方法的两大特点。

（2）函数构造。

下面为了叙述简洁，设 h(key) 表示关键字为 key 的元素所对应的函数值，六种构造函数的常用方法如下：

1）直接定址法。

函数公式：h(key)=a*key+b（a,b 为常数）

这种方法的优点是：简单、均匀，不会产生冲突。但是，需要事先知道关键字的分布情况，适合查找表较小并且连续的情况。

2）数字分析法。

比如 11 位手机号码 136XXXX7887，其中前 3 位是接入号，一般对应不同运营公司的子品牌，如 130 是联通如意通，136 是移动神州行，153 是电信等。中间 4 位是 HLR 识别号，表示用户归属地。最后 4 位才是真正的用户号。

若现在要存储某家公司员工登记表，如果用手机号码作为关键字，那么极有可能前 7 位都是相同的，所以选择后面的 4 位作为哈希地址就是不错的选择。

3）平方取中法。

顾名思义，比如关键字是 1234，那么它的平方就是 1522756，再抽取中间的 3 位就是 227 作为哈希地址。

4）折叠法。

折叠法是将关键字从左到右分割成位数相等的几个部分，最后一部分位数不够可以短点，然后将这几部分叠加求和，并按哈希表表长，取后几位作为哈希地址。

比如关键字是 9876543210，哈希表表长 3 位，将它分为 4 组，987|654|321|0 ，然后叠加求和 987+654+321+0=1962，再求后 3 位即得到哈希地址为 962。

5）除留余数法。

函数公式：h(key)=key mod p（p≤m），m 为哈希表表长。这种方法是最常用的哈希函数构造方法。

6）随机数法。

函数公式：h(key)= random(key)。这里 random 是随机函数，当关键字的长度不等时，采用这种方法比较合适。

（3）冲突处理。

处理冲突的方法与散列表本身的组织形式有关。按组织形式的不同，通常分两大类：链地址法和开放地址法。

链地址法的基本思想就是将具有相同散列地址的记录放在同一个单链表中。

开放定址法就是一旦发生了冲突，就去寻找下一个空的哈希地址，只要哈希表足够大，空的哈希地址总能找到，然后将记录插入。这种方法是最常用的解决冲突的方法。通常把寻找下一个空位的过程称为“探测”，用如下公式表示：

$H_i=(H(key)+d_i)\ \%\ m \quad i=1,2,\ldots,k\ (k\leq m-1)$

其中，H(key)为散列函数，m 为散列表表长，d_i 为增量序列。根据 d_i 取值的不同，可以将探测方法分为三类：线性探测法（$d_i=1,2,3,\ldots,m-1$）、二次探测法（$d_i=1^2,-1^2,2^2,-2^2,3^2,\ldots,+k^2,-k^2,k\leq m/2$）和伪随机探测法（$d_i$=伪随机数序列）。下面以线性探测法为例做简单介绍。

线性探测法易于实现且可以较好地达到目的。令数组元素个数为 S，则当 h(k) 已经存储了元素的时候，依次探查 (h(k)+i) mod S, i=1,2,3,…，直到找到空的存储单元为止，或者从头到尾扫描一圈仍未发现空单元，这就是哈希表已经满了，发生了错误。当然，这是可以通过扩大数组范围避免的。

（4）参考程序。

哈希表支持的运算主要有：初始化、哈希函数值的运算、插入元素、查找元素，因此，其操作步骤主要包括:用给定的哈希函数构造哈希表;根据选择的冲突处理方法解决地址冲突;在哈希表的基础上执行哈希查找。

```
#define HASHSIZE 7                //定义散列表长为数组的长度
#define NULLKEY -32768
typedef struct   {
    int *elem;       //数据元素存储地址，动态分配数组
    int count;       //当前数据元素个数
}HashTable;
int m=0;    //散列表表长，全局变量
int Init(HashTable *hashTable)   {     //初始化
    int i;
    m=HASHSIZE;
    hashTable->elem= (int *)malloc(m*sizeof(int));      //申请内存
    hashTable->count=m;
    for (i=0;i<m;i++)
        hashTable->elem[i]=NULLKEY;
    return 1;
}
int Hash(int data) //哈希函数（除留余数法）     {
    return data%m;
}
void Insert(HashTable *hashTable,int data) { //插入
    int hashAddress=Hash(data);       //求哈希地址
    while(hashTable->elem[hashAddress]!=NULLKEY)   {     //发生冲突
        //利用开放定址的线性探测法解决冲突
        hashAddress=(++hashAddress)%m;
    }
    hashTable->elem[hashAddress]=data; //插入值
}
int Search(HashTable *hashTable,int data)    { //查找
    int hashAddress=Hash(data);       //求哈希地址
    while(hashTable->elem[hashAddress]!=data) {   //发生冲突
        hashAddress=(++hashAddress)%m; //利用开放定址的线性探测法解决冲突
        if (hashTable->elem[hashAddress]==NULLKEY||hashAddress==Hash(data))
            return -1;
    }
    return hashAddress;       //查找成功
}
```

7.2.2 动态查找

静态查找就是一般概念中的查找，是“真正的查找”。动态查找不像是传统意义上的“查找”，更像是一个对表进行创建、扩充、修改、删除的过程。

当查找表以顺序存储结构存储且需要保持有序时，若对查找表进行插入、删除或排序操作，就必须移动大量的记录，当记录数很多时，这种移动的代价很大。若查找表无序，则插入删除可无需移动大量记录，但于查找不利。利用树的形式组织查找表，可以对查找表进行动态

高效的查找。

1. 二叉排序树

首先给出二叉排序树（二叉搜索树、二叉查找树）的定义如下：

一个空树或是具有下列性质的二叉树：若它的左子树不空，则左子树上所有结点的值均小于它的根结点的值；若它的右子树不空，则右子树上所有结点的值均大于它的根结点的值。

它的左右子树也分别为二叉排序树。

二叉排序树中遍历得到的必定是一个有序序列。

```
//二叉排序树的二叉链表存储表示
typedef struct{
    KeyType key;
InfoType otherinfo;
} ElemType;
typedef struct BSTNode{
    ElemType data;
    Struct BSTNode *lchild,*rchild;
} BSTNode,*BSTree;
```

二叉排序树的查找思想为：

（1）若查找树为空，查找失败。

（2）若查找树非空，将给定值和查找树的根结点比较：若相等，查找成功，结束查找过程；若给定值小于根结点，查找将在根结点的左子树上继续进行，转至（1）；若给定值大于根结点，查找将在根结点的右字树上继续进行，转至（1）。

二叉排序树查找的平均时间复杂度为 O(logn)，最坏时间复杂度为 O(n)。

二叉排序树查找算法的类 C 伪代码描述如下：

```
BSTree SearchBST(BSTree T,KeyType key)   {
if((!T)||key==T->data.key)
   return T;
else if(key<T->data.key)
return SearchBST(T->lchild,key);
else
   return SearchBST(T->rchild,key);
}
```

2. 二叉平衡树

二叉平衡树是一种特殊类型的二叉排序树。二叉排序树查找算法的性能取决于二叉树的结构，树的高度越小，查找速度越快。平衡二叉树的左子树和右子树都是平衡二叉树，且左子树和右子树的深度之差的绝对值不超过 1。若将二叉树上结点的平衡因子定义为该结点的左子树的深度减去它的右子树的深度，则平衡二叉树上所有结点的平衡因子只能是-1,1,0。平衡树查找的时间复杂度为 O(logn)。

3. B-树

B-树是一种平衡的多路查找树，它的结构如下：一棵 m 阶的 B-树，或为空树，或为满足下列条件的 m 叉树。

（1）树中每个结点至多有 m 棵子树。

（2）若根结点不是叶子结点，则至少有两棵子树。

（3）除根之外的所有非终端结点至少有[m/2 向上取整]棵子树。

（4）所有的叶子结点都出现在同一层次上，并且不带信息（可以看作是外部结点或查找失败的结点，实际上这些结点不存在，指向这些结点的指针为空）。

（5）所有的非终端结点中包含下列信息数据：

$(n, A_0, K_1, A_1, K_2, A_2, \ldots, K_n, A_n)$

实际上在 B-树的每个结点中还应包含 n 个指向每个关键字的记录的指针，其中 n 为关键字的个数，$\lfloor m/2 \rfloor \leq n \leq m-1$（其中$\lfloor\ \rfloor$表示向下取整），n+1 为子树个数。

设 K_i（i=1,…,n）为关键字，且按升序排列。

A_i（i=0,1,…,n）为指向子树根结点的指针，且指针 A_{i-1} 所指子树中的所有结点的关键字均小于 K_i（i=1,…,n）。A_n 所指子树中所有结点的关键字均大于 K_n。

其基本思想是利用关键字把记录区间切成小段，然后被切分的小段分别放进对应的子树里，注意其中非叶子结点的关键字个数为指向儿子的指针个数减 1。

```
//B-树的存储表示
#define m 3                      //B-树的阶，暂设为 3
typedef struct BTNode {
int keynum;                      //结点中关键字的个数，即结点的大小
struct BTNode *parent;           //指向双亲结点
KeyType key[m+1];                //关键字矢量，0 号单元未用
structBTNode *ptr[m+1];          //子树指针矢量
Record *recptr[m+1];             //记录指针矢量，0 号单元未用
}BTNode,*BTree;                  //B-树结点和 B-树的类型
```

在 B-树上进行的查找是一个顺指针查找结点和在结点的关键字中进行查找交叉进行的过程，算法描述如下：

```
Result SearchBTree(BTree T,KeyType key)   {
//在 m 阶 B-树 T 上查找关键字 key，返回结果(pt,i,tag)
P=T; q=NULL; found=FALSE; i=0;        //初始化
while(p&&!found)   {
    i=Search(p,key);    //在 p->key[1..keynum]中查找 i，使得 p->key[i]<=key<p->key[i+1]
    if(i>0&&p->key[i]==k)   found=TRUE;
    else    {
            q=p;
            p=p->ptr[i];
}
  }
    if(found)   return(p,i,l);          //查找成功
     else return(q,i,0);          //查找不成功，返回 k 的插入位置信息
}
```

B-树主要用作文件索引，因此查找往往涉及外存，两种基本操作为：

（1）在 B-树中找结点（磁盘上进行）。

（2）在结点中找关键字（内存中进行）。因为在磁盘上进行一次查找比在内存中进行一次查找耗费时间多得多，所以，在磁盘上进行查找的次数、即待查关键字所在结点在 B-树上的层次数，是决定效率的主要因素。

4. B+树

B+树是应文件系统所需而出的一种 B-树的变形树，严格来说，它已经不是树了。一棵 m 阶的 B+树和 B-树的差异如下：

（1）在 B-树中，每个结点含有 n 个关键字和 n+1 棵子树，而在 B+树中，每个结点含有 n 个关键字和 n 棵子树，即每个关键字对应一棵子树。

（2）在 B-树中，每个结点（除根结点外）中的关键字个数 n 的取值范围是：$\lfloor m/2 \rfloor \leq n \leq m-1$，而在 B+树中，每个结点（除树根结点外）中的关键字个数 n 的取值范围是：$\lfloor m/2 \rfloor \leq n \leq m$，树根结点的关键字个数的取值范围是 $1 \leq n \leq m$。

（3）B+树中所有叶子结点包含了全部关键字及指向对应记录的指针，且所有叶子结点按关键字从小到大的顺序依次链接。

（4）B+树中所有非叶子结点仅起到索引的作用，即结点中的每个索引项只含有对应子树的最大关键字和指向该子树的指针，不含有该关键字对应记录的存储地址。

在 B+树上进行查找的过程基本上与 B-树类似，通常在 B+树上有两个头指针，一个指向根结点，用于从根结点起对树进行插入、删除和查找等操作，另一个指向关键字最小的叶子结点，用于从最小关键字起进行顺序查找和处理每一个叶子结点中的关键字及记录。

在 B+树上进行查找时，若非终端结点上的关键字等于给定值，就不终止，而是继续向下直到叶子结点。因此，在 B+树中不论查找成功与否，每次查找都是走了一条从根到叶子结点的路径。

7.3　排序与查找的应用

例 7.1　青年歌手大奖赛评委会打分。

问题描述

青年歌手大奖赛中，评委会给参赛选手打分。选手得分规则为去掉一个最高分和一个最低分，然后计算平均得分，请编程输出某选手的得分。

输入

输入数据有多组，每组占一行，每行的第一个数是 n（$2 < n \leq 100$），表示评委的人数，然后是 n 个评委的打分。

输出

对于每组输入数据，输出选手的得分，结果保留 2 位小数，每组输出占一行。

样例输入

3 99 98 97

4 100 99 98 97

样例输出

98.00

98.50

题意分析

题意就是求整个数组的和，并在数组中找最值。其中找最值可以先把第一个元素赋给 max、

min 变量，做一次遍历，一一比较，把最大值存入 max，最小值存入 min。问题规模不大，可以直接判定，在读取数据的同时，获得最值。

参考程序

```
#include <stdio.h>
int main()    {
    int n, i;          double min, max;          double x, y;
    while (scanf("%d", &n) != EOF)       {
        scanf("%lf", &x);
        min = max = x;
        for (i = 1 ; i < n ; i++)       {
            scanf("%lf", &y);
            x += y;
            if (y > max) max = y;
            if (y < min) min = y;
        }
        printf("%.2lf\n", (x - min - max) / (n - 2));
    }
    return 0;
}
```

例 7.2 排序。

问题描述

给你 n 个整数，请按从大到小的顺序输出其中前 m 大的数。

输入

每组测试数据有两行，第一行有两个数 n, m（0＜n,m＜1000000），第二行包含 n 个各不相同且都是处于区间[-500000,500000]的整数。

输出

对每组测试数据按从大到小的顺序输出前 m 大的数。

样例输入

5 3

3 -35 92 213 -644

样例输出

213 92 3

题意分析

一个自然的思路是先将每组测试数按照从大到小排序，然后输出前 m 个数。但是，问题给定的数据量极大，利用快速排序的时间复杂度也达到了 O(nlog(n))，显然会超时。考虑到数据具有特定的范围，是否可以将数据值与存储位置建立对应关系？这就是简单的哈希思想，在输入数据时，数据存储完毕，排序也完成。

参考程序

（1）数据量不大时可以用快速排序求解。

```
#include <iostream>
#include <cstdio>
#include <algorithm>
```

```
using namespace std;
int num[1000000+10];
int main()  {
    int n,m;
    while (~scanf("%d%d",&n,&m))     {
        for (int i=1;i<=n;i++)            scanf("%d",&num[i]);
            sort(num+1,num+n+1);      //使用 STL 排序算法
        for (int i=n;i>n-m+1;i--)
            printf ("%d ",num[i]);
        printf ("%d\n ",num[n-m+1]);
        printf ("");
    }
    return 0;
}
```

（2）数据规模增长时使用哈希解决。

```
#include <stdio.h>
#include <stdlib.h>
int iHash[1000001] = {0};
int main()  {
    int n, m, i;
    while(scanf("%d%d",&n,&m)!=EOF)     {
        for(i = 0; i < n ;i++)     {
            int iValue;   scanf("%d",&iValue);
            iHash[iValue + 500000] = 1;
        }
        for(i = 500000 ; i >= -500000 ; i--) {
            if(iHash[i + 500000]==1)    {
                m--;   printf("%d ",i);
            }
            if(m==0)    {
                printf("\n");   break;
            }
        }
    }
    return 0;
}
```

例 7.3　Let the Balloon Rise

问题描述

Contest time again! How excited it is to see balloons floating around. But to tell you a secret, the judges' favorite time is guessing the most popular problem. When the contest is over, they will count the balloons of each color and find the result. This year, they decide to leave this lovely job to you.

输入

Input contains multiple test cases. Each test case starts with a number N (0<N≤1000), the total number of balloons distributed. The next N lines contain one color each. The color of a balloon

is a string of up to 15 lower-case letters.

A test case with N = 0 terminates the input and this test case is not to be processed.

输出

For each case, print the color of balloon for the most popular problem on a single line. It is guaranteed that there is a unique solution for each test case.

样例输入

5
green
red
blue
red
red
3
pink
orange
pink
0

样例输出

red
pink

题意分析

给出 N 组字符串，判断哪个字符串出现的次数最多，并输出该字符串。当 N=0 时结束。N 代表有几个字符串，然后输入字符串，一组字符串中出现最多的一个。

解题思路大致是用 color[1000][16]来存储颜色信息，用 num[1000]来统计每个颜色出现的次数，先输入一个颜色，从第二个颜色的输入开始，每输入一个，都要和之前输入的所有颜色进行比较，若是一样，则在数组对应位置上加 1。

例如 3，color[0] pink，color[1] pink num[1]=2，color[2] blue num[2]=1，然后在 num[1000]中查找最大数，输出其下标，找到对应的颜色输出。

参考程序

```
#include <stdio.h>
#include <string.h>
int main()  {
    int n,i,j,num[1000];
    int max=0,t=0;
    char color[1000][16];
    while(scanf("%d",&n)!=EOF)    {
        if(n)  {
            num[0]=0;
            scanf("%s",color[0]);
            for(i=1;i<n;i++)   {
                num[i]=0;
```

```
                scanf("%s",color[i]);
                for(j=0;j<i-1;j++)
                    if(strcmp(color[i],color[j])==0) num[i]+=1;
            }
            max=0;
            t=0;
            for(i=1;i<n;i++)
                if(max<num[i])    {
                    max=num[i];
                    t=i;
            }
            printf("%s\n",color[t]);
        }
    }
}
```

例 7.4　Flying to the Mars

问题描述

In the year 8888, the Earth is ruled by the PPF Empire. As the population growing, PPF needs to find more land for the newborns. Finally, PPF decides to attack Kscinow who ruling the Mars. Here the problem comes! How can the soldiers reach the Mars? PPF convokes his soldiers and asks for their suggestions. "Rush …" one soldier answers. "Shut up ! Do I have to remind you that there isn't any road to the Mars from here!" PPF replies. "Fly! " another answers. PPF smiles: "Clever guy ! Although we haven't got wings, I can buy some magic broomsticks from HARRY POTTER to help you." Now, it's time to learn to fly on a broomstick! We assume that one soldier has one level number indicating his degree. The soldier who has a higher level could teach the lower, that is to say the former's level > the latter's. But the lower can't teach the higher. One soldier can have only one teacher at most, certainly, having no teacher is also legal. Similarly one soldier can have only one student at most while having no student is also possible. Teacher can teach his student on the same broomstick.Certainly, all the soldier must have practiced on the broomstick before they fly to the Mars! Magic broomstick is expensive!So, can you help PPF to calculate the minimum number of the broomstick needed.

For example : There are 5 soldiers (A B C D E)with level numbers: 2 4 5 6 4; One method: C could teach B; B could teach A; So, A B C are eligible to study on the same broomstick. D could teach E;So D E are eligible to study on the same broomstick; Using this method, we need 2 broomsticks. Another method: D could teach A; So A D are eligible to study on the same broomstick. C could teach B; So B C are eligible to study on the same broomstick. E with no teacher or student are eligible to study on one broomstick. Using the method,we need 3 broomsticks.

…

After checking up all possible method, we found that 2 is the minimum number of broomsticks needed.

输入

Input file contains multiple test cases. In a test case,the first line contains a single positive number N indicating the number of soldiers (0≤N≤3000). Next N lines: There is only one nonnegative integer on each line, indicating the level number for each soldier (less than 30 digits).

输出

For each case, output the minimum number of broomsticks on a single line.

样例输入

4
10
20
30
04
5
2
3
4
3
4

样例输出

1
2

题意分析

这种比较冗长的题面，首先要理清题意。大致就是有若干个飞行员，需要在扫帚上练习飞行，每个飞行员具有不同的等级，且等级高的飞行员可以当等级低的飞行员的老师，且每个飞行员至多有且只有一个老师和学生。具有老师和学生关系的飞行员可以在同一把扫帚上练习，并且这个性质具有传递性。即比如有A,B,C,D,E五个飞行员，且等级是A>B>C>D>E，那么可以使A当B的老师，B当C的老师，D当E的老师，那么A,B,C可以在同一扫帚上练习，D,E在同一把扫帚上练习，这样需要2把扫帚，而如果是A当B的老师，B当C的老师，C当D的老师，D当E的老师，那么只需要一把扫帚。题目所求即所需最少的扫帚数目。本质就是求相同级别的人最多是几个。

设有若干个飞行员，$\{\{A_1,A_2,A_3,...,A_K\},\{B_1,B_2,B_3,...,B_m\},\ldots,\{F_1,F_2,F_3,\ldots,F_n\}\}$，已按照等级由低到高排好序，在同一个集合里的飞行员等级相同。若需要最少数目的扫帚，则只能是$\{A_1,B_1,\ldots,F_1\},\{A_2,B_2,\ldots,F_2\},\ldots$这样进行组合，扫帚数目最少。因此，决定所需最少扫帚数目的集合是含有飞行员最多的集合，即同一等级数目最多的飞行员集合。

参考程序

```
#include<iostream>
#include<string.h>
#include<algorithm>
#include<stdio.h>
using namespace std;
int N, Hash[3010];
char str[40];
```

```
int BKDRHash(char* s)   {
    long long seed=131;
    long long hash=0;
    while(*s=='0')s++; //重要
    while(*s)
        hash=hash*seed+(*s++);
    return (hash & 0x7FFFFFFF);
}
int main()   {
    int i,ans;
    while(scanf("%d",&N)!=EOF)   {
        i=0,ans=1;
        for(i=0;i<N;i++)   {
            scanf("%s",str);
            Hash[i]=BKDRHash(str);
        }
        sort(Hash,Hash+N);
        int temp=1;
        for(i=1;i<N;i++)   {      //ans 即为相等的数的最大值
            if(Hash[i]==Hash[i-1])   {
                temp++;
                if(temp>ans)ans=temp;
            }
            else temp=1;
        }
       printf("%d\n",ans);
    }
    return 0;
}
```

另外，该问题也可以用标准模板库 STL 中的 map 解决。

```
#include <iostream>
#include <string>
#include <stdio.h>
#include <map>
using namespace std;
int main() {
    int n,max, num;
    map<int,int>mp;
    while(scanf("%d",&n)!=EOF) {
        mp.clear();          max=0;
        while(n--) {
            scanf("%d",&num);          mp[num]++;
            if(mp[num]>max){
                max=mp[num];
            }
        }
```

```
            printf("%d\n",max);
        }
        return 0;
    }
```

上述程序中的 BKDRHash 函数是一种字符哈希算法。所谓完美哈希函数，就是指没有冲突的哈希函数，即对任意的 key1!= key2 有 h(key1)!= h(key2)。设定义域为 X，值域为 Y，n=|X|，m=|Y|，那么肯定有 m≥n，如果对于不同的 key1,key2 属于 X，有 h(key1)!=h(key2)，那么称 h 为完美哈希函数，当 m=n 时，h 称为最小完美哈希函数，即一一映射。

在处理大规模字符串数据时，经常要为每个字符串分配一个整数 ID。这就需要一个字符串哈希函数。怎么样找到一个完美的字符串哈希函数呢？

目前，已经有一些常用的字符串哈希函数，除了前面提及的 BKDRHash，还有 APHash、DJBHash、JSHash、RSHash、SDBMHash、PJWHash、ELFHash 等，都是比较经典的。实验表明，BKDRHash 无论是在实际效果还是编码实现中，效果都是最突出的，APHash 也是较为优秀的算法。限于篇幅，本书不再一一罗列这些字符串哈希函数，有兴趣的读者可以参阅相关资料。下面仅提供 ELFHash 的参考程序。

```
unsigned int ELFHash(char *str) {
    unsigned int hash = 0;
    unsigned int x = 0;
    while (*str)       {
        hash = (hash << 4) + (*str++); //hash 左移 4 位，把当前字符 ASCII 存入 hash 低四位
        if ((x = hash & 0xF0000000L) != 0) {
            //如果最高的四位不为 0，则说明字符多余 7 个，现在正在存第 7 个字符
            //如果不处理，再加下一个字符时，第一个字符会被移出，因此要有如下处理
            //如果最高位为 0，就会仅仅影响 5～8 位，否则会影响 5～31 位
            //因为 C 语言使用的移位，1～4 位刚刚存储了新加入到字符，所以不能>>28
            hash ^= (x >> 24);
            //上面这行代码并不会对 x 有影响，本身 x 和 hash 的高 4 位相同
            //下面这行代码&~即对 28～31（高 4 位）位清零
            hash &= ~x;
        }
    }
    //返回一个符号位为 0 的数，即丢弃最高位，以免函数外产生影响
    //如果只有字符，符号位不可能为负
    return (hash & 0x7FFFFFFF);
}
```

例 7.5 除法。

问题描述

小 A 很痴迷数学问题。一天，小 C 出了个数学题想难倒他，让他回答 1/n。小 A 回答不了，请大家编程帮助他。

输入

第一行整数 T，表示测试组数。后面 T 行，每行一个整数 n（1≤|n|≤105）。

输出

输出 1/n，若是循环小数的，只输出第一个循环节。

样例输入

4

2

3

7

168

样例输出

0.5

0.3

0.142857

0.005952380

题意分析

循环小数的循环节以余数是否相同作为判断条件，最后一位应为结果中出现相同的余数那位。

参考程序

```
#include <stdio.h>
#include <string.h>
int f[100000];
int hash[100000];
int main()   {
    int t,m,y,cnt,n,i;
    scanf("%d",&t);
    while(t--)   {
        scanf("%d",&n);
        if(n<0) {            //如果是负数
            printf("-");     //首先打印负号
            n*=-1;           //取反后当做正数处理
        }
        if(n==1)   {    printf("1\n");      continue;     }
        y=1;   cnt=0;
        memset(hash,0,sizeof(hash));//初始化为 0
        hash[1]=1;
        while(y) {
            y*=10;
            f[cnt++]=y/n;        //f[cnt]记录当前位的数据
            y%=n;
            if(hash[y])          //如果使用过，说明出现循环数节
                break;
            hash[y]=1;           //记录余数是否使用过
        }
        printf("0.");
        for(i=0;i<cnt;i++)
            printf("%d",f[i]);
```

```
        printf("\n");
    }
    return 0;
}
```

例 7.6　自然数。

问题描述

某次科研调查时得到了 n 个自然数，每个数均不超过 1500000000（即 $1.5*10^9$）。已知不相同的数不超过 10000 个，现在需要统计这些自然数各自出现的次数，并按照自然数从小到大的顺序输出统计结果。

输入

输入文件 count.in 包含 n+1 行；第一行是整数 n，表示自然数的个数；第 2～n+1 每行一个自然数。40%的数据满足：1≤n≤1000；80%的数据满足：1≤n≤50000；100%的数据满足：1≤n≤200000。每个数均不超过 1500000000（$1.5*10^9$）。

输出

输出文件 count.out 包含 m 行（m 为 n 个自然数中不相同数的个数），按照自然数从小到大的顺序输出。每行输出两个整数，分别是自然数和该数出现的次数，其间用一个空格隔开。

样例输入

8
2
4
2
4
5
100
2
100

样例输出

2 3
4 2
5 1
100 2

题意分析

这是 NOIP2007 年提高组的一道竞赛题，属于简单题。大概意思就是有一些数据需要统计其频次，并按照顺序输出。显然，最直接的思路是先排序、然后统计即可。根据问题规模，这是一个可以用快速排序求解的问题，算法 $O(n\log_2 n)$的时间复杂度是完全可以接受的。

参考代码

```
#include <stdio.h>
#include <stdlib.h>
int n;
int a[201000];
```

```
int cmp(const void *a,const void *b){        return *(int *)a-*(int *)b;     }
int main(){
    scanf("%d",&n);
    for (int i=1;i<=n;i++){
        scanf("%d",&a[i]);
    }
    qsort(a+1,n,sizeof(int),cmp);   //快速排序
    int cnt=0,s=0;
    for (int i=1;i<=n;i++){
        if (i==1){
                s=a[i];    cnt++;    continue;
        }
        if (s!=a[i]){
                    printf("%d %d\n",s,cnt);
                    s=a[i];    cnt=1;
        }else if (s==a[i]) cnt++;
    }
    printf("%d %d\n",s,cnt);
    return 0;
}
```

例 7.7 Solving Order

问题描述

As a pretty special competition, many volunteers are preparing for it with high enthusiasm. One thing they need to do is blowing the balloons. Before sitting down and starting the competition, you have just passed by the room where the boys are blowing the balloons. And you have found that the number of balloons of different colors are strictly different. After thinking about the volunteer boys' sincere facial expressions, you noticed that, the problem with more balloon numbers are sure to be easier to solve.

Now, you have recalled how many balloons are there of each color.

Please output the solving order you need to choose in order to finish the problems from easy to hard.

You should print the colors to represent the problems.

输入

The first line is an integer T which indicates the case number.

And as for each case, the first line is an integer n, which is the number of problems.

Then there are n lines followed, with a string and an integer in each line, in the i-th line, the string means the color of ballon for the i-th problem, and the integer means the ballon numbers.

It is guaranteed that: T is about 100,1≤n≤10,1≤string length≤10,

1≤ bolloon numbers ≤83.(there are 83 teams :p)

For any two problems, their corresponding colors are different.

For any two kinds of balloons, their numbers are different.

输出

For each case, you need to output a single line.

There should be n strings in the line representing the solving order you choose.

Please make sure that there is only a blank between every two strings, and there is no extra blank.

样例输入

3

3

red 1

green 2

yellow 3

1

blue 83

2

red 2

white 1

样例输出

yellow green red

blue

red white

问题来源

2016 巴卡斯杯中国大学生程序设计竞赛女生专场

题意分析

题目大意是把颜色由多到少进行排序，从大到小输出。解题思路是将变量存在结构体中，然后按结构体排序即可。此外，还需要注意格式的问题。

参考程序

```
#include <iostream>
#include <cstdio>
#include <algorithm>
using namespace std;
struct node {
char ch[110];
int num;
}s[110];
bool cmp(node a,node b) {    return a.num>b.num;    }
int main() {
    int t;    scanf("%d",&t);
    while (t--) {
        int n;       scanf("%d",&n);
        for (int i=0;i<n;i++)
            scanf("%s%d",s[i].ch,&s[i].num);
```

```
        sort(s,s+n,cmp);
        for (int i=0;i<n;i++)   {
            printf("%s%c",s[i].ch,i!=n-1?' ':'\n');
        }
    }
    return 0;
}
```

例 7.8　隔五排序。

问题描述

输入一行数字，如果我们把这行数字中的 5 都看成空格，那么就得到一行用空格分割的若干非负整数（可能有些整数以 0 开头，这些头部的'0'应该被忽略掉，除非这个整数就是由若干个 0 组成的，这时这个整数就是 0）。你的任务是对这些分割得到的整数，依从小到大的顺序排序输出。

输入

输入包含多组测试用例，每组输入数据只有一行数字（数字之间没有空格），这行数字的长度不大于 1000。输入数据保证分割得到的非负整数不会大于 100000000；输入数据不可能全由 5 组成。

输出

对于每个测试用例，输出分割得到的整数排序的结果，相邻的两个整数之间用一个空格分开，每组输出占一行。

样例输入

0051231232050775

样例输出

0 77 12312320

题意分析

先把字符串中 5 替换成空格，然后从字符串中读取数字存储到数组中，排序输出。

```
#include<cstdio>
#include<cstring>
#include<algorithm>
using namespace std;
int main() {
    char s[5005];    int a[5005];    int i,len,k,n;
    while(scanf("%s",s)!=EOF)   {
        n=0; k=0;  len=strlen(s); s[len]='5';     i=0;
        while(s[i++]=='5');  //跳过前缀 5，防止多输出 0
        for(i--;i<=len;++i)  {
            if(i>0&&s[i]=='5'&&s[i-1]=='5') continue;
            if(s[i]!='5')   k=k*10+s[i]-'0';
            else {  a[n++]=k;  k=0;   }
        }
        sort(a,a+n);  printf("%d",a[0]);
        for(i=1;i<n;++i)
            printf(" %d",a[i]);
```

```
        printf("\n");
    }
    return 0;
}
```

事实上，也可以直接使用一个字符串函数，char *strtok(char *s, const char *delim)分解字符串为一组字符串。s 为要分解的字符串，delim 为分隔符字符串。

参考程序

```
#include <stdio.h>
#include <string.h>
#include <stdlib.h>
int cmp(const void*a,const void*b) {   return *(int*)a-*(int*)b;   }
int main() {
    int n,i,cnt, b[1100];      char a[1100],*p;
    while(~scanf("%s",a))   {
        cnt=0;   p=strtok(a,"5");
        while(p!=NULL)   {
            b[cnt++]=atoi(p);        p=strtok(NULL,"5");
        }
        qsort(b,cnt,4,cmp);          printf("%d",b[0]);
        for(i=1;i<cnt;i++)
            printf(" %d",b[i]);
        putchar('\n');
    }
    return 0;
}
```

例 7.9 Equations

问题描述

Consider equations having the following form: $a*x_1^2+b*x_2^2+c*x_3^2+d*x_4^2=0$, a, b, c, d are integers from the interval [-50,50] and any of them cannot be 0.

It is consider a solution a system (x_1,x_2,x_3,x_4) that verifies the equation, x_i is an integer from [-100,100] and x_i != 0, any i $\in\{1,2,3,4\}$.

Determine how many solutions satisfy the given equation.

输入

The input consists of several test cases.

Each test case consists of a single line containing the 4 coefficients a, b, c, d, separated by one or more blanks.

输出

For each test case, output a single line containing the number of the solutions.

样例输入

1 2 3 -4

1 1 1 1

样例输出

39088

0

题意分析

题意比较简单，给定 a,b,c,d 这 4 个数的值，求符合公式条件的(x_1,x_2,x_3,x_4)解一共有多少种。

一种直观的思路是，利用蛮力法直接通过 4 次循环查找符合条件的解，但是根据问题的规模，这种解法肯定超时。因此，需要通过 Hash 解决。

分开两部分求和，若两部分的和是 0，就加上一种解决方案，最后将数值乘以 16，这样就能从 n^4 变成 $2*n^2$。

参考程序

```
#include"stdio.h"
#include"string.h"
#include"stdlib.h"
int hash[2000011];
int main()   {
      int i, j, a,b,c,d, ans;
      while(scanf("%d%d%d%d",&a,&b,&c,&d)!=-1)   {
            if(a*b>0 && b*c>0 && c*d>0)   { //全部大于 0 或者小于 0，肯定无解
            printf("0\n");
            continue;
  }
            memset(hash,0,sizeof(hash));
            for(i=1;i<=100;i++)
               for(j=1;j<=100;j++)
                     hash[a*i*i+b*j*j+1000000]++;
            ans=0;
            for(i=1;i<=100;i++)
               for(j=1;j<=100;j++)
                     ans+=hash[-c*i*i-d*j*j+1000000];
            printf("%d\n",16*ans);
      }
      return 0;
}
```

例 7.10　NTA

问题描述

The NTA (Non-deterministic Tree Automata) is a kind of tree structure device. The device is built in a set of operating rules. With these rules the device can produce several signals, which will form a signal system. In such a system, one signal is the starting signal, several signals are the acceptable signals, and the others are the auxiliary ones. A pair of signals is said to be an acceptable pair if both two signals of the pair are acceptable.

The trees discussed here are all binary trees. Every non-leaf node has two successors. In any finite tree, each node has a signal-transmitting element. When a signal arrives at one node, the signal meets the signal transmitting substance, and triggers off signal reactions, which will produce several pairs of signals. Then the device selects a pair of signals non-deterministically and sends them to its successors. The first signal in the signal pair is sent to the left successive node and the second one is sent to the right successive node.

The whole operation for an NTA is as follows:

The device first sends the starting signal to the root node. According to the signal transmitting substance at the root node, the device selects a pair of signals non-deterministically and sends the first to the left son and the second to the right son. Each of the two signals then meets the signal transmitting substance at the corresponding node and produces another two signals. The course proceeds down until the signals arrive at the leaves.

If a signal reaches one leaf and the leaf can produce a pair of acceptable signals, we say the leaf is "shakable". A transmission of signals from the root to leaves is said to be valid if all leaves are "shakable". A tree structure with signal transmitting substance is valid if there exists such a valid transmission. A tree is invalid if all the transmissions are invalid.

For simplicity, we denote the signal transmitting elements by consecutive lowercase letters "a" "b" "c", etc.. The signals of an NTA are consecutive numbers 0,1,2, ..., and so on. The first signal 0 is always a starting signal. Thus the signals for a 4-signal NTA are "0" "1" "2" and "3". Accepting signals are arranged at the end of the number sequence so that if a 4-signal NTA has two accepting signals, the accepting signals are "2" and "3". The transition rules of signals are based on a transition table. For example, the following table describes a transition table with four signals "0" "1" "2" "3" and with three signal transmitting elements "a" "b" and "c".

T	a	b	c
0	(1,2)	(2,1)	(1,0)
1	(2,2)	(0,2),(1,0)	(3,2)
2	(2,2)	(2,3)	(1,2)
3	(1,2)	(2,1)	(3,2)

In this transition table some reactions of signals on certain signal transmitting elements are deterministic, and others are non-deterministic. In the example above, if signal "1" reaches the node with the transmitting element "b", the reaction is non-deterministic.

Now your task is to write a program to judge if a tree structure with certain signal transmitting substance is valid.

输入

The input file contains several cases. Each case describes a sequence of NTA descriptions and some initial tree configurations. The first line for each case consists of three integers n, m and k. The integer n is the number of signals, m indicates the number of accepting signals, and k is number of signal transmitting elements. The following n k lines describe the transition table in row-major order. Each transition of a signal on signal transmitting element is given on a separate line. On such line every two numbers represent a possible transition.

This is followed by the description of tree structures. For every tree structure a number L is given on a separate line to indicate the level of the tree. The following L+1 lines containing a sequence of letters describe the tree structure. Each level is described in one line. There exists one space between two successive letters. The 0-th level begins firstly. In the tree structure, the empty nodes are marked by "*". The tree structure with L=-1 terminates the configurations of tree structures for that NTA, and this structure should not be judged.

The input is terminated by a description starting with n=0, m=0 and k=0. This description should not be processed.

Note: In each case, NTA will have at most 15 signals and 10 characters. The level of each tree will be no more than 10.

输出

For each NTA description, print the number of the NTA (NTA1, NTA2, etc.) followed by a colon. Then for each initial tree configuration of the NTA print the word "Valid" or "Invalid".

Print a blank line between NTA cases.

样例输入

```
4 2 3
1 2
2 1
1 0
2 2
0 2 1 0
3 2
2 2
2 3
1 2
1 2
2 1
3 2
3
a
b c
a b c b
b a b a c a * *
2
b
a b
b c * *
-1
0 0 0
```

样例输出

NTA1:

Valid

Invalid

问题来源

Asia 2001

题意分析

NTA 是一种有多棵树组成的装置。这个装置有一套操作规则。根据这些规则产生一些信号，就形成了一些信号系统。在这个系统里，有一个信号是起始信号，有些信号是合法的，其余的都是辅助信号。若一对信号中两个都是合法的，则由它们组成的一对信号就是合法的。

在此只讨论完全二叉树，它的每个非叶子结点都有两棵子树。在这棵树里，每个结点都有一个信号发射单元。当信号传入结点时，与信号发射单元相遇，激发信号反应，发射单元产生多对信号。然后装置随机选择一组信号发送给子树结点，第一个送给左子树，第二个送给右子树。

NTA 的整个操作流程如下：

装置首先发送起始信号到根结点。由根结点信号发射介质产生多对信号，随即选择一对信号，将第一个信号发送给左子树，第二个信号发送给右子树，在每个结点都重复这个过程，直到叶子结点。

若信号达到了一个叶子结点，并且该叶子结点也产生一对合法信号，则该叶子结点是“可颤动的”。如果所有叶子结点都是这样，就说这棵树是有效的。若所有的发射信号都无效，则这棵树是无效的。

（1）用二维表 table[][]表示信号发射表，表中元素的个数不是固定的，使用 STL 中的 vector 容器存储。

（2）读取信号。因为不知道一行有多少个数据，所以要把一行数据当成一个字符串，然后读取一行，再从其中读取信号。下面的参考程序通过直接判断回车符，作为当前行的结束。

（3）建立完全二叉树。从根结点开始对树的结点按照深度进行编号，这样就可以根据编号确定其左子树和右子树的结点编号。

```
#include<iostream>
#include<vector>
using namespace std;
struct signal    {                    //信号
    int left,right;
};
vector <signal> table[20][20];        //信号发射表
int n,m,k;                            //n 是信号个数，m 是合法信号个数，k 是信号发射单元个数
int treeLevel;                        //树的行数
char tree[1000];                      //定义一个完全二叉树
int treeDeep;                         //树结点编号
void readTable() {                    //信号数据读取
    char ch;
    for(int i=0;i<n;i++)
```

```
            for(int j=0;j<k;j++)    {
                table[i][j].clear();                    //清空该元素
                while (true) {
                    signal pair;                        //定义 signal 的变量
                    scanf("%d%d",&pair.left, &pair.right);  //读取信号
                    table[i][j].push_back(pair);        //构造集合
                    ch=getchar();
                    if(ch=='\n') break;                 //判断是否回车
                }
            }
    }
    void readTree() {   //构造完全二叉树
        int i,j;     char ch;     treeDeep = 0;
        for(i=0;i<=treeLevel;i++)               //树的每一行
            for(j=0;j<(1<<i);j++)   {           //该行中树的每个结点
                cin>>ch;                        //会自动跳过空格
                tree[treeDeep]=ch;              //形成树的一个结点
                treeDeep++;                     //产生下一个结点
            }
    }
```

（4）合法性判定。实际上就是一棵完全二叉树的遍历与搜索。模拟信号发射，依次遍历信号，发现合法就返回真即可。

```
    bool judge(int signal,int node)   {         //树的合理性，signal 表示传入 node 的信号
        int signal1,signal2;
        if(tree[node]=='*' || node>=treeDeep)    //叶子结点的合法性判断
            if (signal<n-m)    return false;     //后 m 个信号是合法的
            else               return true;
        int k1 = tree[node]-'a';                 //结点的信号发射单元的编号
        int left = node*2+1;                     //该结点的左子树编号
        int right = left+1;                      //该结点的右子树编号
        for(int i=0; i<table[signal][k1].size(); i++)    {
            signal1 = table[signal][k1][i].left;
            signal2 = table[signal][k1][i].right;
            if(judge(signal1,left) && judge(signal2,right))      return true;
        }
        return false;
    }
```

参考程序

```
    int main()    {
        int iCase=0;                            //构造完全二叉树的数量
        while(scanf("%d%d%d", &n, &m, &k) && (n||m||k))       {
            if (iCase++) printf("\n");
            printf("NTA%d:\n",iCase);
            readTable();                        //信号数据的的读取
            while(scanf("%d", &treeLevel) && treeLevel!=-1)   {
                readTree();                     //构造完全二叉树
```

```
            if (judge(0,0))                    //判断是否为有效树
                printf("Valid\n");
            else
                printf("Invalid\n");
        }
    }
    return 0;
}
```

例 7.11 Babelfish

问题描述

You have just moved from Waterloo to a big city. The people here speak an incomprehensible dialect of a foreign language. Fortunately, you have a dictionary to help you understand them.

输入

Input consists of up to 100,000 dictionary entries, followed by a blank line, followed by a message of up to 100,000 words. Each dictionary entry is a line containing an English word, followed by a space and a foreign language word. No foreign word appears more than once in the dictionary. The message is a sequence of words in the foreign language, one word on each line. Each word in the input is a sequence of at most 10 lowercase letters.

输出

Output is the message translated to English, one word per line. Foreign words not in the dictionary should be translated as "eh".

样例输入

```
dog ogday
cat atcay
pig igpay
froot ootfray
loops oopslay

atcay
ittenkay
oopslay
```

样例输出

```
cat
eh
loops
```

题意分析

输入一个字典，字典格式为“英语 外语”的一一映射关系。然后输入若干个外语单词，输出其英语翻译的单词，如果字典中不存在这个单词，则输出“eh”。

问题有很多实现方式，最容易想到的就是利用 STL 中的 map，但速度不够快。于是，次选方案是利用快速排序、二分查找实现，时间复杂度是 $O(n\log_2 n)$。事实上，还可以使用 Hash

查找，时间复杂度为 O(1)。

参考程序

```
#include <iostream>
#include <cstring>
#include <cstdio>
#define maxn 100007
using namespace std;
struct node{
    char str1[12];     char str2[12];     node *next;
}*p[maxn],H[maxn];
int pos;
int main(){
    int i,tmp;
    char s1[12],s2[12], s[24];
    pos = 0;
    memset(p,0,sizeof(p));
    while (gets(s) != NULL && s[0] != '\0')   {
        tmp = 0;
        int len = strlen(s);
        for (i = 0; i < len; ++i)    {
            if (s[i] != ' ')     s1[i] = s[i];
            else                 break;
        }
        s1[i++] = '\0';
        int k = 0;
        for (; i < len; ++i)
            s2[k++] = s[i];
        s2[k] = '\0';
        tmp = ELFHash(s2)%maxn;    //ELFHash 函数，此处该函数省略，读者可参考例 7.5 上方的
                                     ELFHash 函数源代码
        node *t = &H[pos++];
        strcpy(t->str1,s1);        strcpy(t->str2,s2);
        t->next = p[tmp];          p[tmp] = t;
    }
    while (~scanf("%s",s1))    {
        tmp = 0;      tmp = ELFHash(s1)%maxn;
        node *q; bool flag = false;
        for (q = p[tmp]; q != NULL; q = q->next)    {
            if (!strcmp(q->str2,s1))    {
                printf("%s\n",q->str1);     flag = true;       break;
            }
        }
        if (!flag) printf("eh\n");
    }
    return 0;
}
```

7.4　本章小结

本章主要介绍了排序与查找的各种算法。排序算法包括直接插入、希尔排序、简单选择排序、堆排序、冒泡排序、快速排序、归并排序、基数排序八种；查找算法包括顺序查找、折半查找、分块查找、散列表查找四种。通过具体的例子展示了若干排序与查找算法在 ACM 程序设计中的应用。

7.5　本章思考

（1）总结并分析本章中排序算法的异同、优劣。
（2）总结并分析本章中查找算法的异同、优劣。
（3）在 OJ 上分类找出一些与排序、查找有关的 ACM 问题并完成。

第 8 章　贪心法

8.1　基本概念

贪心算法，又称贪婪算法，是指在对问题进行求解时，总是做出在当前看来是最好的选择。也就是说，不从整体最优上加以考虑，贪心算法所做出的是在某种意义上的局部最优解。贪心算法不是对所有问题都能得到整体最优解。

对于一个具体的问题，怎么知道是否可用贪心算法解此问题，以及能否得到问题的最优解呢？这个问题很难给予准确的回答。但是，从许多可以用贪心算法求解的问题中看到这类问题一般具有两个重要的性质——贪心选择性质和最优子结构性质。

（1）贪心选择性质。

所谓贪心选择性质是指所求问题的整体最优解可以通过一系列局部最优的选择，即贪心选择来达到。这是贪心算法可行的第一个基本要素，也是贪心算法与动态规划算法的主要区别。

下一章的动态规划算法通常以自底向上的方式解各子问题，而贪心算法则通常以自顶向下的方式进行，以迭代的方式做出相继的贪心选择，每进行一次贪心选择就将所求问题简化为规模更小的子问题。

对于一个具体问题，要确定它是否具有贪心选择性质，必须证明每一步所做的贪心选择可以最终导致问题的整体最优解。

（2）最优子结构性质。

当一个问题的最优解包含其子问题的最优解时，称此问题具有最优子结构性质。问题的最优子结构性质是该问题可用动态规划算法或贪心算法求解的关键特征。

8.2　核心思想

贪心算法主要是把问题分成很多局部问题，用局部最优解合成整体最优解。因此，使用这种算法需要问题满足两个条件，一个是能够分成多个能够求解的局部问题，第二个是局部问题的解能够合成最优解。

例 8.1　找零钱。

假设有面值为 3 元、1 元、8 角、5 角、1 角的货币若干枚，需要找给顾客 4 元 6 角现金，为使付出的货币的数量最少，请问应该怎么处理？

显然，该问题的答案是需要 3 张货币：1 个 3 元和 2 个 8 角，这是问题的整体最优解。按照前文所述的贪心思想，解空间为每种面值的货币{3 元,1 元,8 角,5 角,1 角}，具体做法是：解集合为空，首先选择一张不超过 4 元 6 角的最大面值货币，即解集合为{1 个 3 元}，再选出一张不超过 1 元 6 角的最大面值货币，即 1 个 1 元，将这个解合并到解集合，更新为{1 个 3 元，1 个 1 元}，再继续选择一张不超过 6 角的最大面值货币，即 1 个 5 角，解集合更新为{1 个 3

元，1 个 1 元，1 个 5 角}，最后选择一张不超过 1 角的最大面值货币，1 个 1 角，解集合更新为{1 个 3 元，1 个 1 元，1 个 5 角，1 个 1 角}，能够顺利求解问题。因此，按照贪心策略，找给顾客的是 1 个 3 元、1 个 1 元、1 个 5 角和 1 个 1 角共 4 张货币。

在这个问题中，在不超过应付金额的约束前提下，只选择面值最大的货币，而不考虑在后面看来是否合理的问题，而且一旦做出了贪心选择（选中了一个当前可能的最大面值货币），就不再改变。因此，这里的贪心策略就是尽可能使得找出的货币最快地满足支付需求。

贪心算法可解决的问题通常大部分都有如下的特性：

（1）候选集合，为了构造问题的解决方案，有一个候选集合作为可能的解，即问题的最终解都取自于候选解集合。随着算法的进行，将积累起两个集合：一个包含已经被考虑过并被选出的候选对象，另一个包含已经被考虑过但被丢弃的候选对象。在上述问题中，各种面值的货币{3 元,1 元,8 角,5 角,1 角}就构成了候选解集合。

（2）解集合，随着贪心策略的不断推进，解集合不断扩展，直至构成一个满足问题的完整解。在上述问题中，初始解为空，随着不断做出的贪心选择，最终{1 个 3 元，1 个 1 元，1 个 5 角，1 个 1 角}构成了问题的解。

（3）解决函数，检查阶段性的解集合是否构成问题的完整解。在上述问题中，解决函数判定已付款的货币金额是否等于应付金额。

（4）选择函数，即贪心策略，这是贪心算法的关键，指出哪个候选对象最有希望构成问题的解，选择函数通常和问题的目标有关，该函数不考虑此时的解决方法是否最优。在上述问题中，贪心策略就是在符合条件的候选集中选择面值最大的货币。

（5）可行函数，检查解集合中加入一个候选对象是否可行。即解集合扩展后是否满足约束条件。在上述问题中，可行函数是每一次选择的货币和已付货币的总额不能超过应付金额。

此外，从上述问题同样可以发现，整体最优解是 3 张货币，而通过贪心法需要 4 张货币。换句话说，贪心法并不是从整体最优考虑，它所做出的选择只是在某种意义上的局部最优。这种局部最优选择并不总能获得整体最优解，但通常能获得近似最优解。如果一个问题的最优解只能用暴力枚举得到，那么贪心法不失为寻找问题近似最优解的一个较好办法。

8.3 一般步骤

在证明了贪心法的可行性以后，利用贪心算法求解问题的一般步骤为：

（1）建立数学模型来描述问题。

（2）把求解的问题分成若干个子问题。

（3）对每一子问题求解，得到子问题的局部最优解。

（4）把子问题的解局部最优解合成原来问题的一个解。

实现该算法过程的伪代码描述为：

```
Greedy (C)   { //C 为问题输入，即候选集合
    S={};  //S 为解集合，初始化集合为空
    while 能朝给定总目标前进一步 do
    x = select(C);  //在候选集合中做出贪心选择
    if (feasible(S,x)) //判定可行性
    S = S +{x};  //求出可行解的一个解元素
```

```
    C = C -{x};
    //由所有解元素组合成问题的一个可行解
}
```

贪心算法还可以与随机化算法一起使用，很多智能算法（也称启发式算法）本质上就是贪心算法和概率随机化算法的结合，对应算法的输出虽然也是局部最优解，但比单纯的贪心算法更靠近最优解，例如遗传算法、模拟退火算法等。

8.4　经典问题的贪心策略

8.4.1　活动安排问题

问题描述

设有 n 个活动的集合 E={1, 2, …, n}，其中每个活动都要求使用同一资源（如演讲会场），而在同一时间内只有一个活动能使用这一资源。每个活动 i 都有一个要求使用该资源的起始时间 s_i 和一个结束时间 f_i，且 $s_i < f_i$ 。如果选择了活动 i，则它在半开时间区间$[s_i, f_i)$内占用资源。若区间$[s_i, f_i)$与区间$[s_j, f_j)$不相交，则称活动 i 与活动 j 是相容的。也就是说，当 $s_i \geq f_j$ 或 $s_j \geq f_i$ 时，活动 i 与活动 j 相容。活动安排问题要求在所给的活动集合中选出最大的相容活动子集。

问题分析

首先给出活动安排问题的贪心算法 greedySelector，各活动的起始时间和结束时间存储于数组 s 和 f 中且按活动结束时间的非减序排列。

```
void GreedySelector(int n,int s[],int f[],bool A[]) {
    A[1]=true;
int j=1;
for(int i=2;i<=n;i++) {
     if(s[i]>=f[j]) {
    A[i]=true;
    j=I;
} else
    A[i]=false;
    }
}
```

贪心法求解活动安排问题的关键是如何选择贪心策略，使得按照一定的顺序选择相容活动，并能够安排尽量多的活动。至少有两种看似合理的贪心策略：

（1）最早开始时间，这样可以增大资源的利用率。

（2）最早结束时间，这样可以使下一个活动尽早开始。

由于活动占用资源的时间没有限制，因此，后一种贪心选择更为合理。直观上，按这种策略选择相容活动可以为未安排的活动留下尽可能多的时间，也就是说，这种贪心选择的目的是使剩余时间段极大化，以便安排尽可能多的相容活动。

为了在每一次贪心选择时快速查找具有最早结束时间的相容活动，可以将 n 个活动按结束时间非减序排列。这样，贪心选择时取当前活动集合中结束时间最早的活动就归结为取当前活动集合中排在最前面的活动。

若被检查的活动 i 的开始时间 S_i 小于最近选择的活动 j 的结束时间 f_i，则不选择活动 i，否则选择活动 i 加入集合 A 中。

算法 greedySelector 的效率极高。当输入的活动已按结束时间的非减序排列，算法只需 O(n)的时间安排 n 个活动，使最多的活动能相容地使用公共资源。如果所给出的活动未按非减序排列，可以用 $O(n\log_2 n)$的时间重排。

贪心算法并不总能求得问题的整体最优解。但对于活动安排问题，贪心算法 greedySelector 却总能求得的整体最优解，即它最终所确定的相容活动集合 A 的规模最大。这个结论可以用数学归纳法证明。

8.4.2 哈夫曼编码问题

问题描述

哈夫曼编码是广泛地用于数据文件压缩的十分有效的编码方法。其压缩率通常在 20%～90%之间。哈夫曼编码算法用字符在文件中出现的频率表来建立一个用 0,1 串表示各字符的最优表示方式。一个包含 100000 个字符的文件，各字符出现频率不同，如表 8-1 所示。

表 8-1

字母	a	b	c	d	e	f
频次	45	13	12	16	9	5
定长码	000	001	010	011	100	101
变长码	0	101	100	111	1101	1100

问题分析

有多种表示文件中信息的方式，若用 0,1 码表示字符的方法，即每个字符用唯一的一个 0,1 串表示。若采用定长编码表示，则需要 3 位表示一个字符，整个文件编码需要 300000 位。

若采用变长编码表示，给频率高的字符较短的编码，给频率低的字符较长的编码，达到整体编码减少的目的，则整个文件编码需要(45*1+13*3+12*3+16*3+9*4+5*4)*1000 = 224000 位，由此可见，变长码比定长码方案好，总码长减小约 25%。

对每一个字符规定一个 0,1 串作为其代码，并要求任一字符的代码都不是其他字符代码的前缀。这种编码称为前缀码。编码的前缀性质可以使译码方法非常简单。例如 001011101 可以唯一地分解为 0,0,101,1101，因而其译码为 aabe。

译码过程需要方便地取出编码的前缀，因此需要表示前缀码的合适的数据结构。为此，可以用二叉树作为前缀码的数据结构：树叶表示给定字符；从树根到树叶的路径当作该字符的前缀码；代码中每一位的 0 或 1 分别作为指示某结点到左儿子或右儿子的“路标”。

从图 8-1 可以看出，表示最优前缀码的二叉树总是一棵完全二叉树，即树中任意结点都有两个儿子。左列表示定长编码方案不是最优的，其编码的二叉树不是一棵完全二叉树。在一般情况下，若 C 是编码字符集，表示其最优前缀码的二叉树中恰有|C|个叶子。每个叶子对应于字符集中的一个字符，该二叉树有|C|-1 个内部结点。

给定编码字符集 C 及频率分布 f，即 C 中任一字符 c 以频率 f(c)在数据文件中出现。C 的一个前缀码编码方案对应于一棵二叉树 T。字符 c 在树 T 中的深度记为 $d_T(c)$。$d_T(c)$也是字符 c

的前缀码长。则平均码长定义为$B(T)=\sum_{c\in C} f(c)d_T(c)$，使平均码长达到最小的前缀码编码方案称为 C 的最优前缀码。

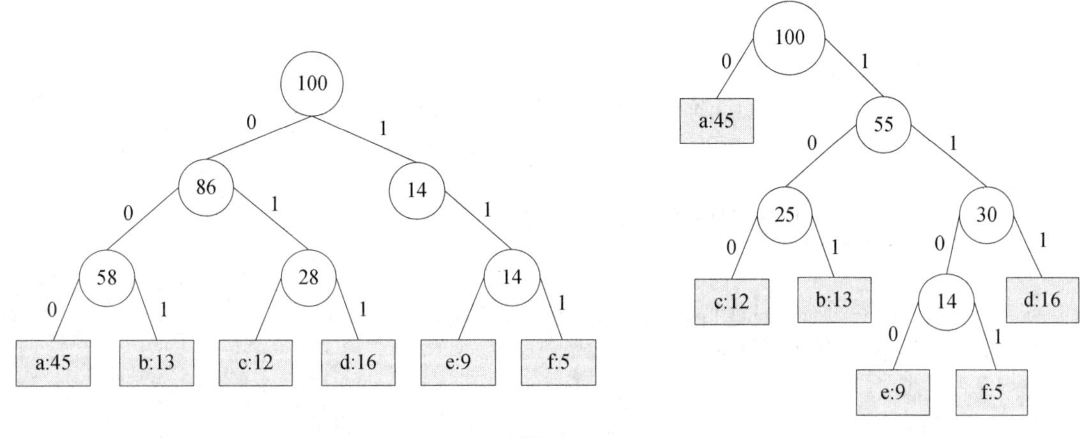

图 8-1

哈夫曼提出构造最优前缀码的贪心算法，由此产生的编码方案称为哈夫曼编码。其构造步骤如下：

1）哈夫曼算法以自底向上的方式构造表示最优前缀码的二叉树 T。

2）算法以|C|个叶结点开始，执行|C|-1 次的合并运算后产生最终所要求的树 T。

3）假设编码字符集中每一字符 c 的频率是 f(c)。以 f 为键值的优先队列 Q 用在贪心选择时有效地确定算法当前要合并的 2 棵具有最小频率的树。

一旦两棵具有最小频率的树合并后，产生一棵新的树，其频率为合并的两棵树的频率之和，并将新树插入优先队列 Q。

经过 n-1 次的合并后，优先队列中只剩下一棵树，即所要求的树 T。

哈夫曼算法的描述如下：

```
#define MAXVALUE    10000
#define MAXLEAF       30
#define MAXNODE       MAXLEAF*2 -1
typedef struct {
    int weight;
    int parent;
    int lchild;
    int rchild;
} HNodeType;
void HuffmanTree (HNodeType HuffNode[MAXNODE], int n) {
    int i, j, m1, m2, x1, x2;
    for (i=0; i<2*n-1; i++) {
        HuffNode[i].weight = 0;
        HuffNode[i].parent =-1;
        HuffNode[i].lchild =-1;
        HuffNode[i].lchild =-1;
```

```
    }
    for (i=0; i<n; i++)
        scanf ("%d", &HuffNode[i].weight);
    for (i=0; i<n-1; i++)   {
        m1=m2=MAXVALUE;
        x1=x2=0;
        for (j=0; j<n+i; j++) {
            if (HuffNode[j].weight < m1 && HuffNode[j].parent==-1) {
                m2=m1;
                x2=x1;
                m1=HuffNode[j].weight;
                x1=j;
            }
            else if (HuffNode[j].weight<m2&&HuffNode[j].parent==-1) {
                m2=HuffNode[j].weight;
                x2=j;
            }
        }
        HuffNode[x1].parent = n+i;
        HuffNode[x2].parent = n+i;
        HuffNode[n+i].weight= HuffNode[x1].weight + HuffNode[x2].weight;
        HuffNode[n+i].lchild = x1;
        HuffNode[n+i].rchild = x2;
  }
  }
```

8.4.3 最小生成树问题

问题描述

在一给定的无向图 G = (V, E)中，(u, v)代表连接顶点 u 与顶点 v 的边，而 w(u, v)代表此边的权重，若存在 T 为 E 的子集且为无循环图，使得 $\omega(t)=\sum_{(u,v)\in t}\omega(u,v)$ 的 ω(t) 最小，则此 T 为 G 的最小生成树。

问题分析

最小生成树其实是最小权重生成树的简称，可以用Kruskal算法或Prim算法求出。这两个算法所采用的都是典型的贪心策略。

（1）Kruskal 算法。

Kruskal 算法的基本思想是从边的角度考虑构造最小生成树。

假设 G=(V,{E}) 是一个含有 n 个顶点的连通网，先构造一个只含 n 个顶点，而边集为空的子图，若将该子图中各个顶点看成是各棵树上的根结点，则它是一个含有 n 棵树的一个森林。之后，从网的边集 E 中选取一条权值最小的边，若该条边的两个顶点分属不同的树，则将其加入子图，也就是说，将这两个顶点分别所在的两棵树合成一棵树；反之，若该条边的两个顶点已落在同一棵树上，则不可取，而应该取下一条权值最小的边再试之。依次类推，直至森林中只有一棵树，也即子图中含有 n-1 条边为止。总而言之，就是从剩下的边中选择一条不会产生环路的具有最小耗费的边加入已选择的边的集合中。

Kruskal 算法的具体步骤包括：

1）记 Graph 中有 v 个顶点，e 个边。

2）新建图 Graphnew，Graphnew 中拥有原图中相同的 e 个顶点，但没有边。

3）将原图 Graph 中所有 e 个边按权值从小到大排序。

4）循环：从权值最小的边开始遍历每条边，直至图 Graph 中所有的结点都在同一个连通分量中，如果这条边连接的两个结点于图 Graphnew 中不在同一个连通分量中，那么添加这条边到图 Graphnew 中。

Kruskal 算法的实现如下：

```
typedef struct {
    char vertex[VertexNum];                     //顶点表
    int edges[VertexNum][VertexNum];            //邻接矩阵，可看作边表
    int n,e;                                    //图中当前的顶点数和边数
}MGraph;
typedef struct node {
    int u;                                      //边的起始顶点
    int v;                                      //边的终止顶点
    int w;                                      //边的权值
}Edge;
void kruskal(MGraph G) {
    int i,j,u1,v1,sn1,sn2,k;
    int vset[VertexNum];                        //辅助数组，判定两个顶点是否连通
    int E[EdgeNum];                             //存放所有的边
    k=0;                                        //E 数组的下标从 0 开始
    for (i=0;i<G.n;i++)
        for (j=0;j<G.n;j++)
            if (G.edges[i][j]!=0 && G.edges[i][j]!=INF)   {
                E[k].u=i;   E[k].v=j;   E[k].w=G.edges[i][j];   k++;
            }
    sort( E, k,sizeof( E[0] ) );                //按权值从小到大排列
    for ( i=0; i<G.n; i++ )                     //初始化辅助数组
        vset[i]=i;
    k=1;                                        //生成的边数，最后要刚好为总边数
    j=0;                                        //E 中的下标
    while (k<G.n)   {
        sn1=vset[E[j].u];   sn2=vset[E[j].v];   //得到两顶点所属的集合编号
        if (sn1!=sn2) {                         //不在同一集合编号内的话，把边加入最小生成树
            k++;
            for (i=0;i<G.n;i++)
                if (vset[i]==sn2)   vset[i]=sn1;
        }
        j++;
    }
}
```

（2）Prim 算法。

Prim 算法的基本思想是从点的方面考虑构建一颗最小生成树。

设图 G 顶点集合为 U，首先任意选择图 G 中的一点作为起始点 a，将该点加入集合 V，再从集合 U-V 中找到另一点 b 使得点 b 到 V 中任意一点的权值最小，此时将 b 点也加入集合 V；以此类推，现在的集合 V={a,b}，再从集合 U-V 中找到另一点 c 使得点 c 到 V 中任意一点的权值最小，此时将 c 点加入集合 V，直至所有顶点全部被加入 V，此时就构建出了一棵最小生成树。因为有 N 个顶点，所以该最小生成树就有 N-1 条边，每一次向集合 V 中加入一个点，就意味着找到一条最小生成树的边。

Prim 算法的具体步骤包括：

1）输入：一个加权连通图，其中顶点集合为 V，边集合为 E。

2）初始化：Vnew= {x}，其中 x 为集合 V 中的任一结点（起始点），Enew= {}，为空。

3）重复下列操作，直到 Vnew= V。

①在集合 E 中选取权值最小的边<u,v>，其中 u 为集合 Vnew 中的元素，而 v 不在 Vnew 集合当中，并且 v∈V（如果存在有多条满足前述条件即具有相同权值的边，则可任意选取其中之一）。

②将 v 加入集合 Vnew 中，将<u,v>边加入集合 Enew 中。

4）输出：使用集合 Vnew 和 Enew 来描述所得到的最小生成树。

（3）Prim 算法的实现。

```
void prim(int (*edge)[VERTEXNUM], int (**tree)[VERTEXNUM], int startVertex, int * vertexStatusArr){
    *tree = (int (*)[VERTEXNUM])malloc(sizeof(int)*VERTEXNUM*VERTEXNUM);
     int i,j;
     for(i=0;i<VERTEXNUM;i++)
         for(j=0;j<VERTEXNUM;j++)
             (*tree)[i][j] = 0;
    vertexStatusArr[0] = 1;
    int least, start, end, vNum = 1;
    while(vNum < VERTEXNUM){
        least = 9999;
        for(i=0;i<VERTEXNUM;i++)
            if(vertexStatusArr[i] == 1)                    //选择已经访问过的点
              for(j=0; j<VERTEXNUM; j++)
                    if(vertexStatusArr[j] == 0)        //选择一个没有访问过的点
                        if(edge[i][j] != 0 && edge[i][j] < least){ //选出权值最小的边
                            least = edge[i][j];
                            start = i;      end = j;
                        }
         vNum++;
        vertexStatusArr[end] = 1;
        createGraph(*tree,start,end,least);
    }
}
```

8.4.4 背包问题

问题描述

给定 n 种物品和一个背包，物品 i 的重量是 w_i，其价值为 v_i，背包的容量为 C。背包问题是如何选择装入背包的物品，使得装入背包中物品的总价值最大？如果在选择装入背包的物品时，对每种物品 i 只有两种选择：装入背包或不装入背包，即不能将物品 i 装入背包多次，也不能只装入物品 i 的一部分，则称为 0-1 背包问题。

问题分析

问题的目标函数是使得 Σv_i 最大，约束条件是装入的物品总重量不超过背包容量 $\Sigma w_i \leqslant C$。

首先考虑背包问题可以做出的几种选择贪心策略：

（1）每次挑选价值最大的物品装入背包，使背包获得最大可能的价值增量，如表 8-2 所示。但是背包的可用容量消耗过快，这种策略不能获得最优解。设 C=20，根据贪心策略，首先选取物品 A(x_1=1)，接下来就无法全部选取 B，只能选取一部分（x_2=2/15）刚好装满背包，总价值 28.2 的组合(1,2/15,0)这仅是一个次优解，实际上选取 B、C 更好。

表 8-2

物品	A	B	C
重量	18	15	10
价值	25	24	15
性价比	1.39	1.6	1.5

（2）每次挑选所占重量最小的物品装入背包。这种策略下，背包容量慢慢消耗，但其价值未能迅速增大。首先选择物品 C（x_3=1），接下来同样无法全部选取 B，只能选取一部分（x_2=10/15）刚好装满背包，总价值 31 的组合(0,2/3,1)仍然是一个次优解。

（3）每次选取单位重量价值（即性价比）最大的物品装入背包。首先选择物品 B（x_2=1），接下来同样无法全部选取 C，只能选取一部分（x_3=5/10）刚好装满背包，总价值 31.5 的组合(0,1,1/2)就是问题的一个最优解。

因此，背包问题的贪心算法是，首先计算每种物品单位重量的价值 v_i/w_i，然后依贪心选择策略，将尽可能多的单位重量价值最高的物品装入背包。若将这种物品全部装入背包后，背包内的物品总重量未超过 C，则选择单位重量价值次高的物品并尽可能多地装入背包。依此策略一直地进行下去，直到背包装满为止。如果全部的物品都能装入背包，那得到的肯定也是最优解，这是一种特殊的情况。

```
void KNAPSACK(int n, float c, float v[], float w[], float x[])  {
    //v[], w[]分别含有按 v[i]/w[i]≥v[i+1]/w[i+1]排序的 n 件物品的
    //效益值和重量，c 是背包的容量，x[]是解向量
    int i;
    for(i=1; i<=n; i++)   x[i]=0;          //将解向量初始化为 0
    float cu=c;                            //cu 是背包剩余容量
    for(i=1; i<=n; i++)   {
        if(w[i]>cu)   break;
```

```
            x[i]=1;
            cu= cu- w[i];
        }
        if(i<=n) x[i]=cu/w[i];
}
```

对于 0-1 背包问题，贪心选择不能得到最优解。这是因为该策略无法保证最终能将背包装满，部分闲置的背包空间使得单位背包空间的价值降低。事实上，在考虑 0-1 背包问题时，应该分别比较 “选择该物品”和“不选择该物品”所导致的最终方案，然后再作出最好的选择。由此，就会诱导出很多互相重叠的子问题。这正是背包问题可用动态规划算法求解的重要特征之一，下一章将详细介绍如何利用动态规划策略高效求解 0-1 背包问题。

8.5 实例分析

例 8.2 阶乘之和。

问题描述

给一个非负数整数 n，判断 n 是不是一些数（这些数不允许重复使用，且为正数）的阶乘之和，如 9=1! + 2! + 3!，如果是，则输出 Yes，否则输出 No。

输入

第一行有一个整数 0＜m＜100，表示有 m 组测试数据。

每组测试数据有一个正整数 n＜1000000。

输出

如果符合条件，输出 Yes，否则输出 No。

样例输入

2

9

10

样例输出

Yes

No

题意分析

为简化时间复杂度，可以计算出阶乘，存储到数组中。

首先求得最接近 n 的阶乘，然后每次找到最接近 n 的阶乘后，执行 n = n-a[i]，继续重复查找最接近 n 的阶乘数。若最终 n 为 0，则 n 可分解为阶乘之和，反之不能。

参考程序

```
#include<stdio.h>
int main() {
    int m;   scanf("%d",&m);
    int k[9] = {1,2,6,24,120,720,5040,40320,362880};
    while(m--) {
        int n;   scanf("%d",&n);
        bool f=false;
```

```
        for(int i=8;i>=0;--i) {
            if(n>=k[i]&&n>0)
                n-=k[i];
            if(n==0)
                f=true;
        }
        if(f)
        printf("Yes\n");
        else
        printf("No\n");
    }
}
```

例 8.3 均分纸牌。

问题描述

有 N 堆纸牌，编号分别为 1,2,…,N。每堆上有若干张，但纸牌总数必为 N 的倍数。可以在任一堆上取若于张纸牌，然后移动。

移牌规则为：在编号为 1 的堆上取的纸牌，只能移到编号为 2 的堆上；在编号为 N 的堆上取的纸牌，只能移到编号为 N-1 的堆上；其他堆上取的纸牌，可以移到相邻左边或右边的堆上。

现在要求找出一种移动方法，用最少的移动次数使每堆上纸牌数都一样多。

例如 N=4，4 堆纸牌数分别为：

① 9 ② 8 ③ 17 ④ 6

移动 3 次可达到目的：

从③取 4 张牌放到④（每组的牌数更新为 9,8,13,10）→从③取 3 张牌放到②（每组的牌数更新为 9,11,10,10）→从②取 1 张牌放到①（最终每组牌数为 10 10 10 10）。

输入

第一行 N（N 堆纸牌，1≤N≤100）。

第二行 A_1 A_2 … A_n （N 堆纸牌，每堆纸牌初始数，1≤A_i≤10000）。

输出

所有堆均达到相等时的最少移动次数。

样例输入

4

9 8 17 6

样例输出

3

问题来源

NOIP2002

题意分析

一个最直观的思路是在所有的牌中找到最多的一堆，然后向小的牌堆上移动，一直到所有的牌都相等，但关键是不知道往哪个方向上移动才能达到移动次数最少。

设 a[i]为第 i 堆纸牌的张数（0≤i≤n），ave 为均分后每堆纸牌的张数，ans 为最小移动次数。

按照由左而右的顺序移动纸牌。若第 i 堆纸牌的张数 a[i]超出平均值，则移动一次(ans+1)，将超出部分留给下一堆，即第 i+1 堆纸牌的张数增加 a[i]-ave；若第 i 堆纸牌的张数 a[i]少于平均值，则移动一次(ans+1)，由下一堆补充不足部分，既第 i+1 堆纸牌的张数减少 ave-a[i]。

在从第 i+1 堆中取出纸牌补充第 i 堆的过程中，可能会出现第 i+1 堆的纸牌数小于零（a[i+1]-(ave-a[i])＜0）的情况，但由于纸牌的总数是 n 的倍数，因此后面的堆会补充第 i+1 堆 ave-a[i]-a[i+1]+ ave 张纸牌，使其达到均分的要求。

在移动过程中，只是改变了移动的顺序，而移动的次数不变，因此此题使用该方法是可行的。

例如“1 2 27”，从第二堆移出 9 张到第一堆后，第一堆有 10 张纸牌，第二堆剩下-7 张纸牌，再从第三堆移动 17 张到第二堆，刚好三堆纸牌数都是 10，最后结果是正确的，从第二堆移出的牌都可以从第三堆得到。

因此，问题求解的原理是贪心，从左到右让每堆牌向平均数靠拢。但负数的牌也可以移动，才是此题的关键。

参考程序

```
#include <iostream>
using namespace std;
int main() {
  int n,a[100],sum=0,step=0;
  cin >> n; //堆数
  for(int i=0; i<n; i++)   {//读取数据
    cin>>a[i];     //每堆纸牌的数量
    sum += a[i];   //纸牌总数
  }
  int average = sum/n;   //最后每堆纸牌数
  for(int i=0; i<n; i++)   {
    int t = 0;
    if(a[i]!=average) {   //不同平均数就要移动一次
      t = a[i]-average;
      a[i+1] += t;     //更新下一个堆的数量
      step++;
    }
  }
  cout << step; //输出需要移动的次数
}
```

例 8.4 美元汇率。

问题描述

如何买卖马克或者美元，使得从 100 美元开始，最后获得最高可能的价值。

输入

第一行一个自然数 n，其中 1≤n≤100 表示天数。

接下来 n 行每行一个自然数 a，1≤a≤1000。第 i+1 行的 a 表示第 i+1 天的平均汇率，在这一天，用 100 美元可以买 a 马克，a 马克也能购买 100 美元。

输出

一个数据，即最大的价值。

注意：结果保留两位小数，最后一天结束前，必须把钱换成美元。

样例输入

5
400
300
500
300
250

样例输出

266.66

题意分析

问题有很多种求解策略，这里讲一下贪心法。设 a[i]表示第 i 天的汇率，考虑到如果现在手里拿的是美元，应在 a[i+1]＜a[i]的情况下就兑换，因为这样操作以后，在明天就可以换到更多的美元。同样的道理，如果手里拿的是马克，需要在 a[i+1]＞a[i]的情况下兑换。当然，注意到最后一天如果手里是马克，一定要换成是美元，因此，只需要从美元的角度去考虑问题即可。

参考程序

```
#include<cstdio>
#include<cmath>
using namespace std;
int a[111], i,n;
double money=100;
int main() {
      scanf("%d",&n);     scanf("%d",&a[1]);
      for(i=2;i<=n;++i)    {
            scanf("%d",&a[i]);
            if(a[i-1]>a[i])
                  money=money*a[i-1]/a[i];
      }
      printf("%.2f",money);
      return 0;
}
```

例 8.5 出租车费。

问题描述

某市出租车计价规则如下：起步 4 公里 10 元，即使你的行程没超过 4 公里；接下来的 4 公里，每公里 2 元；之后每公里 2.4 元。行程的最后一段即使不到 1 公里，也当作 1 公里计费。

一个乘客可以根据行程公里数合理安排坐车方式来使自己的打车费最小。

例如，整个行程为 16 公里，乘客应该将行程分成长度相同的两部分，每部分花费 18 元，总共花费 36 元。如果坐出租车一次走完全程要花费 37.2 元。

现在给你整个行程的公里数，请你计算坐出租车的最小花费。

输入

输入包含多组测试数据。每组输入一个正整数 n（n＜10000000），表示整个行程的公里数。

当 n=0 时，输入结束。

输出

对于每组输入，输出最小花费。如果需要的话，保留一位小数。

样例输入

3 9 16 0

样例输出

10 20.4 36

题意分析

题意是求打出租车最省的方案，起步价 4 公里，即使没有超过 4 公里，也是 10 块钱，超过 4 公里之后的 4 公里每公里 2 块，在超过这个 4 公里之后每公里 2.4 块；给出总路程，要求输出最便宜乘车方案的价格。

通过分析平均车费可知 8 公里处为极小值点，只要路程超过 16 公里，就可分出一段 8 公里的路程单独坐车。首先判断如果路程大于 16 公里，那么就先乘坐起步 10 块，之后再走 4 公里，也就是 18 块 8 公里，直到小于 16 公里的时候，然后再判断剩下的，如果在 8 公里以内，则按照起步价和之后四公里的价格计算，如果小于 12 就使用 2.4 块/公里计算，否则之后就按走 12 公里计算。

参考程序

```
#include<stdio.h>
int main() {
    int i,n,r;
    double x;
    while(scanf("%d",&n)!=EOF&&n)   {
        r=n/8;          //要点
        if(n<=4)
            printf("10\n");
        else   {
            if(n%8>5)
                x=10+2*(n%8-4)+18*r;
            else
                x=18*r+2.4*(n%8);
             if(x-(int)x==0)
                printf("%.0lf\n",x);
             else
                printf("%.1lf\n",x);
        }
    }
    return 0;
}
```

例 8.6 寻找最大数。

问题描述

请在整数 n 中删除 m 个数字，使得余下的数字按原次序组成的新数最大，比如当 n=92081346718538，m=10 时，则新的最大数是 9888。

输入

第一行输入一个正整数 T，表示有 T 组测试数据。

每组测试数据占一行，每行有两个数 n,m（n 可能是一个很大的整数，但其位数不超过 100 位，并且保证数据首位非 0，m 小于整数 n 的位数）。

输出

每组测试数据的输出占一行，输出剩余的数字按原次序组成的最大新数。

样例输入

2

92081346718538 10

1008908 5

样例输出

9888

98

题意分析

对这个字符串进行查找，每次查找最大值，查找 len-m 次即可。但查找的时候需要考虑查找范围，比如 9222225，第一次查询的时候只能查询 9 到最后一个 2 这个范围，因为要保持原序列，所以在查找第 i 个字符的时候，后面必须还剩下 m-i 个字符不能查找，这样才能保证位数最大，不管什么情况，位数多的数肯定大于位数小的数。

因此，循环 len-m 次就可完成任务，每次循环都是从查找到的最大值的下一个字符开始查找，范围必须保证能保证位数不能少于 len-m。

参考程序

```
#include <stdio.h>
#include <string.h>
int main() {
         char a[101];
        int T,n,m;
        int i,j,k;
        scanf("%d",&T);
        while(T--)    {
                scanf("%s",a);      //原来的数字
                scanf("%d",&m);   //被删除的个数
                int len=strlen(a);
                n=len-m;      //留下的数字个数，*保证剩下的位数最大化
                k=-1;
                for(i=0;i<n;i++)    {
                        int    max=0;
                        for(j=k+1;j<=m+i;j++) {
                                if(a[j]>max)    {
                                        max=a[j]; k=j;
                                }
                        }
                        a[i]=max;
```

```
        }
        for(i=0;i<n;i++)
            printf("%c",a[i]);
        printf("\n");
    }
    return 0;
}
```

例 8.7 Moving Tables

问题描述

The famous ACM (Advanced Computer Maker) Company has rented a floor of a building whose shape is in the following figure.

Room 1	Room 3	Room 5	…	Room 397	Room 399
Corridor					
Room 2	Room 4	Room 6	…	Room 398	Room 400

The floor has 200 rooms each on the north side and south side along the corridor. Recently the Company made a plan to reform its system. The reform includes moving a lot of tables between rooms. Because the corridor is narrow and all the tables are big, only one table can pass through the corridor. Some plan is needed to make the moving efficient. The manager figured out the following plan: Moving a table from a room to another room can be done within 10 minutes. When moving a table from room i to room j, the part of the corridor between the front of room i and the front of room j is used. So, during each 10 minutes, several moving between two rooms not sharing the same part of the corridor will be done simultaneously. To make it clear the manager illustrated the possible cases and impossible cases of simultaneous moving.

	Table moving	Reason
Possible	(Room 30 to Room 50) and (Room 60 to Room 90)	No part of corridor is shared
	(Room 11 to Room 12) and (Room 14 to Room 13)	No part of corridor is shared
Impossible	(Room 20 to Room 40) and (Room 31 to Room 80)	Corridor in front of Room 31 to Room 40 is shared
	(Room 1 to Room 4) and (Room 3 to Room 6)	Corridor in front of Room 3 is shared
	(Room 2 to Room 8) and (Room 7 to Room 10)	Corridor in front of Room 7 is shared

For each room, at most one table will be either moved in or moved out. Now, the manager seeks out a method to minimize the time to move all the tables. Your job is to write a program to solve the manager's problem.

输入

The input consists of T test cases. (The number of test cases) T is given in the first line of the input. Each test case begins with a line containing an integer N, 1≤N≤200, that represents the number of tables to move. Each of the following N lines contains two positive integers s and t, representing that a table is to move from room number s to room number t (each room number appears at most once in the N lines). From the N+3-rd line, the remaining test cases are listed in the same manner as above.

输出

The output should contain the minimum time in minutes to complete the moving, one per line.

样例输入

3
4
10 20
30 40
50 60
70 80
2
1 3
2 200
3
10 100
20 80
30 50

样例输出

10
20
30

题意分析

在一个狭窄的走廊里将桌子从一个房间移动到另一个房间，走廊的宽度只能允许一个桌子通过。设 n 表示要移动的桌子个数。每移动一个桌子到达目的地房间需要花 10 分钟，问移动 n 个桌子所需要的时间。

事实上，在经理给出的说明表格中，已经明确了算法的策略。若移动多个桌子时，所需要经过的走廊没有重合处，即可以同时移动。若有一段走廊有 m 个桌子都要经过，一次只能经过一个桌子，则需要 m*10 的时间移动桌子。设一个数组，下标值即为房间号。桌子经过房间时，该房间号为下标对应的数组值即加 1。最后找到最大的数组值乘以 10，即为移动完桌子需要的最短时间。

参考程序

```
#include <algorithm>
#include <cstdio>
#include <cstring>
using namespace std;
```

```
int map[200+10];
int main() {
    int t;
    scanf("%d", &t);
    while(t--)  {
        memset(map, 0, sizeof(map));
        int a, b, ans = 0;
        int n;
        scanf("%d", &n);
        while(n--)  {
            scanf("%d %d", &a, &b);
            if(a > b)
                swap(a, b);
            for(int i = (a + 1) / 2; i <= (b + 1) / 2; i++)
                map[i]++;
        }
        for(int i = 0 ; i < 201 ; i ++)
            ans = max(ans, map[i]);
        printf("%d\n", ans * 10);
    }
    return 0;
}
```

例 8.8 看电视。

问题描述

暑假到了，小明终于可以开心地看电视了。但是小明喜欢的节目太多了，他希望尽量多地看到完整的节目。

现在他把喜欢的电视节目的转播时间表给你，你能帮他合理安排吗？

输入

输入包含多组测试数据。每组输入的第一行是一个整数 n（n≤100），表示小明喜欢的节目的总数。

接下来 n 行，每行输入两个整数 s_i 和 e_i（1≤i≤n），表示第 i 个节目的开始和结束时间，为了简化问题，每个时间都用一个正整数表示。

当 n=0 时，输入结束。

输出

对于每组输入，输出能完整看到的电视节目的个数。

样例输入

```
12
1 3
3 4
0 7
3 8
15 19
```

15 20
10 15
8 18
6 12
5 10
4 14
2 9
0

样例输出

5

题意分析

典型的活动安排问题，问题要求输出能看到的最多的完整的节目，首先需要按结束时间升序排列，当结束时间相同时，再按开始时间的升序排序，最后从前往后计数即可。

参考程序

```
#include <iostream>
#include <fstream>
#include <stdio.h>
#include <algorithm>
using namespace std;
struct node{
        int start, end;
} time[101];
int cmp(struct node a,struct node b) {
        return a.end<b.end||(a.end==b.end&&a.begin<b.begin);
}
int main()   {
       int n;
       while(~scanf("%d",&n)&&n)   {
              int sum=1;
             int k=0,i;
             for(i=0;i<n;i++)
                      scanf("%d%d",&time[i].start,&time[i].end);
             sort(time,time+n,cmp);//升序排列
             for(i=1;i<n;i++)   {
                    if(time[i].start>=time[k].end)   {
                               sum++;
                               k=i;
                    }
             }
              printf("%d\n",sum);
       }
       return 0;
}
```

例 8.9 Supermarket

问题描述

A supermarket has a set Prod of products on sale. It earns a profit p_x for each product $x \in$ Prod sold by a deadline d_x that is measured as an integral number of time units starting from the moment the sale begins. Each product takes precisely one unit of time for being sold. A selling schedule is an ordered subset of products Sell ≤ Prod such that the selling of each product $x \in$ Sell, according to the ordering of Sell, completes before the deadline d_x or just when d_x expires. The profit of the selling schedule is Profit(Sell)=$\Sigma x \in$ Sell p_x. An optimal selling schedule is a schedule with a maximum profit.

For example, consider the products Prod = {a,b,c,d} with (p_a,d_a) = (50,2), (p_b,d_b) = (10,1), (p_c,d_c) = (20,2), and (p_d,d_d) = (30,1). The possible selling schedules are listed in table 1. For instance, the schedule Sell={d,a} shows that the selling of product d starts at time 0 and ends at time 1, while the selling of product a starts at time 1 and ends at time 2. Each of these products is sold by its deadline. Sell is the optimal schedule and its profit is 80.

schedule	{a}	{b}	{c}	{d}	{b,a}	{a,c}	{c,a}	{b,c}	{d,a}	{d,c}
profit	50	10	20	30	60	70	70	30	80	50

Write a program that reads sets of products from an input text file and computes the profit of an optimal selling schedule for each set of products.

输入

A set of products starts with an integer 0≤n≤10000, which is the number of products in the set, and continues with n pairs pi di of integers, 1≤pi≤10000 and 1≤di≤10000, that designate the profit and the selling deadline of the i-th product. White spaces can occur freely in input. Input data terminate with an end of file and are guaranteed correct.

输出

For each set, the program prints on the standard output the profit of an optimal selling schedule for the set. Each result is printed from the beginning of a separate line.

样例输入

```
4  50 2  10 1  20 2  30 1


7  20 1  2 1  10 3  100 2  8 2  5 20  50 10
```

样例输出

```
80
185
```

问题来源

Southeastern Europe 2003

题意分析

有 N 件商品，分别给出商品的价值和销售的最后期限，只要在最后日期之前销售出去，就能得到相应的利润，并且销售该商品需要 1 天时间，求销售的最大利润。采用贪心策略，将商品的价值从大到小排序，找到销售的最大期限，用 visit 数组标记，如果它的期限没有被占用，就在该天销售，如果占用，则从它的前一天开始向前查找有没有空闲的日期，如果有则占用，这样就可以得到最大销售量。

参考程序

```
#include<iostream>
#include<cstdio>
#include<cstring>
#include<algorithm>
#define N 10010
using namespace std;
struct node {
        int profit, deadline;
} p[N];
bool operator < (const node& a, const node& b)    {
    return a.profit > b.profit;
}
bool visit[N];
int main(){
        int num, maxprofit, maxdate;
        while(~scanf("%d", &num)) {
                maxprofit = 0;              memset(visit, false, sizeof(visit));
                for(int i = 1; i <= num; ++i)    {
                        scanf("%d %d", &p[i].profit, &p[i].deadline);
                        maxdate = max(maxdate, p[i].deadline);
                }
                sort(p + 1, p + num + 1);
                for(int i = 1; i <= num; ++i)    {
                        if(!visit[p[i].deadline])    {
                                maxprofit += p[i].profit;     visit[p[i].deadline] = true;
                        }
                        else    {
                                for(int j = p[i].deadline - 1; j >= 1; --j)    {
                                        if(!visit[j])    {
                                                maxprofit += p[i].profit;    visit[j] = true;    break;
                                        }
                                }
                        }
                }
                printf("%d\n", maxprofit);
        }
        return 0;
}
```

例 8.10　Doing Homework

问题描述

Ignatius has just come back school from the 30th ACM/ICPC. Now he has a lot of homework to do. Every teacher gives him a deadline of handing in the homework. If Ignatius hands in the homework after the deadline, the teacher will reduce his score of the final test. And now we assume that doing everyone homework always takes one day. So Ignatius wants you to help him to arrange the order of doing homework to minimize the reduced score.

输入

The input contains several test cases. The first line of the input is a single integer T that is the number of test cases. T test cases follow. Each test case start with a positive integer N (1≤N≤1000) which indicate the number of homework. Then 2 lines follow. The first line contains N integers that indicate the deadlines of the subjects, and the next line contains N integers that indicate the reduced scores.

输出

For each test case, you should output the smallest total reduced score, one line per test case.

样例输入

3
3
3 3 3
10 5 1
3
1 3 1
6 2 3
7
1 4 6 4 2 4 3
3 2 1 7 6 5 4

样例输出

0
3
5

题意分析

题意是 Ignatius 有 N 项作业要完成，每项作业都有限期，如果不在限期内完成作业，期末就会被扣除相应的分数。假设每个作业费时一天，问题是求出他以最佳的顺序完成作业后被扣的最小分数。

参考程序

```
#include <iostream>
#include <algorithm>
#include <cstring>
using namespace std;
#define MAXN 1005
struct subjects{
    int day,score;
}work[MAXN];
```

```
int do_work[MAXN];
bool cmp(subjects const &A,subjects const &B){
    return (A.score>B.score)||(A.score==B.score&&A.day<B.day);
}
int main(){
    int t,n;        cin>>t;
    while(t--)   {
        cin>>n;             memset(do_work,0,sizeof(do_work));
        for(int i=0;i<n;i++)   cin>>work[i].day;
        for(int i=0;i<n;i++)   cin>>work[i].score;
        sort(work,work+n,cmp);
        int i,j,ans=0;
        for(i=0;i<n;i++)   {
            if(!do_work[work[i].day])      do_work[work[i].day]=1;
            else {
                for(j=work[i].day;j>=1;j--) {
                    if(!do_work[j]) break;
                }
                if(j>0)   do_work[j]=1;
                else ans+=work[i].score;
            }
        }
        cout<<ans<<endl;
    }
    return 0;
}
```

解题思路比较简单，可以使用贪心策略。给 N 项作业按分数从大到小排序，如果分数相等，则是把日期小的放在前面，这样优先完成分数大的，就符合每次的局部最优选择。因此，需要设置一个用来记录每个任务完成时间的数组 do_work[MAXN]。每次首先判断该任务的提交时间 x 是否在标记数组中存在，若不存在，则直接 do_work[x]=1；若存在，则从 x-1 天开始，每次向前推进 1 天，直到找到没用来做作业的那天为止。

8.6 本章小结

贪心法是很常见的算法之一，构造贪心策略简单易行，贪心策略一旦经过证明成立后，就是一种高效的算法。可惜的是，它需要证明后才能真正运用到问题求解中。一般来说，贪心算法的证明围绕着：整个问题的最优解一定由在贪心策略中存在的子问题的最优解而来。本章介绍了贪心法的基本思想，通过活动安排、哈夫曼编码、最小生产树、背包问题等经典问题阐述了贪心法的若干要素，最后通过若干具体例子分析了贪心法的使用。

8.7 本章思考

（1）贪心法在计算机科学中具有十分广泛的应用，数据结构中所学的单源最短路径问题就采用了贪心策略，试试证明单源最短路径问题的贪心选择性质和最优子结构性质。

（2）设有 n 个独立的作业{1, 2, …, n}，由 m 台相同的机器进行加工处理。作业 i 所需时间为 t_i。约定任何作业可以在任何一台机器上加工处理，但未完工前不允许中断处理，任何作业不能拆分成更小的子作业。要求给出一种作业调度方案，使所给的 n 个作业在尽可能短的时间内由 m 台机器加工处理完成，这就是多机调度问题。该问题是一个 NP 完全问题，到目前为止还没有完全有效地解法。尝试用贪心选择策略设计出一个比较好的近似算法。

（3）在 OJ 上分类找出一些可以使用贪心法求解的 ACM 问题并完成。

（4）将贪心法和模拟法结合，在 OJ 上分类找出一些 ACM 问题并完成。

第 9 章　动态规划法

9.1　基本概念

首先看一个引例，也就是经济学上著名的海盗分金问题。

有 5 个海盗抢了 100 颗钻石，每颗都价值连城。这 5 个海盗都很贪婪，他们都希望自己能分得最多的钻石，但同时又都很明智。于是他们按照抽签的方法排出一个次序。首先由抽到一号签的海盗说出一套分钻石的方案，如果 5 个人中有 50%或以上的人同意，那么就依照这个方案执行，否则的话，这个提出方案的人将被扔到海里喂鱼，接下来再由抽到二号签的海盗继续说出一套方案，然后依次类推到第五个。记住，五个海盗都很聪明。

（1）假设 1,2,3 号海盗被扔入海里，4 号海盗不想被 5 号海盗扔入海里 4 号海盗方案就是：4 号:5 号为 0:100。5 号肯定同意。

（2）假设 1,2 号海盗被扔入了海里，3 号海盗要获得一票支持再加上自己的一票就能通过，3 号海盗只需给 4 号海盗比他的方案多一颗就会获得 4 号海盗同意，所以 3 号海盗方案：3 号:4 号:5 号为 99:1:0。

（3）假设 1 号海盗被扔入进了海里，2 号海盗加上自己一票只需再获得两票就行了，只需根据 3 号海盗方案多给 4 号和 5 号一颗钻石，2 号海盗方案：2 号:3 号:4 号:5 号为 97:0:2:1。

因此，1 号海盗方案只需多给 3,4,5 号海盗一颗钻石他们就会同意。1 号海盗方案：1 号:2 号:3 号:4 号:5 号为 94:0:1:3:2。

另一问题就是只要争取半数以上就行了，那么 5 人局的时候我只要争取 3 人，自己也计算在内（争取 3, 4, 5 就 4 票，多于半数），可以放弃 2 号和 4 号，只要争取 3 号和 5 号就行了，所以最终应该是 97:0:1:0:2，这样 1 号才是最大利益。

上述例子实际上应用了动态规划的思想。海盗分割钻石所有可能到达的情况（包括初始情况和目标情况）都称为这个问题的一个状态（比如 1,2 号已经被扔入海里）。从一个状态到另一个状态，可以依据一定的规则进行，这就是状态转移。决策是一种选择，对于每一个状态都可以选择某一种路线或方法，从而到达下一个状态。比如在开始时，1 号提出一个方案，钻石全部归他，那么这样的决策导致的结果就是他被扔下海，进入下一个状态。策略是一个决策的集合，在解决问题的时候，将一系列决策记录下来，就是一个策略，其中满足某些最优条件的策略称之为最优策略。

动态规划是运筹学的一个分支，20 世纪 50 年代初美国数学家 Bellman 等人在研究多阶段决策过程的优化问题时，提出了著名的最优性原理，创立了解决这类过程优化问题的新方法——动态规划法。

动态规划主要用于求解以时间划分阶段的动态过程的优化问题，但是一些与时间无关的静态规划（如线性规划、非线性规划），可以人为地引进时间因素，把它视为多阶段决策过程，也可以用动态规划方法方便地求解。

动态规划是考查问题的一种途径，或是求解某类问题的一种方法。动态规划问世以来，在经济管理、生产调度、工程技术和最优控制等方面得到了广泛的应用。例如最短路线、库存管理、资源分配、设备更新、排序、装载等问题，用动态规划方法比其他方法求解更为方便。

当某问题有 n 个输入，问题的解由这 n 个输入的一个子集组成，这个子集必须满足某些事先给定的条件，这些条件称为约束条件，满足约束条件的解称为问题的可行解。满足约束条件的可行解可能不只一个，为了衡量这些可行解的优劣，通常以函数的形式给出一定的标准，这些标准函数称为目标函数（或评价函数），使目标函数取得极大或极小值的可行解称为最优解，这类问题称为最优化问题。

近年来，在 ACM 程序设计中，使用动态规划或部分应用动态规划思维求解的问题不仅常见，而且形式也多种多样。在与此相近的各类信息学竞赛中，应用动态规划解题也已经成为一种趋势，这和动态规划的优势不无关系。

9.2　一般步骤

动态规划算法的基本步骤为：

（1）划分阶段：按照问题的时间或空间特征，把问题分为若干个阶段。

（2）选择状态：将问题发展到各个阶段时所处于的各种客观情况用不同的状态表示出来。

（3）确定决策并写出状态转移方程：状态转移就是根据上一阶段的状态和决策来导出本阶段的状态。

（4）写出规划方程及边界条件：动态规划的基本方程是规划方程的通用形式化表达式。

动态规划算法通常用于求解具有某种最优性质的问题。在这类问题中，可能会有许多可行解。每一个解都对应于一个值，希望找到具有最优值（最大值或最小值）的那个解。但在实际求解问题时，并不一定显式地按照上述步骤设计和实施动态规划策略。设计一个动态规划算法，通常可以按以下几个步骤进行：

（1）找出最优解的性质，并刻画其结构特征。

（2）递归地定义最优值。

（3）以自底向上的方式计算出最优值。

（4）根据计算最优值时得到的信息，构造一个最优解。

其中（1）～（3）步是动态规划算法的基本步骤。在只需要求出最优值的情形，步骤（4）可以省去。若需要求出问题的一个最优解，则必须执行步骤（4）。此时，在步骤（3）中计算最优值时，通常需记录更多的信息，以便在步骤（4）中根据所记录的信息，快速构造出一个最优解。

动态规划算法的有效性依赖于问题本身所具有的两个重要性质：

（1）最优子结构：当问题的最优解包含了其子问题的最优解时，称该问题具有最优子结构性质。

（2）重叠子问题：在用递归算法自顶向下解问题时，每次产生的子问题并不总是新问题，有些子问题被反复计算多次。动态规划算法正是利用了这种子问题的重叠性质，对每一个子问题只解一次，而后将其解保存在一个表格中，在以后尽可能多地利用这些子问题的解。

准确地说，动态规划不是万能的，它只适于解决“满足一定条件”的最优策略问题。其实，这个结论并没有削减动态规划，因为属于上面范围内的问题极多，还有许多看似不是这个范围中的问题都可以转化成这类问题。

上面所说的“满足一定条件”主要指以下两点：

（1）状态必须满足最优化原理。

作为整个过程的最优策略具有如下性质：无论过去的状态和决策如何，对前面的决策所形成的当前状态而言，余下的各个决策必须构成最优策略。可以通俗地理解为子问题的局部最优解将导致整个问题的全局最优解，即问题具有最优子结构的性质，也就是说，一个问题的最优解只取决于其子问题的最优解，非最优解对问题的求解没有影响。

（2）状态必须满足无后效性。

某阶段的状态一旦确定，则此后过程的演变不再受此前各状态及决策的影响。也就是说，“未来与过去无关”，当前的状态是此前历史的一个完整总结，此前的历史只能通过当前的状态去影响过程未来的演变。具体地说，一个问题被划分各个阶段之后，阶段 p 的状态只能由阶段 p+1 的状态通过状态转移方程得来，与其他状态没有关系，特别是与未发生的状态没有关系，这就是无后效性。这条特征说明动态规划适用于解决当前决策和过去状态无关的问题。状态出现在策略的任何一个位置，它的地位都是相同的，都可以实施同样的决策。这就是无后效性的内涵。

9.3 核心思想

动态规划法的一种可行的思路是从问题目标状态出发，倒推回初始状态或边界状态。如果原问题可以分解成几个本质相同、规模较小的问题，很自然就会联想到从逆向思维的角度寻求问题的解决。因此，动态规划法利用问题的最优性原理，以自底向上的方式从子问题的最优解逐步构造出整个问题的最优解。应用动态规划法设计算法一般分成三个阶段：

（1）分段：将原问题分解为若干个相互重叠的子问题。

（2）分析：分析问题是否满足最优性原理，找出动态规划函数的递推式。

（3）求解：利用递推式自底向上计算，实现动态规划过程。

这种将大问题分解成小问题的思维不就是分治法吗？动态规划是不是分而治之呢？其实，虽然在运用动态规划的逆向思维法和分治法分析问题时，都使用了这种将问题实例归纳为更小的、相似的子问题，并通过求解子问题产生一个全局最优值的思路，但动态规划不是分治法，关键在于分解出来的各个子问题的性质不同。

分治法要求各个子问题是独立的，即不包含公共的子子问题，因此一旦递归地求出各个子问题的解后，便可自下而上地将子问题的解合并成原问题的解。如果各子问题是不独立的，那么分治法就要做许多不必要的工作，重复地解公共的子子问题。

动态规划与分治法的不同之处在于动态规划允许这些子问题不独立，即各子问题可包含公共的子子问题，它对每个子问题只解一次，并将结果保存起来，避免每次碰到时都要重复计算。这也是动态规划高效的一个原因。

贪心选择性质是指所求问题的整体最优解可以通过一系列局部最优的选择，即贪心选择达到。这是贪心算法可行的第一个基本要素，也是贪心算法与动态规划算法的主要区别。

动态规划算法通常以自底向上的方式解各子问题，而贪心算法则通常以自顶向下的方式进行，以迭代的方式做出相继的贪心选择，每进行一次贪心选择就将所求问题简化为规模更小的子问题。

再来看一下上一章提到的 0-1 背包问题。

在 0-1 背包问题中，物品 i 或者被装入背包，或者不被装入背包，设 x_i 表示物品 i 装入背包的情况，则当 $x_i=0$ 时，表示物品 i 没有被装入背包，$x_i=1$ 时，表示物品 i 被装入背包。根据问题的要求，有如下约束条件和目标函数：

$$\max\sum_{i=1}^{n} v_i x_i, \text{s.t.} \begin{cases} \sum_{i=1}^{n} w_i x_i \leqslant C \\ x_i \in \{0,1\} \quad (1 \leqslant i \leqslant n) \end{cases}$$

因此，问题归结为寻找一个满足约束条件并使目标函数达到最大的解向量 $X=(x_1, x_2, \ldots, x_n)$。

首先证明 0-1 背包问题满足最优性原理。

设$(x_1, x_2, \ldots, x_n)$是所给 0-1 背包问题的一个最优解，则$(x_2, \ldots, x_n)$是下面一个子问题的最优解：

$$\begin{cases} \sum_{i=2}^{n} w_i x_i \leqslant C - w_1 x_1 \\ x_i \in \{0,1\} \quad (2 \leqslant i \leqslant n) \end{cases}$$

否则，设$(y_2, y_3, \ldots, x_n)$是上述子问题的一个最优解，则有：

$$\sum_{i=2}^{n} v_i y_i > \sum_{i=2}^{n} v_i x_i \text{ 且 } w_1 x_1 + \sum_{i=2}^{n} w_i y_i \leqslant C$$

因此：

$$v_1 x_1 + \sum_{i=2}^{n} v_i y_i > v_1 x_1 + \sum_{i=2}^{n} v_i x_i = \sum_{i=1}^{n} v_i x_i$$

上述式子就说明了$(x_1, y_2, y_3, \ldots, x_n)$是给 0-1 背包问题比$(x_1, x_2, \ldots, x_n)$更优的解，从而导致矛盾。于是，通过反证法证明了 0-1 背包问题的最优性原理。

0-1 背包问题可以看作是决策一个序列$(x_1, x_2, \ldots, x_n)$，对任一变量 x_i 的决策是决定 $x_i=1$ 还是 $x_i=0$。在对 x_{i-1} 决策后，已确定了$(x_1, \ldots, x_{i-1})$，在决策 x_i 时，问题处于下列两种状态之一：

（1）背包容量不足以装入物品 i，则 $x_i=0$ 背包不增加价值。

（2）背包容量可以装入物品 i，则 $x_i=1$ 背包的价值增加了 v_i。

这两种情况下背包价值的最大者应该是对 x_i 决策后的背包价值。令 V(i, j)表示在前 i（$1 \leqslant i \leqslant n$）个物品中能够装入容量为 j（$1 \leqslant j \leqslant C$）的背包中的物品的最大值，由此可以得到如下动态规划函数：

$$V(i,j) = \begin{cases} V(i,0)=V(0,j)=0 & \\ V(i-1,j) & j<w_i \\ \max\{V(i-1,j), V(i-1,j-w_i)+v_i\} & j>w_i \end{cases}$$

V(i, 0)表明把前面 i 个物品装入容量为 0 的背包和把 0 个物品装入容量为 j 的背包，得到的价值均为 0。

V(i, j)的第一个式子表明，如果第 i 个物品的重量大于背包的容量，则装入前 i 个物品得到的最大价值和装入前 i-1 个物品得到的最大价值是相同的，即物品 i 不能装入背包。

V(i, j)的第二个式子表明，如果第 i 个物品的重量小于背包的容量，则会有以下两种情况：

（1）如果把第 i 个物品装入背包，则背包中物品的价值等于把前 i-1 个物品装入容量为 $j-w_i$ 的背包中的价值加上第 i 个物品的价值 v_i。

（2）如果第 i 个物品没有装入背包，则背包中物品的价值就等于把前 i-1 个物品装入容量为 j 的背包中所取得的价值。显然，取二者中价值较大者作为把前 i 个物品装入容量为 j 的背包中的最优解。

第一阶段，只装入前 1 个物品，确定在各种情况下的背包能够得到的最大价值；第二阶段，只装入前 2 个物品，确定在各种情况下的背包能够得到的最大价值；依此类推，直到第 n 个阶段。最后，V(n,C)便是在容量为 C 的背包中装入 n 个物品时取得的最大价值。

为了确定装入背包的具体物品，从 V(n,C)的值向前推，如果 V(n,C)＞V(n-1,C)，表明第 n 个物品被装入背包，前 n-1 个物品被装入容量为 $C-w_n$ 的背包中；否则，第 n 个物品没有被装入背包，前 n-1 个物品被装入容量为 C 的背包中。依此类推，直到确定第 1 个物品是否被装入背包中为止。由此，得到如下选择函数。

$$x_i = \begin{cases} 0 & V(i,j) = V(i-1,j) \\ 1, j = j-w_i & V(i,j) > V(i-1,j) \end{cases}$$

根据上式获得的序列$(x_1, x_2, \ldots, x_n)$即为最终的 0-1 背包问题的最优决策。

```
int KnapSack(int n, int w[ ], int v[ ])    {   //w 重量序列，v 对应价值
        for (i=0; i<=n; i++)      //初始化第 0 列
            V[i][0]=0;
        for (j=0; j<=C; j++)      //初始化第 0 行
            V[0][j]=0;
        for (i=1; i<=n; i++)      //计算第 i 行，进行第 i 次迭代
            for (j=1; j<=C; j++)
                if (j<w[i])
                    V[i][j]=V[i-1][j];
                else
                    V[i][j]=max(V[i-1][j], V[i-1][j-w[i]]+v[i]);
                    j=C;      //求装入背包的物品
        for (i=n; i>0; i--)   {
            if (V[i][j]>V[i-1][j]) {
                x[i]=1;
                j=j-w[i];
            }
            else x[i]=0;
        }
        return V[n][C];      //返回背包取得的最大价值
    }
```

下面以数字三角形为例，再具体地讲讲动态规划法的处理思路及其与递归、递推方法的关系。

例 9.1 数字三角形。

问题描述

```
        7
      3   8
    8   1   0
  2   7   4   4
4   5   2   6   5
```

在上面的数字三角形中寻找一条从顶部到底边的路径，使得路径上所经过的数字之和最大。路径上的每一步都只能往左下或右下走。只需要求出这个最大和即可，不必给出具体路径。其中，三角形的行数大于 1 小于等于 100，数字为 0～99。

输入

有很多个测试案例，对于每一个测试案例，通过键盘逐行输入，第 1 行是输入整数（如果该整数是 0，就表示结束，不需要再处理），表示三角形行数 n，然后是 n 行数，为对应的数字三角形。

输出

输出所经历路径上的数字最大和。

样例输入

5

7

3 8

8 1 0

2 7 4 4

4 5 2 6 5

样例输出

30

（1）分治递归法。

用二维数组存放数字三角形。设 D(r, j)表示第 r 行第 j 个数字（r,j 均从 1 开始），MaxSum(r, j)表示从 D(r,j)到底边的各条路径中，最佳路径的数字之和。问题即是求 MaxSum(1,1)。

这是一个典型的递归问题。从 D(r, j)出发，下一步只能走 D(r+1,j)或者 D(r+1, j+1)。因此，对于 N 行的三角形，假设出发点位于最后一行，即 r=N，显然有：

$$MaxSum(r,j) = D(r,j)$$

反之，根据题意，下一步有两种走法，从该点出发的路径最大值由从 D(r+1,j)或者 D(r+1, j+1)出发的最大路径值加上该位置的数值和确定，也就是：

$$MaxSum(r, j) = \max\{ MaxSum(r+1,j), MaxSum(r+1,j+1) \} + D(r,j)$$

显然，这种求解方式直接采用递归法，深度遍历每条路径，涉及大量重复计算，时间复杂度为 $O(2^n)$，当问题规模增长时，必定会超时。

```
#include <stdio.h>
#include <stdlib.h>
#define Max 101
```

```
#define max(a,b) ((a)>(b)?(a):(b))
int D[Max][Max], num;
int MaxSum(int i, int j){
    if(i == num)
        return D[i][j];
    int x = MaxSum(i + 1, j);
    int y = MaxSum(i + 1, j + 1);
    return max(x,y) + D[i][j];
}
int main() {
    int i, j;
    scanf("%d",& num);
    for(i = 1; i <= num; i ++)
        for(j = 1; j <= i; j ++)
            scanf("%d",&D[i][j]);
    printf("%d\n", MaxSum(1,1));
    return 0;
}
```

（2）递归的动态规划法。

可以考虑采用动态规划的记忆化搜索策略，当第一次计算 MaxSum(r,j)值的时候，保存下来，下次需要的时候，直接取出计算，这样就避免了重复计算。因为三角形的数字总和为 $\frac{n*(n+1)}{2}$，于是，计算的时间复杂度为 $O(n^2)$。

动态规划的核心思想本质上就是分治思想和解决冗余。

与分治法类似的是将原问题分解成若干个子问题，先求解子问题，然后从这些子问题的解得到原问题的解。

与分治法不同的是经分解的子问题往往不是互相独立的。若用分治法来解，有些共同部分（子问题或子子问题）将被重复计算。

如果能够保存已解决的子问题的答案，在需要时再查找，这样就可以避免重复计算，节省时间。动态规划法用一个表来记录所有已解的子问题的答案。这就是动态规划法的基本思路。具体的动态规划算法多种多样，但它们具有相同的填表方式。

```
#include <stdio.h>
#include <stdlib.h>
#define Max 101
#define max(a,b) ((a)>(b)?(a):(b))
int D[Max][Max], Max_Sum_arr[Max][Max], num;
int MaxSum(int i, int j){
    if(Max_Sum_arr[i][j] != -1)
        return Max_Sum_arr[i][j];
    if(i == num)
        Max_Sum_arr[i][j] = D[i][j];
    else{
        int x = MaxSum(i + 1, j);
        int y = MaxSum(i + 1, j + 1);
        Max_Sum_arr[i][j] = max(x,y) + D[i][j];
```

```
        }
        return Max_Sum_arr[i][j];
    }
    int main() {
        int i, j;
        scanf("%d",& num);
        for(i = 1; i <= num; i ++)
            for(j = 1; j <= i; j ++)
                scanf("%d",&D[i][j]);
        memset(Max_Sum_arr,-1,sizeof(Max_Sum_arr));
        printf("%d\n", MaxSum(1,1));
        return 0;
    }
```

从这个例子可以看出，动态规划的思维要点包含以下三个步骤：

1）分析最优值的结构，刻划其结构特征。

2）递归地定义最优值。

3）按自底向上或自顶向下记忆化的方式计算最优值。

（3）递推动态规划法。

从底向上递推，除最后一行外，每一行的每个点的最大值等于自身加上下面一行对应左右两个点的最大值，从下往上递推，最顶部的即所求。

```
#include <stdio.h>
#include <stdlib.h>
#define Max 101
#define max(a,b) ((a)>(b)?(a):(b))
int D[Max][Max], num;
int MaxSum(int num) {
    int i, j;
    for(i = num - 1; i >= 1; i --)
        for(j = 1; j <= i; j ++){
            D[i][j] = max(D[i+1][j],D[i+1][j+1]) + D[i][j];
        }
    return D[1][1];
}
int main() {
    int i, j;
    scanf("%d",& num);
    for(i = 1; i <= num; i ++)
        for(j = 1; j <= i; j ++)
            scanf("%d",&D[i][j]);
    printf("%d\n", MaxSum(num));
    return 0;
}
```

接下来，继续分析第 3 章和第 5 章都提到的最大连续子序列和问题，讲讲利用动态规划法求解该问题的思路。

将子序列与其子子序列进行问题分割，对数组 a 进行一遍扫描，sum[i]为前 i 个元素中，包含第 i 个元素且和最大的连续子数组。很容易获得动态规划策略的状态转移方程为：

$$sum[i+1] = max\{sum[i]+a[i+1],a[i+1]\}$$

因此，在动态规划的过程中就可以更新 sum 数组的最大值以及两个边界。

为了降低空间复杂度，其实完全无需建立数组 sum。假设用 maxsum 保存当前子数组中最大和，对于 a[i+1]来说，sum[i+1] = sum[i]+a[i+1]，此时如果 sum[i+1]＜0，那么 sum 需要重新赋 0，从 i+1 之后开始累加，如果 sum[i+1]＞0，那么 maxsum = max(maxsum, sum[i+1])。

```
long maxSubSum4 (const vector<int>& a) {
    long maxsum, maxhere;
    maxsum = maxhere = a[0];    //初始化最大和为 a[0]
    for (int i=1; i< a.size(); i++) {
        if (maxhere <= 0)
            maxhere = a[i];
//如果前面位置最大连续子序列和小于等于 0
//以当前位置 i 结尾的最大连续子序列和为 a[i]
        else
            maxhere += a[i];
//如果前面位置最大连续子序列和大于 0
//以当前位置 i 结尾的最大连续子序列和为它们两者之和
        if (maxhere > maxsum) {
            maxsum = maxhere;   //更新最大连续子序列和
        }
    }
    return maxsum;
}
```

对 maxSubSum4 算法继续优化，当前面的累加和 thisSum 小于 0 是就置 0，丢弃，大于 maxSum 时，把值赋给 maxSum。具体代码如下：

```
long maxSubSum5 (const vector<int>& a) {
        long maxSum = 0, thisSum = 0;
        for (int j = 0; j < a.size(); j++) {
                thisSum += a[j];
                if (thisSum > maxSum)
                        maxSum = thisSum;
                else if (thisSum < 0)
                        thisSum = 0;
        }
        return maxSum;
}
```

很容易理解上述两个算法的时间复杂度为 O(k)。从第 3 章开始，一直都在求解最大连续子序列和，在这整个过程中，算法的策略从最初的蛮力法，到蛮力法的优化，再到分治递归法，最后到动态规划法；另一方面，算法的时间复杂度由 $O(k^3)$降低到 O(k)，由此可以看出，算法设计思想的灵活选择是处理一个实际问题的关键。

接下来再通过一个例子看看保证动态规划法有效实施的两个重要性质，即最优子结构和重叠子问题。

例 9.2 最长公共子序列。

问题描述

最长公共子序列，英文缩写为 LCS（Longest Common Subsequence）。其定义是，一个序列 S，如果分别是两个或多个已知序列的子序列，且是所有符合此条件的序列中最长的，则称 S 为已知序列的最长公共子序列。

给定序列 $X=<x_1, x_2, \ldots, x_m>$和 $Y=<y_1, y_2, \ldots, y_n>$，求两者的最长公共子序列。

问题分析

一般最自然的思路是采用蛮力法求解，假设 $m<n$，对于母串 X，可以暴力找出 2^m 个子序列，然后依次在母串 Y 中匹配，算法的时间复杂度会达到指数级 $O(n*2^m)$。显然，蛮力法不太适用于此类问题。

现在，尝试一下最长公共子序列问题的最优子结构性质。

设序列 X 和 Y 的一个最长公共子序列为 $T=<t_1, t_2, \ldots, t_k>$，则：

（1）若 $x_m=y_n$，则 $t_k=x_m=y_n$，且 T_{k-1} 是 X_{m-1} 和 Y_{n-1} 的最长公共子序列。

（2）若 $x_m \neq y_n$ 且 $t_k \neq x_m$，则 T 是 X_{m-1} 和 Y 的最长公共子序列。

（3）若 $x_m \neq y_n$ 且 $t_k \neq y_n$，则 T 是 X 和 Y_{n-1} 的最长公共子序列。

其中，$X_{m-1}=<x_1, x_2, \ldots, x_{m-1}>$，$Y_{n-1}=<y_1, y_2, \ldots, y_{n-1}>$，$T_{k-1}=<z_1, z_2, \ldots, z_{k-1}>$。

可以用反证法。首先，若 $t_k \neq x_m$，则$<t_1, t_2, \ldots, t_k, x_m>$是 X 和 Y 的长度为 k+1 的公共子序列。这与 T 是 X 和 Y 的最长公共子序列矛盾。因此，必有 $t_k=x_m=y_n$。由此可得，T_{k-1} 是 X_{m-1} 和 Y_{n-1} 的一个长度为 k-1 的公共子序列。如果 X_{m-1} 和 Y_{n-1} 有一个长度大于 k-1 的公共子序列 T'，则将 x_m 加在它的尾部，会产生一个长度大于 k 的公共子序列，显然矛盾。因此，T_{k-1} 是 X_{m-1} 和 Y_{n-1} 的最长公共子序列。

其次，设 $x_m \neq y_n$ 且 $t_k \neq x_m$，T 是 X_{m-1} 和 Y 的最长公共子序列。假设 X_{m-1} 和 Y 有一个长度大于 k 的公共子序列 T'，则 T'也是 X 和 Y 的一个长度大于 k 的公共子序列，这也与题意矛盾。因此，T 是 X_{m-1} 和 Y 的最长公共子序列。设 $x_m \neq y_n$ 且 $t_k \neq y_n$，同理，T 是 X 和 Y_{n-1} 的最长公共子序列。

因此，上述证明表明，最长公共子序列问题具有最优子结构性质。

由最长公共子序列问题的最优子结构性质可知，要找出 $X=<x_1, x_2, \ldots, x_m>$和 $Y=<y_1, y_2, \ldots, y_n>$的最长公共子序列，可按以下方式递归地进行：

当 $x_m=y_n$ 时，找出 X_{m-1} 和 Y_{n-1} 的最长公共子序列，然后在其尾部加上 x_m（$=y_n$）即可得 X 和 Y 的一个最长公共子序列。

当 $x_m \neq y_n$ 时，必须解两个子问题，即找出 X_{m-1} 和 Y 的一个最长公共子序列及 X 和 Y_{n-1} 的一个最长公共子序列。这两个公共子序列中较长者即为 X 和 Y 的一个最长公共子序列。

由该递归结构可以看出，最长公共子序列问题具有子问题重叠性质。例如，在计算 X 和 Y 的最长公共子序列时，可能要计算出 X 和 Y_{n-1} 及 X_{m-1} 和 Y 的最长公共子序列，这些子问题都包含一个公共子问题，即计算 X_{m-1} 和 Y_{n-1} 的最长公共子序列。

建立子问题的最优值的递归关系。用 c[i,j]记录序列 X_i 和 Y_j 的最长公共子序列的长度。其中 $X_i=<x_1, x_2, \ldots, x_i>$，$Y_j=<y_1, y_2, \ldots, y_j>$。当 i=0 或 j=0 时，空序列是 X_i 和 Y_j 的最长公共子序

列，故 c[i,j]=0，由此，可以建立如下递归关系。

```
#include <stdio.h>
#include <string.h>
#define MAXLEN 100
void LCSLength(char *x, char *y, int m, int n, int c[][MAXLEN], int b[][MAXLEN]) {
    int i, j;
    for(i = 0; i <= m; i++)
        c[i][0] = 0;
    for(j = 1; j <= n; j++)
        c[0][j] = 0;
    for(i = 1; i<= m; i++)  {
        for(j = 1; j <= n; j++)  {
            if(x[i-1] == y[j-1])  {
                c[i][j] = c[i-1][j-1] + 1;
                b[i][j] = 0;
            }
            else if(c[i-1][j] >= c[i][j-1])  {
                c[i][j] = c[i-1][j];
                b[i][j] = 1;
            }
            else  {
                c[i][j] = c[i][j-1];
                b[i][j] = -1;
            }
        }
    }
}
```

上述计算最长公共子序列长度的动态规划算法 LCSLength(X,Y)以序列 X=<x_1, x_2, …, x_m>和 Y=<y_1, y_2, …, y_n>作为输入，输出两个数组 c[][]和 b[][]。其中 c[i,j]存储 X_i 与 Y_j 的最长公共子序列的长度，b[i,j]记录指示 c[i,j]的值是由哪一个子问题的解所达到的，这将在构造最长公共子序列时需要用到。最终，X 和 Y 的最长公共子序列长度记录于 c[m,n]中，参考程序如下：（其中 MAXLEN 在前一个程序中已经定义。）

```
void PrintLCS(int b[][MAXLEN], char *x, int i, int j) {
    if(i == 0 || j == 0)
        return;
    if(b[i][j] == 0)   {
        PrintLCS(b, x, i-1, j-1);
        printf("%c ", x[i-1]);
    }
    else if(b[i][j] == 1)
        PrintLCS(b, x, i-1, j);
    else
        PrintLCS(b, x, i, j-1);
}
```

下面以<G, A, B, C, B, D, A, B>和<G, D, G, D, A, B, G, G>为例，演示了如何利用上述两个函

数获得最长公共子序列，结果为<G, D, A, B>。

```
int main(int argc, char **argv) {
    char x[MAXLEN] = {"GABCBDAB"};
    char y[MAXLEN] = {"GDGDABGG"};
    int b[MAXLEN][MAXLEN];
    int c[MAXLEN][MAXLEN];
    int m, n;
    m = strlen(x);
    n = strlen(y);
    LCSLength(x, y, m, n, c, b);
    PrintLCS(b, x, m, n);
    return 0;
}
```

9.4 实例分析

例 9.3 装箱问题。

问题描述

有一个箱子体积为 V（正整数，0≤V≤20000），同时有 n 个物品（0＜n≤30），每个物品有一个体积（正整数）。要求 n 个物品中，任取若干个装入箱内，使箱子的剩余空间为最小。

输入

第一行为一个整数，表示箱子体积；第二行为一个整数，表示有 n 个物品；接下来 n 行，每行一个整数表示这 n 个物品的各自体积。

输出

一个整数，表示箱子剩余空间。

样例输入

24
6
8
3
12
7
9
7

样例输出

0

问题来源

NOIP2001 普及组

题意分析

仔细研读发现，这个问题就是 0-1 背包问题的简化版。每个物品的体积就是花费，同时也是价值。也就是说问题可以转化为：在总体积为 V 的前提下，可以得到最大的价值。最后用总体积减去最大的价值就是剩下的最少空间。

对于每一个物品 i，都存在放入箱子和不放入箱子两种情况。当前箱子体积剩余 j 时，若 i 放入，则为 dp(i-1, j-v_i)+v_i；若 i 不放入，则转化为 dp(i-1, j)；因此，可以建立状态转移方程如下：

$$dp(i,j)=\begin{cases} dp(i\text{-}1,j) & j<v_i \\ \max\{dp(i\text{-}1,j),dp(i\text{-}1,j\text{-}v_i)+v_i\} & j>v_i \end{cases}$$

参考程序

```
#include<cstdio>
#include<iostream>
using namespace std;
#define max(a,b) a>b?a:b
int main()   {
int v,n,i,j,a[20000];
int dp[30][10000]={0};
    cin>>v>>n;   //箱子体积
    for(i=1;i<=n;i++)
        scanf("%d",&a[i]);   //物品体积
    for(i=1;i<=n;i++)   {
        for(j=1;j<=v;j++)   {
            if(a[i]<=j)
                dp[i][j]=max(dp[i-1][j],dp[i-1][j-a[i]]+a[i]);
            else
                dp[i][j]=dp[i-1][j];
        }
    }
    printf("%d\n",v-dp[n][v]);
}
```

例 9.4　最小乘车费用。

问题描述

某条街上每一公里就有一汽车站，乘车费用如下表。

公里数	1	2	3	4	5	6	7	8	9	10
费　用	12	21	31	40	49	58	69	79	90	101

而一辆汽车行驶从不超过 10 公里。某人想乘车 n 公里，假设他可以任意次换车，请你帮他找到一种乘车方案使费用最小（10 公里的费用比 1 公里小的情况是允许的）。

输入

第一行为 10 个不超过 101 的整数，依次表示行驶 1～10 公里的费用，相邻两数间用空格隔开；第二行为某人想要乘车的公里数（1000 以内）。

输出

包含一个整数，表示该测试点的最小费用。

样例输入

12 21 31 40 49 58 69 79 90 101

15

样例输出

147

题意分析

动态规划法有四个要素，第一是划分阶段，第二是状态，第三是决策，第四是状态转移方程。对于这个问题来说，①走多少公里就是一个阶段，走 1 公里是一个阶段，走 2 公里是一个阶段，走 3 公里也是一个阶段；②决策就是下一个阶段应该怎么走，在这里的目标就是要考虑费用最小；③状态对于该问题而言就是每一阶段的最优解；④状态转移方程就是在决策下本阶段变化到下一个阶段的时候，当前状态与下一个状态的变化关系。

设 f[i]表示行驶 i 公里的最小价格，cost[j]表示行驶 j 公里的花费，那么可以推得状态转移方程为 f[i]=min(f[i],f[i-j]+cost[j])（$1\leqslant i\leqslant n;0\leqslant j\leqslant 10$）。

参考程序

```
#include<iostream>
#include<cstring>
#include<cstdio>
using namespace std;
int cost[11],f[1001];//f[i]表示行驶 i 公里的最小价格
int main() {
        int n;
        memset(f,0x7f,sizeof(f));//初始化
        for (int i=1;i<=10;i++) {
                scanf("%d",&cost[i]);
                f[i]=cost[i];
        }
        scanf("%d",&n);
        for (int i=1;i<=n;i++)//n 行驶总路程
                for (int j=1;j<=10;j++) {
                                if (i>=j) f[i]=min(f[i],f[i-j]+cost[j]);
                                printf("%d\n",f[n]);
                        }
        printf("%d",f[n]);
        return 0;
}
```

例 9.5 搬寝室。

问题描述

搬寝室是很累的，小明深有体会。有一天小明迫于无奈要从 27 号楼搬到 3 号楼，因为眼看着要封楼了。看着寝室里的 n 件物品，小明开始发呆，因为 n 是一个小于 2000 的整数，实在是太多了，于是小明决定随便搬 2*k 件过去就行了。但还是会很累，因为 2*k 也不小，是一个不大于 n 的整数。幸运的是小明根据多年的搬东西的经验发现，每搬一次的疲劳度是和左右手物品的重量差的平方成正比（这里补充一句，小明每次搬两件东西，左手一件、右手一件）。例如小明的左手拿重量为 3 的物品，右手拿重量为 6 的物品，则他搬完这次的疲劳度为(6-3)^2 = 9。现在可怜的小明希望知道搬完这 2*k 件物品后的最佳状态是怎样的（也就是最低的疲劳度），请告诉他吧。

输入

每组输入数据有两行，第一行有两个数 n,k（2≤2*k≤n<2000），第二行有 n 个整数分别表示 n 件物品的重量（重量是一个小于 2^15 的正整数）。

输出

对应每组输入数据，输出数据只有一个，表示他的最小疲劳度，每个一行。

样例输入

5 1
18467 6334 26500 19169 15724
7 1
29358 26962 24464 5705 28145 23281 16827
0 0

样例输出

492804
1399489

题意分析

题目意思为求 n 个物品，拿 k 对使得消耗的体力最少，或者说是这 k 对物品，每一对中的两件物品的质量差平方最小，所以，要使得质量差的平方小，只能排序后取质量相邻两个物品作为一对。即对 n 件物品排序后，左右手搬的每对物品都应该连续。

定义数组 a[i]为搬第 i 对物品所消耗的疲劳值，数组 f[n][k]表示在 n 件物品中搬 k 对的最佳状态，而达到这一状态的决策可能为：①第 n 件物品不搬，即在前 n-1 件物品中搬 k 对，那么疲劳值仍为 f[n-1][k]；②第 n 件物品要搬，那么第 n-1 件物品也要同时搬，即在前 n-2 件物品中搬 k-1 对物品，再搬最后一对物品，那么疲劳值为 f[n-2][k-1]+a[n-1]，n-1 是因为对数必然比总物品数少 1。

为使疲劳值最小，最佳策略应为两种决策中的最小值，即应使：

$$f[n][k] = \min(f[n-1][k], f[n-2][k-1] + a[n-1])$$

应该注意的是要考虑边界问题，f[i][j]中：①当 2*j ＞ i 时，即要搬的数量超过了物品总量，这是不可能发生的，因此此时令 f[i][j]为无穷大；②当 j = 0 时，即在一对物品都没搬时，所需疲劳值应该是 0，此时令 f[i][j] = 0。

参考程序

```
#include<stdio.h>
#include<algorithm>
using namespace std;
int f[2001][1001], a[2001];
int getF(int i, int j)   {
  if(j * 2 > i)              //要搬的数量超过物品总数时
     return 1000000000;      //一个足够大的数表示无穷大，永远不可能发生
  if(j == 0)                 //一件物品都没搬时
     return 0;               //不消耗疲劳值
  return f[i][j];            //正常情况
}
int main()   {
```

```
        int n, k, i, j;
        while(scanf("%d%d", &n, &k) != EOF) {
                for(i = 1; i <= n; ++i)        scanf("%d", &a[i]);
                sort(a + 1, a + n + 1);
                for(i = 1; i < n; ++i)    {
                        a[i] = a[i + 1] - a[i];
                        a[i] *= a[i];
                }
                for(j = 1; j <= k; ++j)
                      for(i = 2 * j; i <= n; ++i)
                              f[i][j] = min(getF(i - 1, j), getF(i - 2, j - 1) + a[i - 1]);
                printf("%d\n", f[n][k]);
        }
        return 0;
}
```

例 9.6　分梨。

问题描述

小明非常喜欢吃梨，有一天他得到了 ACM 集训队送给他的一筐梨子。由于他比较仗义，就打算把梨子分给好朋友们吃。现在他要把 m 个梨子放到 n 个盘子里面（我们允许有的盘子为空），你能告诉小明有多少种分法吗（请注意，例如有三个盘子，我们将 5,1,1 和 1,1,5 视为同一种分法）？

输入

输入包含多组测试样例。每组输入的第一行是一个整数 t。接下来 t 行，每行输入两个整数 m 和 n，代表有 m 个梨和 n 个盘子（m 和 n 均大于等于 0）。

输出

对于每对输入的 m 和 n，输出有多少种方法。

样例输入

1

7 3

样例输出

8

题意分析

显然，问题实际上是组合数学，可分四种情况：

（1）m,n 为 1 或 0 时只有 1 种（用作递归出口）。

（2）若 m<n，即为 f(m,m)。

（3）当有一个盘子为空时，实际是将其中一个盘子不用，设 f(m,n)表示 m 个梨、n 个盘子的情况，一个盘子为空等价于 f(m,n-1)。

（4）当 m>n>1 时，也就是说梨比盘子多，全部盘子可以至少放一个梨。就是去掉最底层元素，即 f(m-n,n)。

参考程序

```
#include <iostream>
```

```
using namespace std;
int f( int m, int n) {
      if (m == 1 || n ==1 || m== 0)      return 1;
      else   if (m<n)     return f(m, m);
      else   return f(m-n, n) + f(m, n-1);
}
int main() {
      int t, m, n;
while(cin>>t) {
while( t-- ) {
             cin>>m>>n;
cout<<f( m, n)<<endl;
          }
      }
      return 0;
}
```

上述参考程序采用直接递归与递推的方法获得问题的解。事实上，如果运用动态规划，其核心就是记忆化搜索。用 f[m][n]保存递归中的每一个状态，当前状态只与前一个状态相关，这就是最优子问题结构。

```
#include <iostream>
#include <string.h>
using namespace std;
int F[100][100];
int f( int m, int n) {
       if ( F[m][n] > 0 ) return F[m][n];
       else{
              if( m == 1 || n ==1 || m== 0)
            return 1;
     else if( m < n )
            return F[m][n] = f( m, m);
     else
            return F[m][n] = f( m - n, n) + f( m, n - 1);
       }
}
int main() {
      int t, m, n;
      while(cin>>t)   {
       memset(F,-1,sizeof(F));
            while( t-- )   {
               cin>>m>>n;
               cout<<f( m, n)<<endl;
           }
      }
      return 0;
}
```

例 9.7　Robot

问题描述

Michael has a telecontrol robot. One day he put the robot on a loop with n cells. The cells are numbered from 1 to n clockwise.

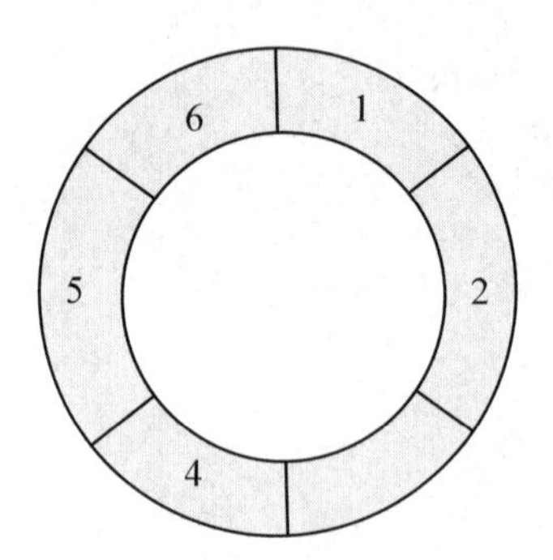

At first the robot is in cell 1. Then Michael uses a remote control to send m commands to the robot. A command will make the robot walk some distance. Unfortunately the direction part on the remote control is broken, so for every command the robot will chose a direction (clockwise or anticlockwise) randomly with equal possibility, and then walk w cells forward.

Michael wants to know the possibility of the robot stopping in the cell that cell number ≥ l and ≤ r after m commands.

输入

There are multiple test cases. Each test case contains several lines. The first line contains four integers: above mentioned n(1≤n≤200), m(0≤m≤1,000,000), l, r(1≤l≤r≤n). Then m lines follow, each representing a command. A command is a integer w(1≤w≤100) representing the cell length the robot will walk for this command. The input end with n=0, m=0, l=0, r=0. You should not process this test case.

输出

For each test case in the input, you should output a line with the expected possibility. Output should be round to 4 digits after decimal points.

样例输入

```
3 1 1 2
1
5 2 4 4
1
2
0 0 0 0
```

样例输出

```
0.5000
0.2500
```

题意分析

这是一个概率动态规划问题。题意是有个标记 1～n 的环，初始时机器人处于标号 1 的位置，每个操作（共 m 个）使机器人随机顺时针或逆时针走 w 步，求最终机器人落在某个区间 [l, r]内的概率。设 dp(i,j)表示第 j 次操作后停留在第 i 位置的概率，则状态转移方程是：

$$dp((i+w)\%n, j) = dp(i, j-1) * 0.5$$

$$dp(i-w, j) = dp(i, j-1) * 0.5$$

其中 i-w 若为负，则不断加 n，直至为非负。但问题操作数较大，容易超内存。

参考程序

```
#include <cstdio>
#include <iostream>
#include <algorithm>
using namespace std;
const int N = 220;
const double eps = 0.0;
double dp[N][2];
int main(){
    int n, m, l, r;
    while(scanf("%d%d%d%d",&n,&m,&l,&r) == 4)   {
        if (n == 0 && m == 0 && l == 0 && r == 0)
            break;
        int w, i, j;
        for (i = 0;i < n;i++)
            dp[i][0] = dp[i][1] = eps;
        dp[0][0] = 1.0;
        for (j = 1;j <= m;j++) {
            scanf("%d", &w);
            for (i = 0;i < n;i++) {
                dp[(i + w) % n][j&1] += dp[i][!(j&1)] * 0.5;
                int x = i - w;
                while (x < 0)
                    x += n;
                dp[x][j&1] += dp[i][!(j&1)] * 0.5;
            }
            for(i = 0;i < n;i++)
                dp[i][!(j&1)] = eps;
        }
        double res = 0.0;
        l--, r--;
        for(i = l;i <= r;i++)
            res += dp[i][m&1];
        printf("%.4lf\n", res);
    }
    return 0;
  }
}
```

现在对数组的下标进行特殊处理，使每一次操作仅保留若干有用信息，新的元素不断循环刷新，看上去数组的空间被滚动地利用，此模型称为滚动数组。其主要作用为压缩存储，一般常用在动态规划类问题中。因为动态规划是一个自下而上的扩展过程，常常用到连续的解，而每次用到的可能只是解集中的最后几个解，所以以滚动数组形式能大大减少内存开支。

观察发现每次状态转移只和上一次的操作有关，因此，在该问题求解时就可以建立滚动数组以便节省内存空间。优化后的状态转移方程是：

$$dp((i+w)\%n, j\&1) += dp(i,!(j\&1))*0.5$$

$$dp(i-w, j\&1) += dp(i,!(j\&1))*0.5$$

当然，i-w 若为负的情形需要同样地处理。最后结果就是所有操作完后位置 1 到 r 上的概率总和。

例 9.8 FatMouse's Speed

问题描述

FatMouse believes that the fatter a mouse is, the faster it runs. To disprove this, you want to take the data on a collection of mice and put as large a subset of this data as possible into a sequence so that the weights are increasing, but the speeds are decreasing.

输入

Input contains data for a bunch of mice, one mouse per line, terminated by end of file. The data for a particular mouse will consist of a pair of integers: the first representing its size in grams and the second representing its speed in centimeters per second. Both integers are between 1 and 10000. The data in each test case will contain information for at most 1000 mice. Two mice may have the same weight, the same speed, or even the same weight and speed.

输出

Your program should output a sequence of lines of data; the first line should contain a number n; the remaining n lines should each contain a single positive integer (each one representing a mouse). If these n integers are m[1], m[2],..., m[n] then it must be the case that W[m[1]]＜W[m[2]]＜...＜W[m[n]] and S[m[1]]＞S[m[2]]＞...＞S[m[n]].

In order for the answer to be correct, n should be as large as possible.

All inequalities are strict: weights must be strictly increasing, and speeds must be strictly decreasing. There may be many correct outputs for a given input, your program only needs to find one.

样例输入

```
6008 1300
6000 2100
500 2000
1000 4000
1100 3000
6000 2000
8000 1400
6000 1200
2000 1900
```

样例输出

```
4
4
```

5

9

7

题意分析

题意是为了证明老鼠越重跑得越慢，要找一组数据，由若干个老鼠组成，保证老鼠的体重满足递增而速度满足递减，问这组数据最多能有多少老鼠，并按体重从小到大输出这些老鼠的顺序。即要找到一个最多的老鼠序列，更具体地说，找到按照体重递增、速度递减的最长子序列（不需要连续）。

解题思路是采用结构体 Mouse 表示老鼠的资料，采用 sort 函数实现对应的排序，在排序因子函数 cmp()中，首先按照老鼠的重量升序排，当重量相同时，再按照速度降序排。

设状态 dp[i]表示前 i 个老鼠中的最长递减子序列长度，对第 i 只老鼠，遍历从 0 到 i-1 的老鼠 j，如果 j 比 i 重而且速度慢，那就执行 dp[i]=max{dp[i], dp[j] + 1}，并且判断 dp[i]是不是最大值，如果是就记录下 i 便于最后输出数据量最大的一组老鼠。

参考程序

```
#include<stdio.h>
#include<string.h>
#include<algorithm>
using namespace std;
#define max(a,b) a>b?a:b
#define inf 0x3f3f3f3f
int dp[1050];
struct Mouse{
    int w,s,n,l; //weight, speed, number, last
}m[1050];
int cmp(Mouse m1,Mouse m2) {    //排序因子函数
    if (m1.w==m2.w) return m1.s<m2.s;
    return m1.w>m2.w;
}
int main(){
    int c=1,i,j;
    while(scanf("%d%d",&m[c].w,&m[c].s)!=EOF) {
        m[c].n=c;        m[c].l=0;        c++;
    }
    sort(m+1,m+c+1,cmp);
    m[0].w=inf;    m[0].s=0;    m[0].l=0;    m[0].n=0;
    int ans=0;
    for(i=1;i<=c;i++) {
        dp[i]=0;
        for(j=0;j<i;j++) {
            if(m[j].w>m[i].w&&m[j].s<m[i].s) {
                if(dp[j]+1>=dp[i]) {
                    dp[i]=dp[j]+1;      m[i].l=j;
                    if(dp[i]>dp[ans])     ans=i;
                }
```

```
                }
            }
        }
        printf("%d\n",dp[ans]);
        while(m[ans].l!=0){
            printf("%d\n",m[ans].n);
            ans=m[ans].l;
        }
        printf("%d\n",m[ans].n);
        return 0;
}
```

例 9.9　Interesting Tour

问题描述

Wuhan University is one of the most beautiful universities in China, and there are many charming scenic spots in the campus. After observing for several years, iSea find an interesting phenomenon of those spots: many old spots were built organically and not according to some architecture plan, but, strangely, their growth exhibits a similar pattern: the cities started from three points of spots, with each pair being connected by a bidirectional street; then, gradually, new points of spots were added. Any new point of spot was connected by two new bidirectional streets to two different previous points of spots which were already directly connected by a street.

A tourist visiting our university would like to do a tour visiting as many points of spots as possible. The tour can start at any point of spot and must end at the same point of spot. The tour may visit each street at most once and each point of spot at most once except the first point of spot.

Searing in the library, iSea have known how the scenic spots grew. Now he want to find the largest number of different points of spots a single tour can visit.

输入

There are several test cases in the input.

The first line of each case contains three integers N ($3<N\leqslant 1000$), indicating the total number of spots.

The next N-3 lines each contain a pair of space-separated integers A, B, indicating that the corresponding point of interest was connected by streets to points A and B. And you can assume both A and B had already connected.

The input terminates by end of file marker.

输出

For each test case, output one integer, indicating the largest number of different points of spots a single tour can visit.

样例输入

```
4
1 2
5
```

1 2

1 2

样例输出

4

4

题意分析

初始集合有 3 个点且互相连通，然后不断地加入 n-3 个新点，每个点与原来集合中的 2 个点相连，边都是双向的，问从其中的任意点出发，每条边和每个点都只走一次且最后回到初始点，总共能访问多少个点？求最多的访问点数。

注意到与新点相连的两个点已保证相连，后面加入的点对前面已存在的点是没有影响的，所以只需从后往前枚举加入的点，然后把后面点的连通情况向前推，最终归根在初始的 3 点上。

参考程序

```
#include <iostream>
#include <cstdio>
#include <cstring>
using namespace std;
const int maxn=1004;
int dp[maxn][maxn];//dp[i][j]表示 i 到 j 需要经过的点数（不包括 i 和 j）
int data[maxn][2];//记录与 i 相连的两个点
int main() {
    int n,a,b;
    while(scanf("%d",&n)!=EOF) {
        memset(dp,0,sizeof(dp));
        for(int i=4;i<=n;i++) {
            scanf("%d%d",&a,&b);        data[i][0]=a;        data[i][1]=b;
        }
        int ans=0;
        for(int i=n;i>=4;i--){
            a=data[i][0];
            b=data[i][1];
            ans=max(ans,dp[a][b]+dp[a][i]+dp[i][b]+3);
            dp[a][b]=dp[b][a]=max(dp[a][b],dp[a][i]+dp[i][b]+1);//重要
        }
        printf("%d\n",max(ans,dp[1][2]+dp[2][3]+dp[1][3]+3));
    }
    return 0;
}
```

9.5 本章小结

使用动态规划法求解问题通常只需多项式时间复杂度，因此，动态规划法相对比较高效，是 ACM 程序设计中最常用的算法策略之一。本章介绍了动态规划法的基本思想，通过 0-1 背包问题、数字三角形、最长公共子序列等问题阐述了动态规划法的若干要素以及最优子结构和

重叠子问题性质，最后通过一些具体例子分析了动态规划法的使用。本章还特别注重动态规划法与递归法、递推法、贪心法、概率问题等其他方法和问题的综合分析。

9.6 本章思考

（1）动态规划法在计算机科学中具有十分广泛的应用，矩阵连乘问题就可以通过动态规划法求解，试证明该问题的最优子结构和重叠子问题性质，并编码实现矩阵连乘问题的动态规划算法。

（2）背包问题（Knapsack Problem）是一种组合优化的 NP 完全问题，已经研究了一个多世纪，早期的问题可追溯到 1897 年，整理 0-1 背包、完全背包、多重背包、混合背包、分组背包、有依赖背包等各种类型的背包问题，并设计出合适的算法求解，总结分析这些问题的异同点。

（3）旅行商问题，即 TSP 问题（Travelling Salesman Problem），又译为旅行推销员问题、货郎担问题，是数学领域中最著名的问题之一。假设有一个旅行商人要拜访 n 个城市，他必须选择所要走的路径，路径的限制是每个城市只能拜访一次，而且最后要回到原来出发的城市。路径的选择目标是求得的路径路程为所有路径之中的最小值。这个问题本质上属于图论，即“已给一个 n 个点的完全图，每条边都有一个长度，求总长度最短的经过每个顶点正好一次的封闭回路”。该问题通常被认为是一个 NP 完全问题，尝试用动态规划策略设计出一个比较好的求解算法。

（4）在 OJ 上分类找出一些可以使用动态规划法求解的 ACM 问题并完成。

（5）将动态规划法和模拟法结合，在 OJ 上分类找出一些 ACM 问题并完成。

第 10 章　并查集

10.1　基本概念

在一些有 N 个元素的集合应用问题中，通常是在开始时让每个元素构成一个单元素的集合，然后按一定顺序将属于同一组的元素所在的集合合并，其间要反复查找一个元素在哪个集合中。这类问题近年来反复出现在各种信息学的国际国内竞赛题中，其特点是看似并不复杂，但数据量极大，若用正常的数据结构描述的话，往往超过了空间的限制，计算机无法承受；即使在空间上能勉强通过，运行的时间复杂度也极高，根本不可能在规定的运行时间内计算出需要的结果，只能采用一种特殊数据结构——并查集。

并查集（Union-find Sets）是一种非常精巧而实用的数据结构，它主要用于处理一些不相交集合的合并问题。即动态地维护和处理集合元素之间复杂的关系，当给出两个元素的一个无序对(a,b)时，需要快速“合并”a 和 b 分别所在的集合，这其间需要反复“查找”某元素所在的集合。这大概也就是“并”“查”和“集”三字的由来吧。换句话说，并查集包含了初始化、合并、查找集合三大操作。

并查集本身不具有结构，必须借助一定的数据结构以得到支持和实现。数据结构的选择是一个重要的环节，选择不同的数据结构可能会导致在查找和合并的操作效率上有很大的差别，但操作实现都比较简单高效。并查集的数据结构实现方法很多，如数组实现、链表实现和树实现等。一般用得比较多的是数组实现。

10.2　核心操作

并查集的数据结构记录了一组分离的动态集合 $S=\{S_1,S_2,\ldots,S_k\}$。每个集合通过一个代表加以识别，代表即该元素中的某个元素，哪一个成员被选做代表是无所谓的，重要的是如果求某一动态集合的代表两次，且在两次请求间不修改集合，则两次得到的答案应该是相同的。

动态集合中的每一元素是由一个对象来表示的，设 x 表示一个对象，并查集的实现需要支持如下操作：

（1）初始化：对所有单个的数据建立一个单独的集合。

myMake(x)建立一个新的集合，其仅有的成员（同时就是代表）是 x。由于各集合是分离的，要求 x 没有在其他集合中出现过。设 Set[]表示该数组，初始化如下：

```
for(i=1;i<=n;i++)
    Set[i]=x;
```

（2）并：合并两个不相交集合。

myUnion(x,y)将包含 x 和 y 的动态集合（例如 S_x 和 S_y）合并为一个新的集合，假定在此操作前这两个集合是分离的。结果的集合代表是 $S_x \cup S_y$ 的某个成员。一般来说，在不同的实

现中通常都以 S_x 或者 S_y 的代表作为新集合的代表。此后，由新的集合 S 代替了原来的集合 S_x 和 S_y。参考函数如下：

```
void myUnion (int x,int y) {
int fx=myFind(x);
int fy=myFind(y);
    if(fx!=fy)
        Set [fy]=fx;
}
```

（3）查：判断两个元素是否属于同一个集合。

myFind(x)返回一个指向包含 x 的集合的代表。参考函数如下：

```
int myFind(int x) {
    int r=x;
    while (r!= Set[r])
        r = Set[r];
    return r;
}
```

实现并查集的最简单的方法是用数组记录每个元素所属的集合的编号。查找元素所属的集合时，只需读出数组中记录的该元素所属集合的编号即可，时间复杂度为 O(1)。合并两元素各自所属的集合时，需要将数组中属于其中一个集合的元素所对应的数组元素值全部改为另一个集合的编号值，时间复杂度为 O(n)。由于实现简单，所以实际使用的很多。

以上的数组实现虽然很方便，但是合并的代价太大。在最坏情况下，所有集合合并成一个集合的总代价可以达到 $O(n^2)$，此时，就需要路径压缩，当然前提是采用树结构存储。

10.3 实例分析

例 10.1 畅通工程。

问题描述

某省调查城镇交通状况，得到现有城镇道路统计表，表中列出了每条道路直接连通的城镇。省政府“畅通工程”的目标是使全省任何两个城镇间都可以实现交通（但不一定有直接的道路相连，只要互相间接通过道路可达即可）。问最少还需要建设多少条道路？

输入

测试输入包含若干测试用例。每个测试用例的第 1 行给出两个正整数，分别是城镇数目 N（N＜1000）和道路数目 M；随后的 M 行对应 M 条道路，每行给出一对正整数，分别是该条道路直接连通的两个城镇的编号。为简单起见，城镇从 1 到 N 编号。

注意两个城市之间可以有多条道路相通，也就是说：

```
3 3
1 2
1 2
2 1
```

这种输入也是合法的。

当 N 为 0 时，输入结束，该用例不被处理。

输出

对每个测试用例，在1行里输出最少还需要建设的道路数目。

样例输入

4 2
1 3
4 3
3 3
1 2
1 3
2 3
5 2
1 2
3 5
999 0
0

样例输出

1
0
2
998

题意分析

畅通工程是并查集中非常基础且典型的一道题。题意是相互连接的城市构成一个集合，只需要判断集合个数即可知道要修多少条路。根据每个集合只有一个根结点的特征，找n个数中根结点的个数，也就是集合的个数，但是结果要减去1，这是因为3个孤立的城镇互联只需要2条路，同理，3个集合之间关联也只需要2条路。

参考程序

```
#include<stdio.h>
#include<string.h>
int a[1000];
//int myFind(int x)  参考前文函数
//void myUnion (int x,int y)  参考前文函数
int main() {
      int n,m,i,j,c,d,sum;
      while(scanf("%d",&n)&&n) {
            scanf("%d",&m);
            memset(a,0,sizeof(a));
            sum=0;
            for(i=1;i<=n;i++)                    a[i]=i;
            for(j=0;j<m;j++)    {
                  scanf("%d%d",&c,&d);       myUnion (c,d);
            }
```

```
            for(i=1;i<=n;i++)
                if(i==a[i])     sum++;
            printf("%d\n",sum-1);
        }
        return 0;
}
```

例 10.2　亲属关系。

问题描述

若某个家族人员过于庞大，要判断两个人是否是亲戚，确实还很不容易，现在给出某个亲戚关系图，求任意给出的两个人是否具有亲戚关系。

规定：x 和 y 是亲戚，y 和 z 是亲戚，那么 x 和 z 也是亲戚。如果 x,y 是亲戚，那么 x 的亲戚都是 y 的亲戚，y 的亲戚也都是 x 的亲戚。

输入

第一行：三个整数 n,m,p，（n≤5000,m≤5000,p≤5000），分别表示有 n 个人，m 个亲戚关系，询问 p 对亲戚关系。

以下 m 行：每行两个数 Mi，Mj，1≤Mi，Mj≤N，表示 Ai 和 Bi 具有亲戚关系。

接下来 p 行：每行两个数 Pi，Pj，询问 Pi 和 Pj 是否具有亲戚关系。

输出

p 行，每行一个 Yes 或 No。表示第 i 个询问的答案为“具有”或“不具有”亲戚关系。

样例输入

6 5 3
1 2
1 5
3 4
5 2
1 3
1 4
2 3
5 6

样例输出

Yes
Yes
No

题意分析

将每个人抽象成为一个点，数据给出 m 个边的关系，两个人是亲戚的时候两点间有一条边。很自然地就得到了一个 n 个顶点 m 条边的图论模型，注意到传递关系，在图中一个连通块中的任意点之间都是亲戚。对于最后的 p 个提问，即判断所提问的两个顶点是否在同一个连通块中。

用并查集的思路，对于每个人建立一个集合，开始的时候集合元素是这个人本身，表示开始时不知道任何人是他的亲戚。以后每次给出一个亲戚关系时，就将两个集合合并，这样实时地得到了在当前状态下的集合关系。

参考程序

```
#include<stdio.h>
#include<string.h>
int a[5010];
int myFind(int x) {
    int r=x,f,j;
    while(a[r]!=r)          r=a[r];
    f=x;
    while(a[f]!=r)   {
        j=a[f];   a[f]=r;   f=j;
    }
    return r;
}
void myUnion (int x,int y) {
    int f1,f2;
    f1=myFind(x);   f2=myFind(y);
    if(f1!=f2)          a[f1]=f2;
}
int main() {
    int m,p,i,j,c,d,n;
    while(scanf("%d%d%d",&n,&m,&p)!=EOF)   {
        memset(a,0,sizeof(a));
        for(i=1;i<=n;i++)               a[i]=i;
        for(i=1;i<=m;i++)    {
            scanf("%d%d",&c,&d);        myUnion (c,d);
        }
        for(j=0;j<p;j++)    {
            scanf("%d%d",&c,&d);
            if(myFind(c)==myFind(d))      printf("Yes\n");
            else                          printf("No\n");
        }
}
return 0;
}
```

例 10.3 通信系统。

问题描述

某市计划建设一个通信系统。按照规划，这个系统包含若干端点，这些端点由通信线缆连接。消息可以在任何一个端点产生，并且只能通过线缆传送。每个端点接收消息后会将消息传送到与其相连的端点，除了那个消息发送过来的端点。如果某个端点是产生消息的端点，那么消息将被传送到与其相连的每一个端点。

为了提高传送效率和节约资源，要求当消息在某个端点生成后，其余各个端点均能接收到消息，并且每个端点均不会重复收到消息。

现给你通信系统的描述，你能判断此系统是否符合以上要求吗？

输入

输入包含多组测试数据。每两组输入数据之间由空行分隔。

每组输入首先包含 2 个整数 N 和 M，N（1≤N≤1000）表示端点个数，M（0≤M≤N*(N-1)/2）表示通信线路个数。

接下来 M 行每行输入 2 个整数 A 和 B（1≤A,B≤N），表示端点 A 和 B 由一条通信线缆相连。两个端点之间至多由一条线缆直接相连，并且没有将某个端点与其自己相连的线缆。

当 N 和 M 都为 0 时，输入结束。

输出

对于每组输入，如果所给的系统描述符合题目要求，则输出 Yes，否则输出 No。

样例输入

```
4 3
1 2
2 3
3 4
3 1
2 3
0 0
```

样例输出

```
Yes
No
```

题意分析

题意是给定 N 个点和 M 条边，求从某点开始能否遍历所有点，并且这个图中没有环。该题可以使用并查集求解。在进行合并时，合并的集合 sum++，表示当前合并的集合总数。另外，要注意判断是否有环的问题，当进行合并的时候，如果两个结点拥有相同的祖先，则再加一条边就会形成环。

参考程序

```
#include<stdio.h>
#include<string.h>
int a[1007],sum;
int myFind (int x) {
    int r=x;
    while(r!=a[r])
        r=a[r];
    return r;
}
void myUnion (int x,int y) {
int fx= myFind (x);
int fy= myFind (y);
    if(fx!=fy)  {
        a[fy]=fx;
sum++;
```

```
        }
    }
    int main() {
        int n,m,i,j,c,d;
        while(scanf("%d%d",&n,&m),n||m)   {
            memset(a,0,sizeof(a));
            sum=1;
            for(i=1;i<=n;i++)          a[i]=i;
            for(j=1;j<=m;j++)     {
                scanf("%d%d",&c,&d);
                if(m!=n-1)          continue;
    myUnion (c,d);
            }
            if(sum==n)        printf("Yes\n");
            else              printf("No\n");
    }
    return 0;
    }
```

例 10.4　How Many Tables

问题描述

Today is Ignatius' birthday. He invites a lot of friends. Now it's dinner time. Ignatius wants to know how many tables he needs at least. You have to notice that not all the friends know each other, and all the friends do not want to stay with strangers.

One important rule for this problem is that if I tell you A knows B, and B knows C, that means A, B, C know each other, so they can stay in one table.

For example: If I tell you A knows B, B knows C, and D knows E, so A, B, C can stay in one table, and D, E have to stay in the other one. So Ignatius needs 2 tables at least.

输入

The input starts with an integer T(1≤T≤25) which indicate the number of test cases. Then T test cases follow. Each test case starts with two integers N and M(1≤N,M≤1000). N indicates the number of friends, the friends are marked from 1 to N. Then M lines follow. Each line consists of two integers A and B(A!=B), that means friend A and friend B know each other. There will be a blank line between two cases.

输出

For each test case, just output how many tables Ignatius needs at least. Do NOT print any blanks.

样例输入

```
2
5 3
1 2
2 3
4 5
```

5 1
2 5

样例输出

2
4

题意分析

某个人开生日聚会，他邀请了许多朋友，想知道至少需要准备多少个桌子。必须注意的是，并非所有的朋友都相互认识，有的人不愿意和陌生人坐在一桌。

也可以通过并查集求解，将认识的两个人合并到同一集合，最后统计有多少个不同的集合即可。

参考程序

```
#include<stdio.h>
#include<cstdio>
#include<cstring>
#include<algorithm>
using namespace std;
const int maxn = 1050;
int fa[maxn];
int T, N, M, u, v;
int myFind (int u)   {
      if(u == fa[u]) return fa[u];
      else return fa[u] = myFind (fa[u]);
}
void myUnion (int u, int v)   {
int x = myFind (u);
int y = myFind (v);
      if(x != y) fa[x] = fa[y];
}
int main ()   {
      scanf("%d", &T);
      while(T--)    {
            scanf("%d%d", &N, &M);
            for(int i = 1; i <= N; i++)          fa[i] = i;
            for(int i = 1; i <= M; i++)     {
                  scanf("%d%d", &u, &v);
myUnion (u, v);
            }
            int ans = 0;
            for(int i = 1; i <= N; i++)
                  if(fa[i] == i) ans++;
            printf("%d\n", ans);
      }
      return 0;
}
```

例 10.5　Supermarket

再来回顾一下第 8 章的例 8.9，实际上利用并查集处理更加高效。首先按利润排序，建立一个关于时间的并查集。每次插入一个物品时，若该物品时间为 i，找出 find(i)，记为 t，若 t 不为 0，则将该物品安排到 t 这个时间完成，并使 f[t]=t-1 也就是对于每个物品尽量安排在后面完成，安排后将 fa 指针前移，表示这个时间已经被占用，下次需要插入到它之前。参考程序如下：

```
#include<stdio.h>
#include<string.h>
#include<algorithm>
#define clr(x)memset(x,0,sizeof(x))
using namespace std;
#define maxn 10010
int f[maxn];
struct node   {
    int w,end;
}q[maxn];
bool operator < (const node& a,const node& b)   {
    return a.w>b.w;
}
int find(int x)   {
    return f[x]==x?x:(f[x]=find(f[x]));
}
int main()   {
    int n,r,res,i;
    while(scanf("%d",&n)!=EOF)      {
        res=0;
        for(i=0;i<maxn;i++)            f[i]=i;
        for(i=0;i<n;i++)               scanf("%d%d",&q[i].w,&q[i].end);
        sort(q,q+n);
        for(i=0;i<n;i++)         {
            r=find(q[i].end);
            if(r>0)      {
                f[r]=r-1;
                res+=q[i].w;
            }
        }
        printf("%d\n",res);
    }
    return 0;
}
```

例 10.6　Wireless Network

问题描述

The ACM (Asia Cooperated Medical team) have set up a wireless network with the lap computers, but an unexpected aftershock attacked, all computers in the network were all broken. The computers are repaired one by one, and the network gradually began to work again. Because of the hardware restricts, each computer can only directly communicate with the computers that are not farther than d meters from it. But every computer can be regarded as the intermediary of the communication between two other computers, that is to say computer A and computer B can communicate if computer A and computer B can communicate directly or there is a computer C that can communicate with both A and B.

In the process of repairing the network, workers can take two kinds of operations at every moment, repairing a computer, or testing if two computers can communicate. Your job is to answer all the testing operations.

输入

The first line contains two integers N and D (1≤N≤1001, 0≤D≤20000). Here N is the number of computers, which are numbered from 1 to N, and D is the maximum distance two computers can communicate directly. In the next N lines, each contains two integers xi, yi (0≤xi, yi ≤10000), which is the coordinate of N computers. From the (N+1)-th line to the end of input, there are operations, which are carried out one by one. Each line contains an operation in one of following two formats: 1. "O p" (1≤p≤N), which means repairing computer p. 2. "S p q" (1≤p, q≤N), which means testing whether computer p and q can communicate. The input will not exceed 300000 lines.

输出

For each Testing operation, print "SUCCESS" if the two computers can communicate, or "FAIL" if not.

样例输入

```
4 1
0 1
0 2
0 3
0 4
O 1
O 2
O 4
S 1 4
O 3
S 1 4
```

样例输出

```
FAIL
SUCCESS
```

题意分析

已知有 n 台计算机，给出这些计算机的坐标(xi, yi)。因故电缆受损，在距离为 D 之内的两台计算机才能通信，若两者超过这个距离，但中间有媒介计算机也可以保持通信。开始的时候，这些计算机都是坏的，Op 表示修复第 p 台计算机，Sqp 表示询问 q 与 p 计算机是否能够通信，能的话就输出 SUCCESS，否则输出 FALL。

显然，利用并查集实现时，只有同时保证“计算机被修复了、计算机之间的距离小于 D”才能合并。解决思路是每次修理好一台计算机，然后遍历所有修好的计算机，查看距离是否不超过 D，如果符合条件说明可以连通，将这两台计算机所在的集合合并。每次检查的时候判断一下这两台计算机是否在同一集合中即可。

参考程序

```
#include <iostream>
#include <stdio.h>
#include <cmath>
using namespace std;
#define MAXN 1010
int dx[MAXN],dy[MAXN],par[MAXN];                //x,y 坐标及 x 的父结点
int repair[MAXN] ={0};
int n;
int myFind(int x)   {
    if(par[x]!=x)     par[x] = Find(par[x]);
    return par[x];
}

void myUnion(int x,int y) {
    par[Find(x)] = Find(y);
}
int Abs(int n)   {   return n>0?n:-n; }
double Dis(int a,int b)   {
    return sqrt( double(dx[a]-dx[b])*(dx[a]-dx[b]) + (dy[a]-dy[b])*(dy[a]-dy[b]) );
}
int main()   {
    int d,i;        scanf("%d%d",&n,&d);
    for(i=0;i<=n;i++)           par[i] = i;
    for(i=0;i<n;i++)            scanf("%d%d",&dx[i],&dy[i]);
    char cmd[2];
    int p,q,len=0;
    while(scanf("%s",cmd)!=EOF){
      switch(cmd[0]) {
        case 'O':
            scanf("%d",&p);               p--;
            repair[len++] = p;
            for(i=0;i<len-1;i++)       //遍历所有修过的计算机，看能否联通
                if( repair[i]!=p && Dis(repair[i],p)<=double(d) )
                myUnion(repair[i],p);
            break;
          case 'S':
            scanf("%d%d",&p,&q);        p--,q--;
            if(Find(p)==Find(q))      printf("SUCCESS\n");
```

```
            else                    printf("FAIL\n");
          default:        break;
        }
    }
    return 0;
}
```

10.4 本章小结

并查集是一种非常精巧而实用的数据结构，它主要用于处理一些不相交集合的合并问题，解决一类动态连通性问题。很多实际问题都能够利用并查集给出高效而简洁的解决方案。并查集的核心操作是合并和查找。本章介绍了并查集的基本概念、核心操作的程序实现，并通过若干实例展示了并查集在 ACM 程序设计中的应用。

10.5 本章思考

（1）并查集的实现方法至少包括三种，除了本书中讲解的数组结构实现外，分析树形结构、链表结构的实现及其优缺点。

（2）并查集常作为一种复杂的数据结构或者算法的存储结构，常见的应用有求无向图的连通分量个数、最近公共祖先、带限制的作业排序、Kruskal 算法求最小生成树等，尝试按照并查集的思想求解这些问题，并利用 C 或 C++实现。

（3）在 OJ 上分类找出一些与并查集有关的 ACM 问题并完成。

附录　解题报告模板

问题名称和编号

1 问题描述

2 输入

3 输出

4 样例输入

5 样例输出

以上 5 项均源自原问题的描述，直接将源网站的题目内容复制粘贴到相应位置，如果是英文的话，尽量翻译。另外，如有可能，需要给出题目的链接地址。

6 问题分析

这里是对问题的具体分析，首先应该简练地描述题目，例如：问题背景描述、符号说明等；然后，给出解题的思路和方法，例如：必要的数据结构、算法、一些有用的示意图可以帮助读者理解作者的想法；最后，可能是一些简单的手工计算结果等能够证明作者观点的示例。

7 程序代码

将能够 AC 的代码放在文本框中，需要使用高亮代码时，可以使用 NotePad++、Sublime 等编辑器导出有高亮显示的代码到 doc 或者 rtf 文档，然后再将导出的代码复制到表格中。显然，规范的代码是编程人员的美德。

```
#include<stdio.h>
int main() {
    long m;
    //注释
    while (scanf("%ld", &m) != EOF) {
        printf("%ld\n", m);
    }
    return 0;
}
```

8 测试示例

一般测试示例至少需要 5 组，每组输入需要的数据，有时需要在该组测试数据下对其进行简单的说明。

9 结果截图

将在线 OJ 上能够证明自己 AC 的截图放在这里。

10 解题备注

如果需要，可以写一些经验、心得、归纳的规律、规则、方法和解题中注意事项等附属内容。

参考文献

[1] 俞勇．ACM 国际大学生程序设计竞赛：知识与入门．北京：清华大学出版社，2012．

[2] 陈宇，吴昊．ACM-ICPC 程序设计系列：算法设计与实现．哈尔滨：哈尔滨工业大学出版社，2014．

[3] 吴文虎，王建德．世界大学生程序设计竞赛（ACM/ICPC）高级教程（第 2 册）：程序设计中常用的解题策略．北京：中国铁道出版社，2012．

[4] 赵端阳，刘福庆，石洗凡．算法设计与分析——以 ACM 大学生程序设计竞赛在线题库为例．北京：清华大学出版社，2015．

[5] 俞经善，鞠成东．ACM 程序设计竞赛基础教程．2 版．北京：清华大学出版社，2016．

[6] 赵端阳，袁鹤．ACM 国际大学生程序设计竞赛题解．北京：电子工业出版社，2010．

[7] 余立功．ACM/ICPC 算法训练教程．北京：清华大学出版社，2013．

[8] 刘汝佳．算法艺术与信息学竞赛：算法竞赛入门经典．2 版．北京：清华大学出版社，2014．

[9] 刘汝佳．算法竞赛入门经典：训练指南．北京：清华大学出版社，2012．

[10] 王建芳．C 语言程序设计：零基础 ACM\ICPC 竞赛实战指南．北京：清华大学出版社，2015．